智慧农业系列丛书
ZHIHUI NONGYE XILIE CONGSHU

电子技术实践教程

于亚萍　卫　勇　主　编
杜艳红　副主编

中国农业大学出版社
·北京·

内 容 简 介

本书共48个实验，分为6篇，第1篇电子技术实践基本知识，主要介绍本书中用到的元器件及其特点和应用，做到认识元器件并了解其应用领域，同时了解集成芯片和电路焊接技术；第2篇模拟电子技术基础实验，主要掌握模拟元器件的特性及基本电路的原理；第3篇模拟电子技术综合应用，对模拟电子技术常见、常用电路进行简单应用；第4篇数字电子技术基础实验，主要掌握数字电子技术元器件的特性及集成芯片的应用；第5篇数字电子技术综合应用，对数字电子技术常见、常用电路进行简单应用；第6篇电子技术应用提高，将模拟电子技术与数字电子技术知识相结合，对小的电路系统进行设计实现。最后，通过2个应用实例讲解Multisim及Proteus仿真软件的使用。

本书可作为工科、农业类高校电类专业模拟电子技术、数字电子技术和非电专业电子技术实验课教材，也可作为相关专业研究生及电路设计工程师自学参考书。

图书在版编目(CIP)数据

电子技术实践教程 / 于亚萍，卫勇主编. -- 北京：中国农业大学出版社，2025. 5.
ISBN 978-7-5655-3433-1

Ⅰ. TN

中国国家版本馆 CIP 数据核字第 2025SG1191 号

书　名　电子技术实践教程
作　者　于亚萍　卫　勇　主编

策划编辑　张秀环　　**责任编辑**　潘博闻　李　想
封面设计　李尘工作室
出版发行　中国农业大学出版社
社　址　北京市海淀区圆明园西路2号　　**邮政编码**　100193
电　话　发行部 010-62733489,1190　　读者服务部 010-62732336
编辑部 010-62732617,2618　　出　版　部 010-62733440
网　址　http://www.caupress.cn　　**E-mail** cbsszs@cau.edu.cn
经　销　新华书店
印　刷　河北虎彩印刷有限公司
版　次　2025年6月第1版　2025年6月第1次印刷
规　格　185 mm×260 mm　16开本　13印张　321千字
定　价　45.00元

编审人员

主　编　于亚萍　天津农学院

　　　　　卫　勇　天津农学院

副主编　杜艳红　天津农学院

参　编　（按姓氏拼音排序）

　　　　　董桂梅　天津农学院

　　　　　靳　皓　天津农学院

　　　　　李　谨　天津农学院

　　　　　杨延荣　天津农学院

　　　　　曾雅楠　天津农学院

　　　　　张　永　内蒙古农业大学

　　　　　张志勇　山西农业大学

主　审　单慧勇　天津农学院

前言

Preface

电子技术实践类课程是测控技术与仪器、电气工程及其自动化、机器人工程等电类专业必修的专业基础课程。该课程能使学生掌握典型电子技术的基本知识、基本原理和基本技能，具备应用所学知识综合分析解决实际电子电路工程问题的能力。党的二十大报告指出，加强教材建设和管理。《电子技术实践教程》从开始筹划到编写成稿，历时两年半，编者来自天津农学院、山西农业大学和内蒙古农业大学，均是从事电子技术及电子线路设计与仿真的一线教师。“聚沙成塔，集腋成裘”，书的内容是长时间理论与实践教学经验的积累，是天津农学院电工电子教学团队在模拟电子技术、数字电子技术、基本技能实训、电子技术综合实训及其课程设计的实践教学过程中逐渐沉淀并提炼出的一系列典型案例的集成。

全书实验内容编写遵从三大原则，力求体现三大特色。

原则一：以学生为中心，重在激发学生的学习兴趣和引导学生学以致用。

原则二：电子技术类课程的相应知识点与专业人才培养特色有机融合。

原则三：实验案例突出设计思想和综合性与应用性的特点。

倡导实验预习方式多样化的特色。为保障学生实验预习效果，实验预习采用问题引导和仿真验证的方式，提出的问题与实验内容相呼应。另外，通过 Multisim 或 Proteus 软件对实验内容相关电路进行仿真，让学生实验前掌握与本实验相关的理论知识，达到好的预习效果。

打造实验案例工程化的特色。教材实验案例从基础电路部分到综合电路应用部分，再到设计提高部分，环环相扣，层层递进，让学生的学习内容系统化和工程化，让同学们学有所用、学以致用，提高学生的学习兴趣。

体现“两性一度”基础与拔高相得益彰的特色。本书内容主要分为基本实验和综合训练两部分，让学生在掌握实验基本内容的基础上，有的放矢地进行拔高训练；整个教材又从基础实验、综合应用再到应用提高，来提升学生综合设计电路的能力。

本书着重培养学生工匠精神，通过电子技术助力智慧农业和科技发展，通过正负反馈来感受自然法则及生态环境的维护，理解直流稳压电源的电路原理与节能降耗关系等，培养学生学习技术与关心社会相统一的责任感和节能意识，尽可能去做到“润物细无声”。

本书编写内容由于亚萍、卫勇策划和设计。第 1 篇电子技术实践基本知识由董桂梅编写，

第 2 篇模拟电子技术基础实验 1～12 由于亚萍编写、实验 13～16 由李谨编写，第 3 篇模拟电子技术综合应用实验 17～19 由张志勇编写、实验 20～24 由杨延荣编写，第 4 篇数字电子技术基础实验和第 5 篇数字电子技术综合应用由杜艳红编写，第 6 篇电子技术应用提高实验 41～42 由曾雅楠编写、实验 43～44 由张永编写、实验 45～46 由卫勇编写、实验 47～48 由于亚萍编写，附录 Multisim 及 Proteus 仿真软件应用学习由靳皓编写。书中部分实验电路图由天津农学院工程技术学院电子信息专业 2023 级研究生温裕宽协助绘制，本书最终统稿、审校由于亚萍、卫勇共同完成。

本书初次出版，存在的疏漏和不足，恳请读者及同行给予批评指正。

于亚萍　卫　勇

2024 年 6 月于天津

目录

Contents

第 1 篇　电子技术实践基本知识

第 1 节　基本元器件的识别

1. 电阻

电阻器，简称电阻，是电路中应用最广泛的元件之一。由于制作电阻的材料对电流具有一定的“阻挡”作用，从而在电阻两端产生一定的电压值，所以电阻在电路中常用于分压、分流、限流等功能。根据阻值特性，电阻分为固定电阻、可调电阻和敏感电阻三类。

1)固定电阻

固定电阻(符号 ─▭─)的电阻值是固定不变的，由于用途广泛，因此种类繁多，电阻实物图如图 1 所示。

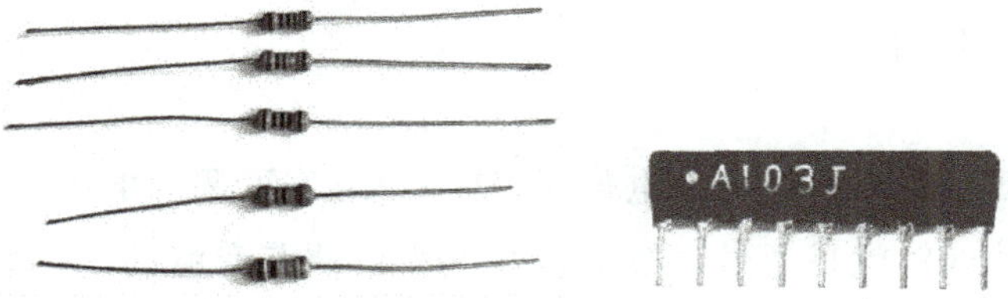

(a) 色环电阻　　(b) 排阻

图 1　各种电阻实物图

电阻的参数标注方法有 3 种，即色标法、数标法和直标法。

色标法　常见的色环电阻就采用色标法，就是在电阻器上用色环表示它的阻值，家用电器、电子设备、仪器仪表等电路板上都有它们的影子，色环电阻颜色代表的数字如表 1 所示。

表 1　色环电阻颜色代表的数字

颜色	棕	红	橙	黄	绿	蓝	紫	灰	白	黑	金	银
数字	1	2	3	4	5	6	7	8	9	0	−1	−2
误差	±1%	±2%			±0.5%	±0.25%	±0.1%				±5%	±10%

色环电阻分为四环电阻和五环电阻。四环电阻：靠近电阻端的为第一色环，代表的数字为电阻值的最高位，第二色环代表次高位，第三色环代表的数值为 10 的幂，第四色环是误差环。

五环电阻：前三环是有效数字环，第四色环代表 10 的幂，第五色环是误差环。

例如，一个五环电阻读出的颜色是棕、黑、黑、红、棕，如图 2 所示，根据表 1 色环电阻颜色代表的数字，它的阻值 $R=100\times10^2=10\ \text{k}\Omega$，误差是±1%。

在实践中发现，同学们对有些色环电阻分不清楚从电阻哪一头读取，在识别时，可运用如下方法加以判断：

(1)找代表误差的色环。最常用的表示电阻误差的颜色是金、银、棕，尤其是金环和银环，所以只要电阻上有金环和银环，就可以基本认定这是色环电阻的最末一环。

(2)按照色环之间的间隔加以判别。比如对于一个五道色环的电阻而言，第五环和第四环之间的间隔比第一环和第二环之间的间隔要宽一些。

数标法　电阻器上的标称值用数字表示，它主要用于贴片等小体积的电阻。如：103 表示 $10\times10^3\ \Omega$(前 2 位为有效数字，第 3 位为 10 的幂)，即 10 kΩ。贴片电阻多用数标法，不同的外观尺寸有不同的封装代码，如图 3 所示，左边的封装是 0603，右边的封装是 0805。

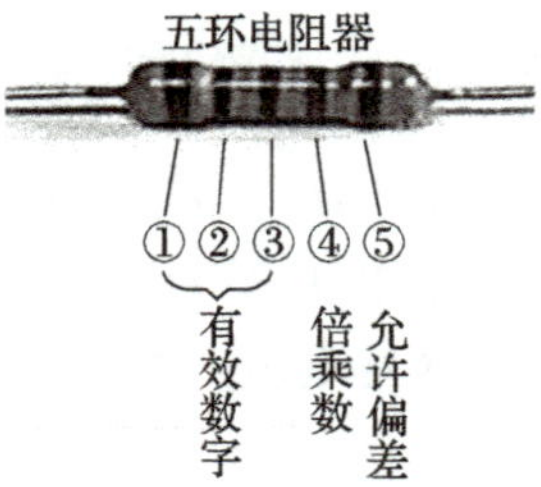

图 2　五环电阻解读

图 3　数标法电阻

直标法　电阻器的标称值用数字和文字符号直接标在电阻上。如：10W8R2J 表示功率为 10 W、阻值为 8.2 Ω 的电阻。

2)可调电阻

可调电阻(符号)，又称为电位器，是一种阻值可调的电阻。收音机上的手动旋钮就是通过调节电位器大小而调节音量的。如图 4 所示的可调电阻，分别标注 103 和 104，103 代表电阻值为 $R_1=10\times10^3=10\ \text{k}\Omega$，104 代表电阻值为 $R_2=10\times10^4=100\ \text{k}\Omega$。

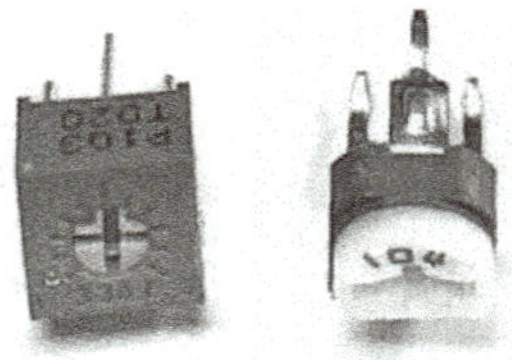
图 4　可调电阻

3)敏感电阻

敏感电阻是一种对光照强度、温度、压力、湿度等物理参数敏感的特殊电阻，常见的敏感电阻有热敏电阻、光敏电阻、力敏电阻、湿敏电阻等，下面仅对热敏电阻和光敏电阻作简要介绍。

热敏电阻(符号)　热敏电阻随外界温度变化阻值发生变化，分为正温度系数(Positive Temperature Coefficient，PTC)和负温度系数(Negative Temperature Coefficient，NTC)两大类。正温度系数的热敏电阻其阻值随温度升高而变大，负温度系数的热敏电阻其阻值随温度升高而变小。珠状热敏电阻实物如图 5 所示，可用于测温、温度补偿、过热保护电路等。

光敏电阻(符号)　光敏电阻随外界光照强度变化阻值发生变化，其阻值与照射到电阻表面的光照强度成反比，光线越强，阻值越小。常用于检测环境的光照强度，可用于小车循迹、路灯或其他照明系统的光控开关等，光敏电阻实物图如图 6 所示。

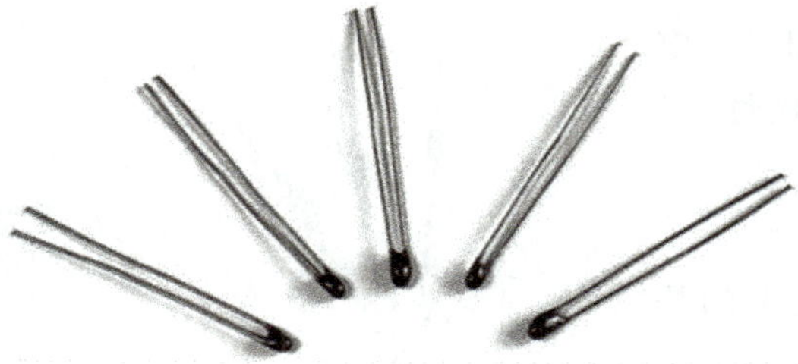

图 5　珠状热敏电阻

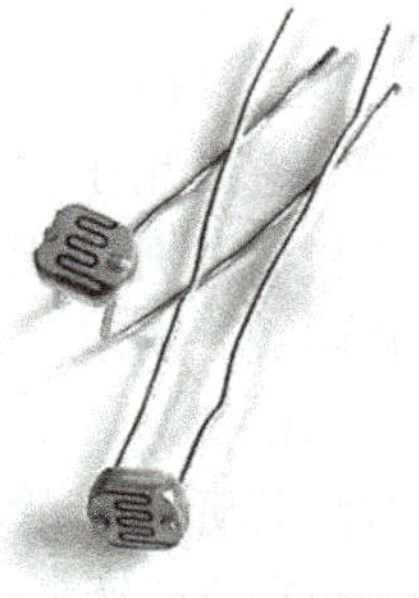

图 6　光敏电阻

2. 电容

电容(符号⊣⊢),由两块相互平行的金属导体极板构成,两个极板之间存在电介质,分为无极性电容和极性电容两大类。电容的作用主要有旁路、耦合、滤波、储能。不同种类电容实物如图 7 所示。

1)无极性电容

无极性电容(符号⊣⊢)的两个引脚没有极性之分,可以交换使用。容量一般比较小,常用于滤波电路。无极性电容的识别方法与电阻数标法基本相同,单位是 pF。例如:224＝22 0000 pF＝ 0.22 μF(22 是容量的前两位数,最后一位数字 4 代表 10 的幂次,即添加 0 的个数);102＝10 00 pF ＝1000 pF。

2)极性电容

极性电容(符号⊣⊢)的两个引脚有正负极性之分,不可以交换使用。使用时,一定要保证正极引脚的电压高于负极,否则电容就有烧毁或爆炸的可能。极性电容的容量一般相对较大,常用于旁路、耦合、滤波、储能。

铝电解电容比较常见,一般都是圆柱体状的,因为体积比较大,电容电极极性、电容额定容量和耐压值等信息都标注在外壳上。电解电容的实物如图 8 所示,长的电极为正极,短的电极为负极,即符号“－”的同侧电极。

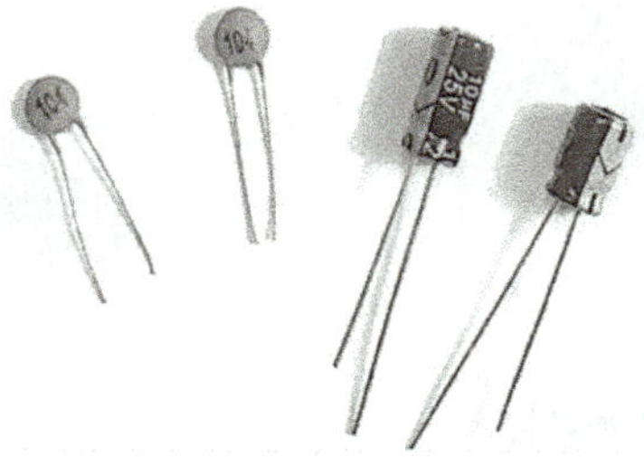

图 7　电容

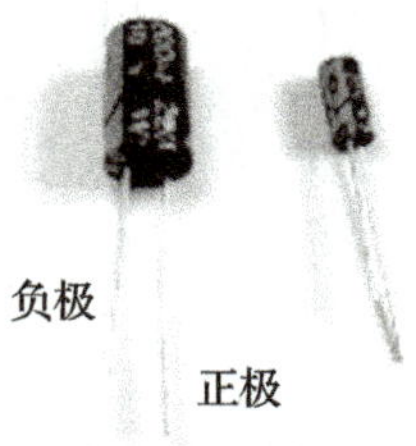

图 8　电解电容

3. 二极管

二极管具有单向导电性,当阳极电压大于阴极电压且高于导通电压时,二极管就导通,当阳极与阴极电压差小于导通电压时,二极管就截止。二极管分为普通二极管和特殊二极管。

1)普通二极管

普通二极管(符号 —▶|—)的外形和电阻很像，如图 9 所示。它常用于整流、限幅、开关和钳位电路。晶体二极管的外壳上只标注型号和极性，二极管通常在阴极一端印上一道色环作为标记。

2)特殊二极管

二极管除普通二极管外，还有许多类型的特殊二极管，如发光二极管、光电二极管、稳压二极管、变容二极管等。

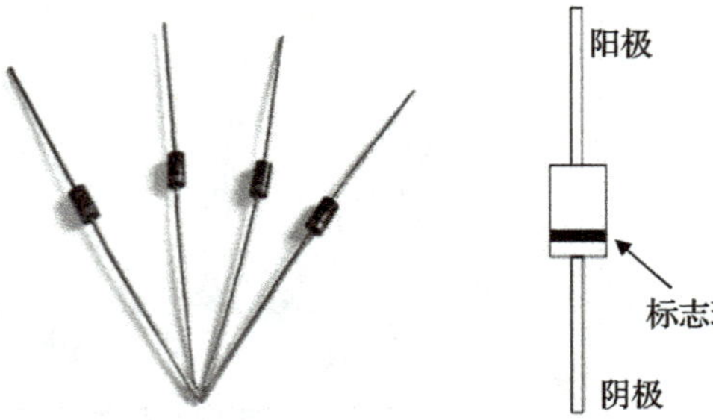

图 9　普通二极管

发光二极管　发光二极管分为可见光和红外光两大类。其中，可见光发光二极管由于掺杂物质的不同，可做成不同颜色的发光二极管，如图 10 所示，常用于指示或报警。如今广泛使用的 LED 灯就属于可见光发光二极管，具有高亮度、低热量且节能的特点。

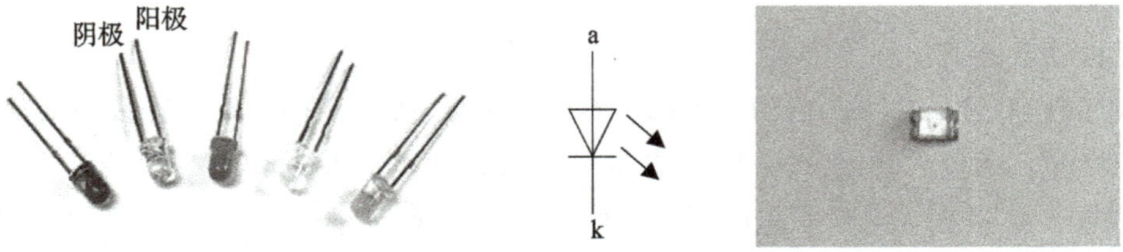

图 10　可见光发光二极管

红外对管　红外对管是红外光发射管与光敏接收管配合使用时的总称，如图 11 所示，图(a)中所示白色为发光二极管，黑色为接收二极管；(b)为直射式，它的发光二极管和接收管相对安放在发射与受控物的两端，中间相距一定距离；(c)为反射式，它的发光二极管和接收管并排一起，只在发射管发出的红外光碰到反射物时，接收管接收到反射回来的红外光才工作。它们主要用于测距、避障、无线遥控、智能电表等领域。

(a)　(b)　(c)

图 11　红外对管

光电二极管　光电二极管是一种将光信号转换成电信号的光电传感器，可以用于障碍物距离探测、光强度检测、光控开关等领域。按照接收信号的光谱范围，光电二极管可分为可见光光电二极管、紫外光光电二极管和红外光光电二极管，如图 11 的红外对管的接收管。可见光光电二极管如图 12 所示，主要用于可见光强度检测。

稳压二极管　稳压二极管是指利用 PN 结反向击穿时，电流可以在很大范围内变化而电压基本不变的特性，制成的起稳压作用的二极管，实物如图 13 所示，常用于产生基准电压、限幅、稳压等场合。

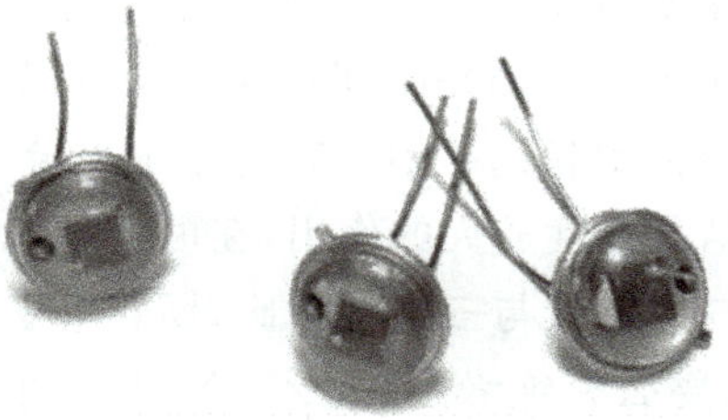

（a）实物图

（b）符号

图 12　可见光光电二极管

（a）实物图

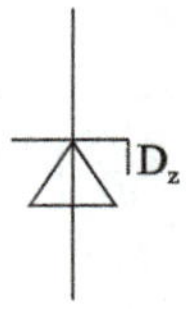

（b）符号

图 13　稳压二极管

4. 三端放大器件

1）三极管

三极管分为 PNP 和 NPN 型两种，在放大区工作时，集电极电流与基极电流成正比，它是一种电流控制电流的半导体器件。它有三个极：基极（b）、集电极（c）、发射极（e）。在放大区工作时，能起到信号线性放大作用，在饱和区和截止区工作时，可作为一个开关使用，实物及三极管的符号如图 14 所示。

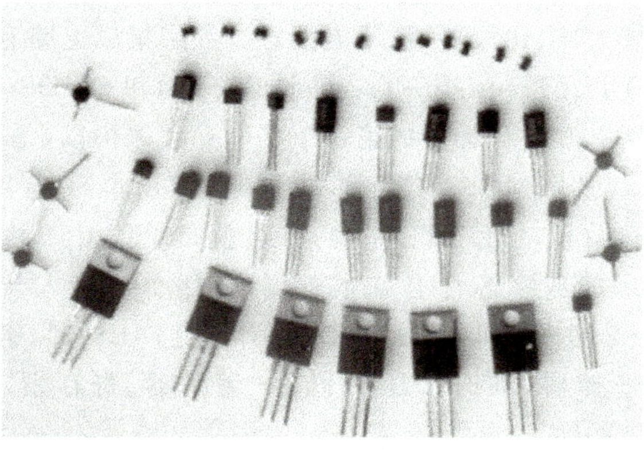

（a）实物图

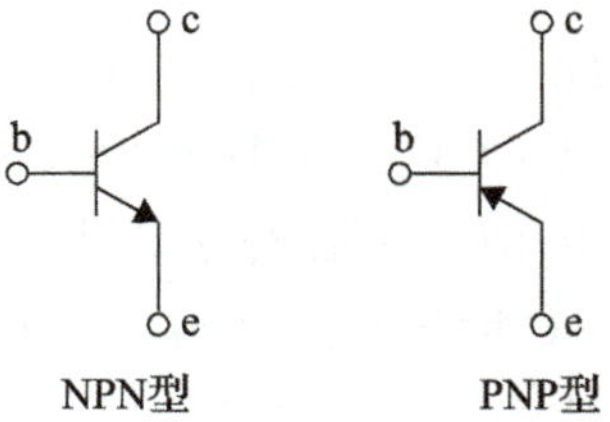

（b）符号

图 14　三极管

2)场效应管

场效应管是一种电压控制电流的半导体器件。它的种类很多,分为 MOS 场效管(Metal Oxide Semiconductor Field Effect Transistor,MOSFET)和结型场效管(Junction Field Effect Transistor,JFET),N 沟道和 P 沟道,增强型和耗尽型。它的三个极分别是源极(s)、栅极(g)和漏极(d)。工作在饱和区时,能起到信号线性放大的作用,在可变电阻区和截止区工作时,可作为一个开关使用,实物及符号如图 15 所示。与三极管相比,场效应管是单极性器件,只有一种载流子参与导电;它的栅源电极之间要么有绝缘层,要么 PN 结反偏,所以它具有高的输入阻抗。另外,工作在饱和区时,它的漏电流大小受栅源电压大小控制,因此是一种电压控制电流器件。

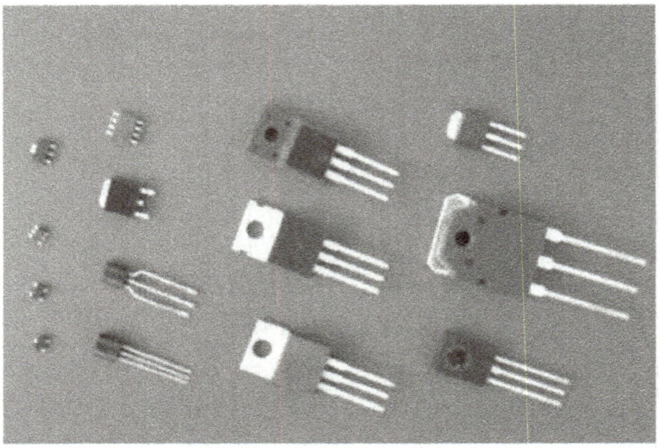

（a）实物图

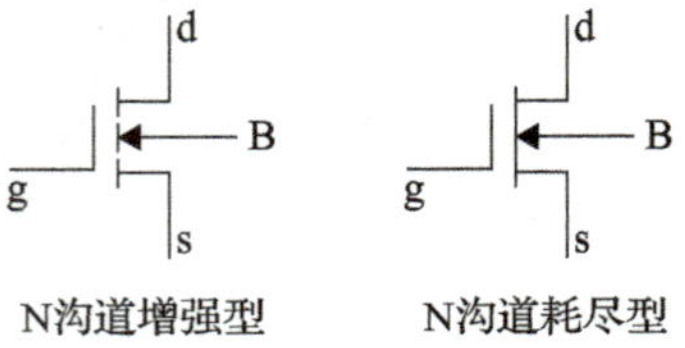

（b）符号

图 15　场效应管

第 2 节　集成芯片

集成电路(Integrated Circuits,IC),就是把整个电路的元器件连接制作在一块半导体基片上,构成了特定功能的电子电路。它们体积虽小,性能却很好。根据处理信号的不同,分为模拟集成芯片、数字集成芯片和混合集成芯片。

常用的模拟芯片有运算放大器、音频放大器、比较器、稳压电源等。数字集成电路有双极型和场效应两大系列,这两大系列主要以 TTL(Transistor-Transistor Logic)和 CMOS(Complementary Metal Oxide Semiconductor)为代表。国标中的第一个字母 C 代表中国,是 CHINA 的字头,第二位的 T 代表 TTL,C 代表 CMOS。CT 就是中国 TTL 集成电路,如 CT54H/74H(高速 TTL 系列)、CT54L/74L(低功耗 TTL 系列);CC 就是中国 CMOS 集成电路,如 CC4(互补场效应管系列)。常用的数字芯片有基本逻辑门(四个 2 输入与非门 74LS00、两个 4 输入与非门 74LS20、四个 2 输入或非门 74LS02、六个非门 74LS06)、组合逻辑器件(加法器、译码器、编码器、数据选择器)和时序逻辑器件(触发器、寄存器、计数器)等。

注意:TTL 门电路输入端悬空相当于输入高电平“1”,CMOS 门电路因输入阻抗高,其输入不能悬空,“与”逻辑门电路应将多余输入端经电阻(1～3 kΩ)或直接接正电源;“或”逻辑门电路应将多余输入端接地。

1. 引脚排列规则

集成芯片上都有一个半月形的缺口。在拿到集成芯片时，半月形缺口朝左，芯片的型号字体正对着自己，左下角为第1引脚，剩余引脚依次按照逆时针顺序排列。数字集成电路芯片一般右下角引脚接地，左上角的引脚接正电源，如图16所示。

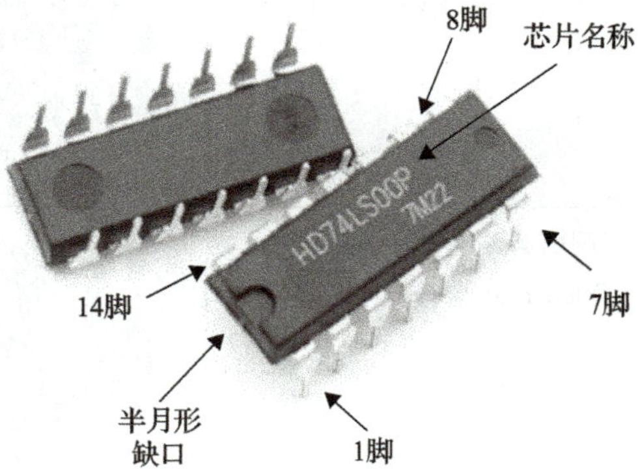

图16　集成芯片引脚排列规则图

2. 集成电路封装

集成电路封装不仅起到集成电路芯片内键合点与外部进行电气连接的作用，也为集成电路芯片提供了一个稳定可靠的工作环境。因此，封装应具有较强的机械性能、良好的电气性能、散热性能和化学稳定性，集成芯片常见的封装如表2所示。

表2　集成芯片常见的几种封装

封装	芯片图	参数
双列直插封装，DIP (Dual In-line Package)		引脚中心距2.54 mm，引脚数6～64。封装宽度通常为15.2 mm。有的把宽度为7.52 mm和10.16 mm的封装分别称为skinny DIP和slim DIP（都为窄体型DIP）。
单列直插封装，SIP (Single In-line Package)		引脚中心距通常为2.54 mm，引脚数2～23。
小外形封装，SOP (Small Out-line Package)		引脚从封装两侧引出呈海鸥翼状（L字形）。材料有塑料和陶瓷两种。引脚中心距1.27 mm，引脚数8～44。另外，引脚中心距小于1.27 mm的SOP也称为SSOP；装配高度不到1.27 mm的SOP也称为TSOP。
J形引脚小外形封装，SOJ (Small Out-line J-leaded Package)		引脚从封装两侧引出向下呈J字形，故此得名。引脚中心距1.27 mm，引脚数20～40。

续表 2

封装	芯片图	参数
带引线的塑料芯片载体，PLCC (Plastic Leaded Chip Carrier)		引脚从封装的四个侧面引出，呈丁字形，是塑料制品。引脚中心距 1.27 mm，引脚数 18～84。
四侧引脚扁平封装，QFP (Quad Flat Package)		引脚从四个侧面引出呈海鸥翼(L)形。基材有陶瓷、金属和塑料三种。引脚中心距有 1.0 mm、0.8 mm、0.65 mm、0.5 mm、0.4 mm、0.3 mm 等多种规格。

3. 集成电路的发展

第一个集成电路是德州仪器公司的杰克·基尔比(Jack Kilby)在 1958 年发明的，它标志着世界从此进入集成电路时代。2000 年，杰克·基尔比因发明集成电路被授予诺贝尔物理学奖，诺奖评审委员会评价他“为现代信息技术奠定了基础”。集成电路的诞生对现代电子技术产生了深远的影响，它极大地缩小了电子设备的体积，提高了电路系统的可靠性及效率。杰克·基尔比的发明不仅改变了电子产品的设计和制造方式，还对个人电脑、移动电话等产品的普及起到了关键作用。

集成电路具有体积小、重量轻、寿命长和可靠性高等优点。经过几十年的发展，它已经广泛应用于工业、军事、通信和遥控等各个领域。用集成电路来装配电子设备，其装配密度相比晶体管可以提高几十倍至几千倍，设备的稳定工作时间也大大提高。集成电路规模分为小规模、中规模、大规模和超大规模、系统级集成电路等。半导体行业中著名的“摩尔定律”——集成电路上的晶体管数量，每 18 个月扩充一倍，持续 35 年，至今力道不竭。目前集成芯片的发展，指甲盖大小的芯片已可以集成多达几百亿个晶体管。

作为“工业粮食”的集成电路在中国起步相对较晚，在中国芯片发展历程中，一代又一代科学家、芯片人通过不懈努力为祖国研制出具有自主产权的“中国芯”。“中国龙芯之母”黄令仪带领团队，打破国产计算机无芯可用的困局；科研工作者们为歼-20、北斗卫星打造强劲的国产“心脏”……，这些重大突破有力推动了我国芯片技术打破西方长期的技术封锁。当下，我们青年一代应响应国家战略需求与人民的发展需求，正视与国际先进水平的差距，勇攀科技高峰，主动肩负起时代赋予的光荣使命，致力于攻克国家关键技术的“卡脖子”难题。

第 3 节　电路面包板和万用板

1. 面包板

电路面包板通常是指免焊面包板。它是制作临时电路和测试电路的最好工作台，元器件插接在面包板上，不需要焊接。面包板的实物正面如图 17 所示，背面如图 18 所示。

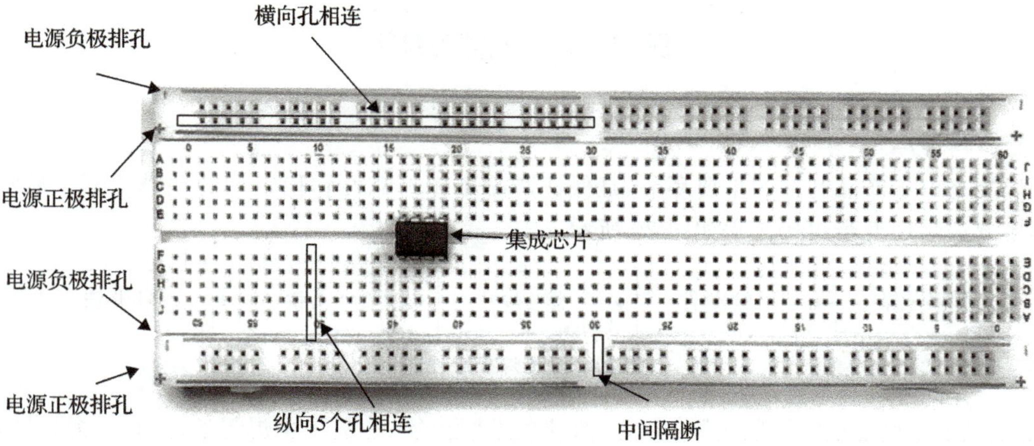

图 17　面包板实物图的正面

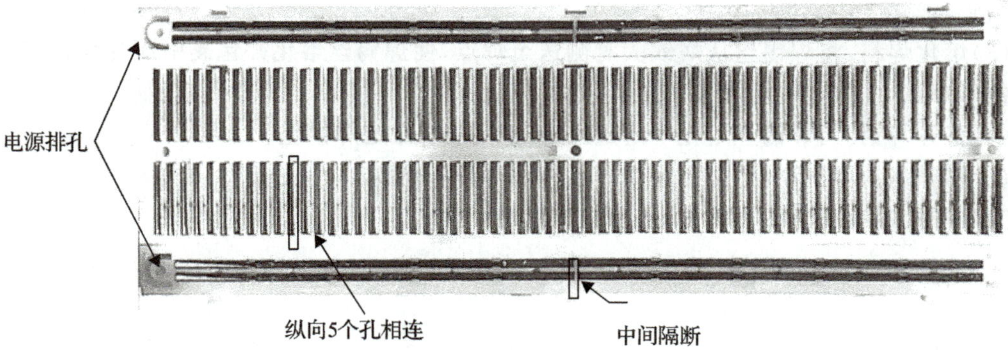

图 18　面包板拆除了黏合板的背面

2.万用板

万用板是一种按照标准集成电路芯片间距(2.54 mm)布满焊盘,可按设计者的需求插装元器件及连线的印制电路板。万用板适合小型电路的测试或练习,在使用过程中,需要设计者将元件焊接在万用板的对应焊盘上,万用板实物如图 19 所示。

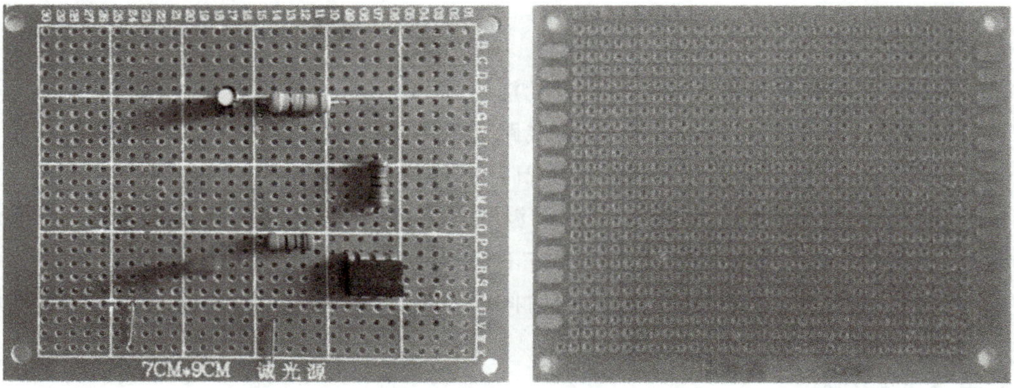

图 19　万用板的正面与反面

第4节 电路焊接

1.焊接方法

焊接是电子产品制造的重要环节,是保证产品工作可靠性和稳定性的关键因素。最常用的焊接方法采用五步焊接流程如图20所示。

准备施焊 → 加热焊件 → 熔化焊料 → 移开焊锡 → 移开烙铁

图20 五步焊接流程图

(1)准备施焊:检查烙铁是否合格,不合格的及时更换;一只手拿焊锡丝,一只手握烙铁,目视焊点,准备焊接。

(2)加热焊件:调节加热温度为280~320 ℃;将烙铁头放到焊接处,使其同时接触焊盘和元件引脚,加热2~4 s。

(3)熔化焊料:将焊锡丝从烙铁头对侧送至焊点,使焊锡丝熔化并包裹引脚与焊盘,形成光滑圆锥形焊点。

(4)移开焊锡:当焊锡丝熔化一定量之后(2~3 s),撤走焊锡丝。

(5)移开烙铁:当焊料完全浸润焊点后迅速移开电烙铁。

五步焊接过程示意图如图21所示。

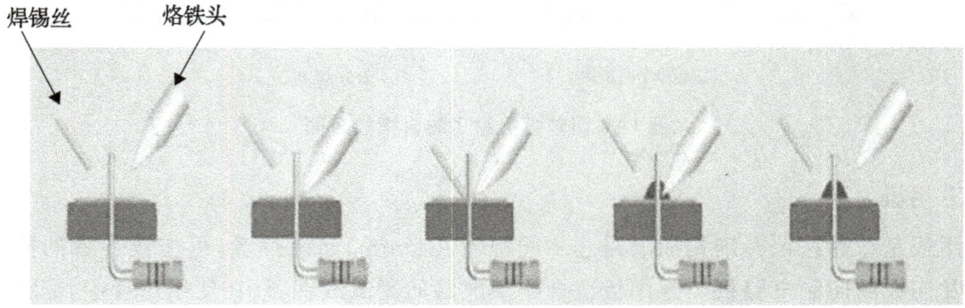

图21 五步焊接示意图

2.焊接注意事项

(1)焊接前应观察各个焊点(铜皮)是否光洁、有无氧化等。

(2)在焊接元件时,要看准焊接点,以免线路焊接不良引起短路。

(3)直插元件,焊接时宜采用元件由矮到高的顺序依次焊接。

(4)一般应该选用内热式20~35 W或调温式电烙铁,烙铁头形状需根据印刷电路板焊盘大小选择,加热时烙铁头温度调节到300 ℃左右(视环境温度变化而决定)。

(5)在加热时应该尽量避免让烙铁头长时间停留在一个地方,以免导致局部过热、损坏铜箔或元器件。

3.焊接质量检验

所有焊点应有光亮的、大致光滑的外观,并且呈润湿状态;润湿体现在被焊件之间的焊料呈凹的弯月面，对焊点返工时应格外小心，以免引发更多问题。合格焊点和不合格焊点如图 22 所示。

（a）合格焊点

（b）不合格焊点

图 22　合格焊点和不合格焊点

焊点应具备以下三点：

(1)可靠的电气连接。

(2)足够的机械强度。

(3)光滑整齐的外观。

第2篇　模拟电子技术基础实验

实验1　常用电子仪器的使用

一、预习部分

1. 实验目的和要求

(1)熟悉示波器、信号发生器等的功能，各旋钮、按键的位置及作用。

(2)掌握用双踪示波器观察信号波形、读取波形幅度、周期等参数的方法。

(3)了解函数信号发生器、直流稳压电源、万用表的性能及正确使用方法。

2. 实验原理

在模拟电子技术实验中，经常需要对电路的电压及波形参数进行测量，常用到的测量仪器仪表有示波器和万用表；而对电路进行功能测试时，需要激励信号，一般采用信号发生器；电路工作时用到的供电电源由−5/+5 V或−12/+12 V直流稳压电源提供，接下来对这些模拟电子技术中常用的仪器进行介绍。

1)示波器

在模拟电子电路实验中，经常使用示波器对电路参数进行测量。示波器就是显示波形及参数的仪器，它是一种用途很广的电子测量仪器，既能直接显示电信号的波形，又能对电信号进行各种参数的测量，GDS-1052-U型示波器面板及功能按钮如实验图1-1所示。

示波器探头线：其作用是将被测信号引入示波器信号输入通道进行测量，它分为带衰减和不带衰减两种。红色的鳄鱼夹或信号输入端(挂钩)接被测信号的输入端，黑色的鳄鱼夹接地。如实验图1-2所示为带衰减的示波器探头线，衰减按钮选择一般有1×1(原信号大小输入)和1×10(信号衰减10倍输入)2种。

选择通道：常用的示波器一般有2个被测信号输入通道，单通道“CH1”“CH2”或“CH1、CH2”双踪显示(CH是Channel前面2个字母的缩写)，它与示波器探头线连接后，可以测量被测信号。

在测量信号前，首先要选择通道的耦合方式。通道的耦合方式分为直流耦合(Direct Couple，DC)、交流耦合(Alternating Couple，AC)和耦合地(Ground，GND)。直流耦合方式的输出未经电容滤波，显示的是被测波形的全量，即交流量与直流量的叠加；交流耦合方式输出信

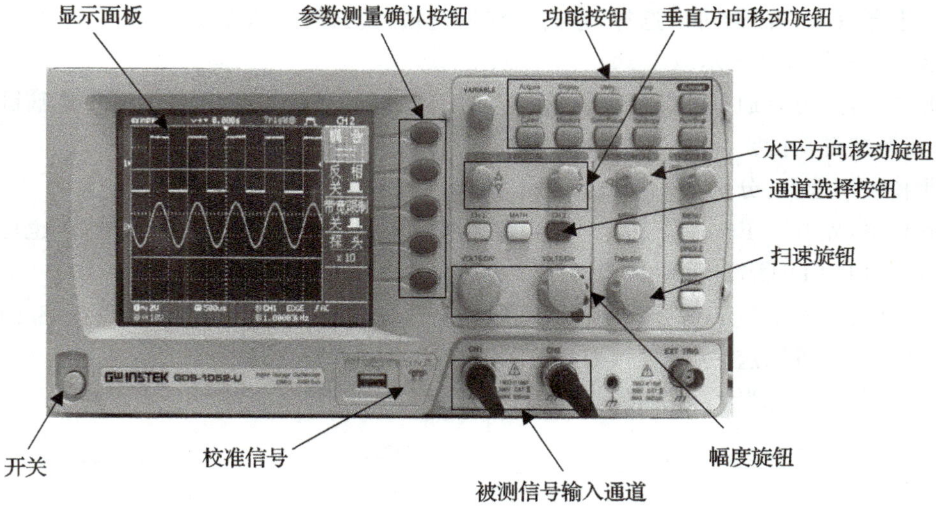

实验图 1-1　GDS-1052-U 型示波器面板及功能按钮

号经电容滤波，显示的仅是信号的交流量；耦合地时，在输入端屏蔽掉输入信号，屏幕上显示一条细而亮的直线，通常用于调节波形显示的起始位置。

测量刻度线“Cursor”旋钮的使用，选中 X1 或 X2 刻度线，旋转“Variable”调节刻度线的位置，测量显示读数。被选中的刻度线是“实线”，未被选中的是“虚线”。

“扫描速率”(TIME/DIV)旋钮用来调节显示每格波形周期的刻度，“幅值灵敏度”(VOLTS/DIV)幅值旋钮用于调节每格波形幅值刻度的大小。适当调节“扫描速率”旋钮及“幅值灵敏度”旋钮在屏幕上显示 1～2 个周期被测信号的完整波形。

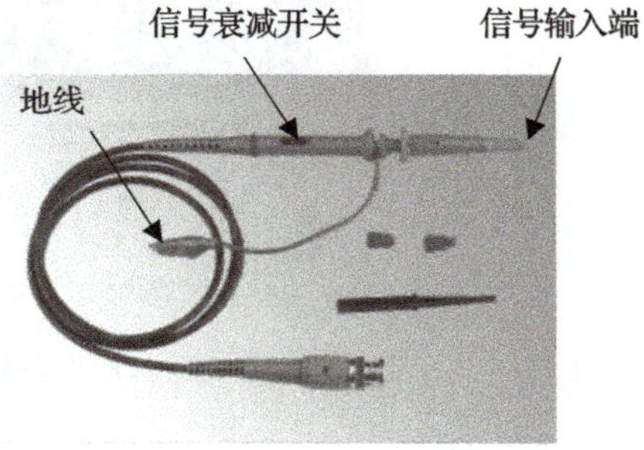

实验图 1-2　带衰减的示波器探头线

根据显示的波形和纵、横坐标的刻度值，可以读出信号的幅值与周期。

信号幅值 Amplitude(A)：信号幅度的大小，根据被测波形在屏幕坐标刻度上垂直方向(VERTICAL)所占的格数(DIV)与“幅值灵敏度”开关指示值(VOLTS/DIV)的乘积，即可算出信号幅度的实测值。

信号幅值＝波形垂直方向所占的格数×幅值灵敏度开关指示值

信号周期 Period (T)：根据被测信号波形一个周期在屏幕坐标刻度水平方向(HORIZONTAL)所占的格数(DIV)与“扫速开关”指示值(TIME/DIV)的乘积，即可算出信号周期的实测值。

信号周期＝波形一个周期水平方向所占的格数×扫速开关指示值

目前数字示波器参数读取更加便捷，也可以通过操作“Measure”按钮，在波形屏幕右侧直接显示并读取相关参数。

2)信号发生器

信号发生器就是产生信号波形的仪器，它的主要作用是为实验电路提供激励信号源。一般信号发生器有 3 种波形可以选择，它们分别是正弦波、三角波和方波。TFG1905B 型函数信号发生器如实验图 1-3 所示。

波形的选择：可以通过按"Shift＋波形按钮"。"Shift"作为切换键的作用和电脑键盘的应用相同，切换按键功能。

周期和频率选择：分别按下"Period"和"Freq"(Frequency，频率)按键。

调节频率：先按下 Freq，选中频率，然后按"数字＋Shift＋相应的频率单位"。也可以选中"频率"后，采用"ADJUST"旋钮来调节所需的频率。

调节幅值：先按下"Ampl"(Amplitude，幅度)，选中幅度，然后再按下"数字＋Shift＋相应的幅值单位"。也可以选中幅度后，采用"ADJUST"调节所需的幅度值。

最后按下"Output"键，相关指示灯亮，通道输出波形。

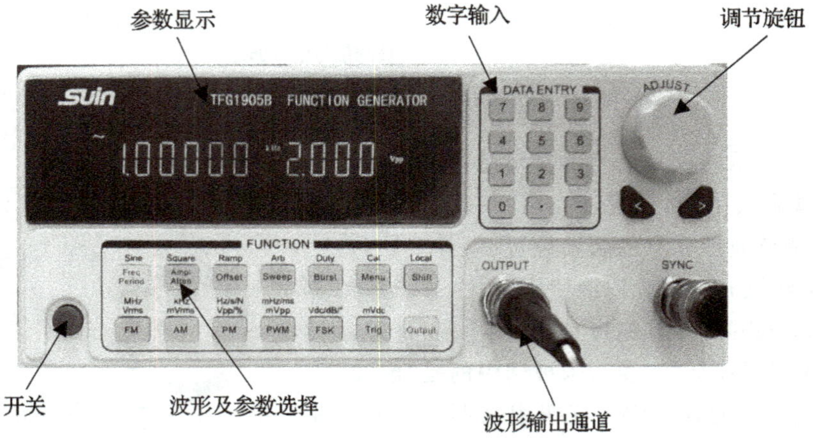

实验图 1-3　TFG1905B 型函数信号发生器

3)直流稳压电源

直流稳压电源可分为固定直流稳压电源和可调直流稳压电源。固定直流稳压电源通常用作电路的供电电源，常用的电压有－5/＋5 V、－12/＋12 V。在使用时，注意接地端 GND 与电路共地，可调直流稳压电源除用作供电电源外，还可用于直流信号的输入。

4)万用表

万用表是一种应用最广泛的测试仪表，它可以测试交、直流电流和交、直流电压大小，与示波器测量波形幅值相比，万用表测试的是交流量的有效值。它还可以测试电阻大小、电容大小、二极管两个极、三极管的引脚等。用万用表二极管档测电路导线的通断是一个非常好的选择，线路导通时，蜂鸣器会响，因此该档可用于电路的故障检测。万用表是模拟电子技术实验和电路测量必备的测量仪表之一。

3. 需用的仪器及元件

GDS-1052-U 型双踪示波器 1 台、直流稳压电源 1 台、面包板 1 块、TFG1905B 型函数信号发生器 1 台、万用表 1 块、电阻 2 kΩ、电容 1 μF 及导线若干。

4. 实验预习内容

(1)示波器在进行电路实验时的作用是什么？被测信号如何通过示波器探头线接入？如何实现波形的双踪显示？

(2)信号发生器的功能是什么？在电压放大电路中起到什么作用？

(3)万用表都可以测试哪些参数？测试不同参数时，档位如何设定？

5. 仿真练习参考电路

仿真用到的元器件及仪器：电阻(Resistor)、电容(Capacitor)、电压源(Voltage source)、信号发生器(Signal generator)，示波器(Oscilloscope)和万用表(Multimeter)。

1)信号发生器波形产生与测量

主要学习信号发生器信号波形选择、信号频率及幅值的设定。分别试着改变输出波形形状，如正弦波、三角波、方波及其频率。正弦交流信号波形产生与测试如实验图 1-4 所示。

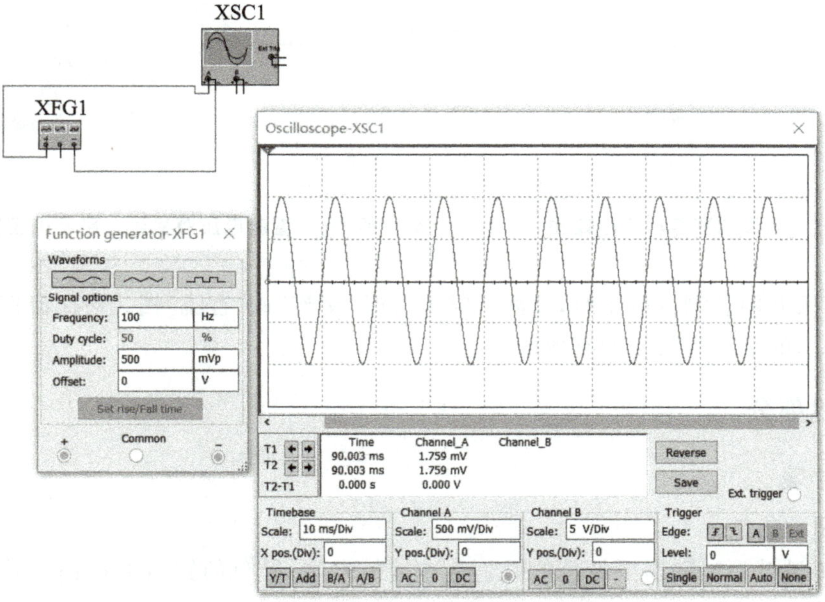

实验图 1-4 正弦交流信号波形产生与测试图

注意：在 Multisim 中，信号发生器与待测设备连接时要注意以下情况，信号发生器有 3 个连接端子，“+”连接端、“−”连接端、中间公共端为 Common 端子。当使用“+”和 Common 端子时，输出信号为正极性信号；当使用“−”和 Common 端子时，输出信号为负极性信号；当使用“+”和“−”端子时输出信号的幅度等于信号发生器设定幅值的 2 倍。

以信号发生器产生幅值为 0.5 V、频率为 100 Hz 的正弦信号为例，调节 Timebase 的时间轴刻度“Scale”和通道 Channel A 或 B 的幅值刻度“Scale”，观察显示图形的变化。并比较示波器读出的数据与信号发生器产生参数之间的误差有多大。

2)双踪显示波形

测试电路 R、C 元件串联后，信号的相位移动。通过信号发生器产生幅值为 1 V，频率为 1 kHz 的正弦波。电阻 R_1 为 2 kΩ，电容 C_1 为 1 μF，示波器双踪检测电路图如实验图 1-5 所示，锻炼同学们采用示波器测试多个通道波形的能力。

注意：要想改变显示波形的颜色，可以通过改变连接进入示波器不同通道输入线的颜色来实现。如 A 通道信号输入连线用红色，B 通道信号输入连线为蓝色时，A 通道输出显示红色波形，B 通道输出显示蓝色波形。

3)万用表直流电压档测试电压值

采用万用表测试电路的直流电压值，12 V 的直流电压源检测电路及电压值测量图如实验图 1-6 所示。

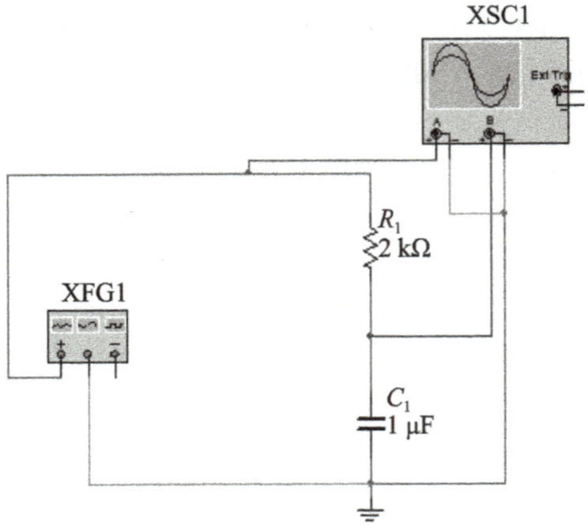

实验图 1-5　示波器双踪检测电路图

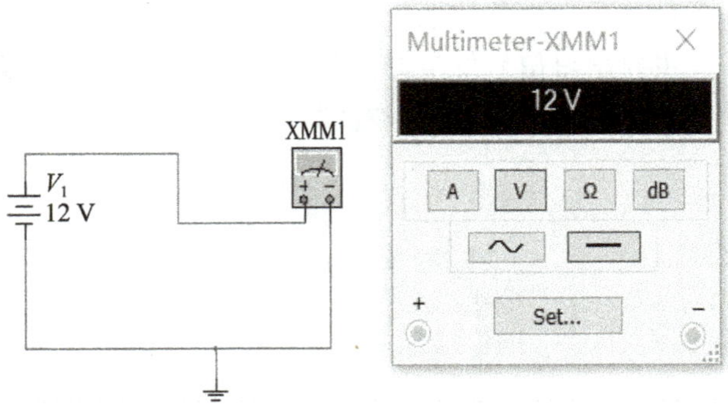

实验图 1-6　直流电压源检测电路及电压值测量图

注意：采用万用表测量电压时，按测试需求选好“交流”或“直流”档。对交流信号进行测量时，万用表显示的是交流信号的有效值。

二、实验部分

1. 实验步骤

1)实验电路搭建

示波器测试波形电路需要红色的鳄鱼夹连接信号端，黑色的鳄鱼夹接地。采用示波器对信号发生器输出波形进行测试时，其电路连接如实验图 1-7 所示。

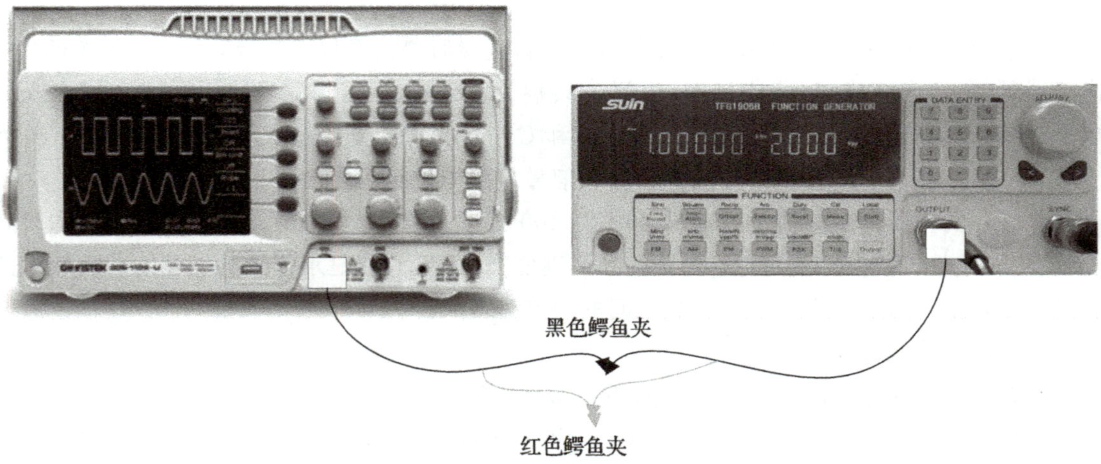

实验图 1-7　示波器测试信号发生器输出波形电路连接

2)实验过程

(1)打开示波器电源开关。

(2)调节扫描基线。将示波器的显示方式开关置于“单踪”显示(CH1 或 CH2)，输入耦合方式开关置“地”(GND)，使荧光屏上显示一条细而且亮度适中的扫描基线。然后调节“VERTICAL”和“HORIZONTAL”旋钮，使扫描线位于屏幕中央，并且能上下左右移动自如。

(3)测试“校正信号”波形的幅度和频率。将示波器的“校正信号”(CAL)通过示波器探头线引入选定的信号输入通道(CH1 或 CH2)，将 CH * 通道输入耦合方式开关分别置于“直流耦合/DC”和“交流耦合/AC”，观察波形显示位置的不同。

直流耦合：显示信号的全量，即交流量与直流量的叠加；交流耦合：仅显示信号的交流成分。

调节水平方向“扫描速率”旋钮(TIME/DIV)和垂直方向“幅值灵敏度”旋钮(VOLTS/DIV)，并配合调节“VERTICAL”“HORIZONTAL”旋钮，在示波器上显示 2～3 个完整稳定的波形。

注意：测量校准信号时，示波器探头线的信号线连接校准信号即可，此时，示波器探头线的地线悬空，因为校准信号与测试通道在示波器内部已经共地，因此不用接地线。

用机内基准信号(CAL 2Vp-p，Calibration)对示波器进行自检。将示波器一个通道的探头信号线连接校准信号，地线悬空，进行校准波形显示。不同型号的示波器，其校准信号的标准值有所不同，请按照所使用信号的校准值进行测量，测试数据记入实验表 1-1 中。

实验表 1-1　示波器校准信号参数测量

参数	标准值	示波器实测值	误差/%
周期	1 ms		
幅值	2Vp-p		

注意：如果波形不准，误差太大，就需要对示波器进行自校准或探头补偿调节。

(4)函数信号发生器的使用练习。调节函数信号发生器相关按键，使其输出信号幅值为 0.5 V，频率分别为 500 Hz、1 kHz 的各种波形信号。改变示波器“扫描速率”开关及“Y 轴灵敏度”开关，使信号稳定，用示波器测量信号发生器输出信号的实际频率，记入实验表 1-2。

实验表 1-2　输出信号实际频率的测量

标准输出	示波器测量频率/Hz		
信号频率	正弦波	三角波	方波
500 Hz			
1 kHz			

(5)调节函数信号发生器功能旋钮，使输出幅值为 1 V、频率分别为 500 Hz、1 kHz 的正弦波信号。用示波器和万用表交流电压档进行测量，比较万用表测量电压值与示波器测量幅值电压的不同。(提示：万用表测量的是正弦交流信号的有效值)

2. 综合训练

(1)双踪显示波形。示波器一个信号输入通道连接函数信号发生器输出频率为 1 kHz、幅值为 2 V 的正弦波；另一信号输入通道连接函数信号发生器输出 TTL 端口，对这两路波形进行双踪显示，并画出测试波形图。

(2)测量直流电源电压。进行直流电压测试时，万用表的功能开关放在什么位置？档位打到什么量程上？将测量值填入实验表 1-3。

实验表 1-3　直流电压的测量

直流稳压电源的电压值/V	12	−12	5	−5
测量值/V				

实验 2　普通二极管

一、预习部分

1. 实验目的和要求

(1)掌握普通二极管单向导电特性，会判断二极管的两个电极。

(2)理解二极管理想模型与恒压降模型及其应用。

(3)掌握普通二极管的工作区域及应用电路。

2. 实验原理

将 PN 结进行封装，引出电极，就形成了二极管，所以二极管的伏安特性与 PN 结伏安特性一致，具有单向导电性。它在导通前需要克服一定的死区电压，对硅二极管来说，导通压降一般为 0.6～0.8 V，锗二极管导通压降为 0.2～0.3 V，其伏安特性如实验图 2-1 所示，根据不同的应用场合，二极管可以等效为理想模型、恒压降模型、折线模型和微变等效电阻(交流小信号等效)。二极管分为普通二极管和特殊二极管，普通二极管作用主要有：整流、开关、限幅等，它正常工作在伏安特性的正向导通区和反向截止区。

普通二极管的实物如实验图 2-2 所示，它的阳极和阴极判断方法如下：

(1)通过外形判断。二极管靠近有银色环的一端为二极管的阴极，另一端为阳极。

(2)采用万用表的二极管档去判断。

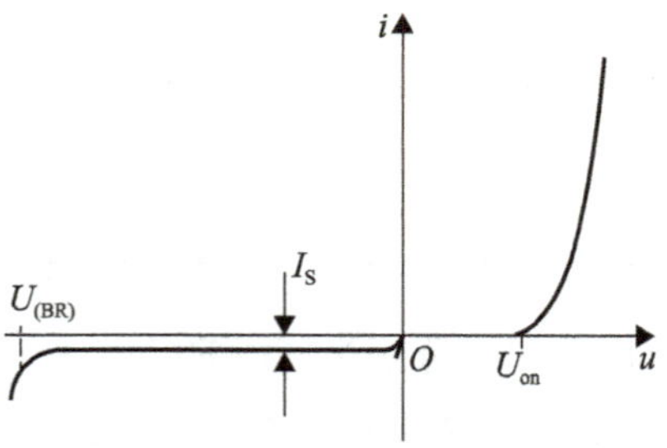

实验图 2-1　二极管伏安特性图

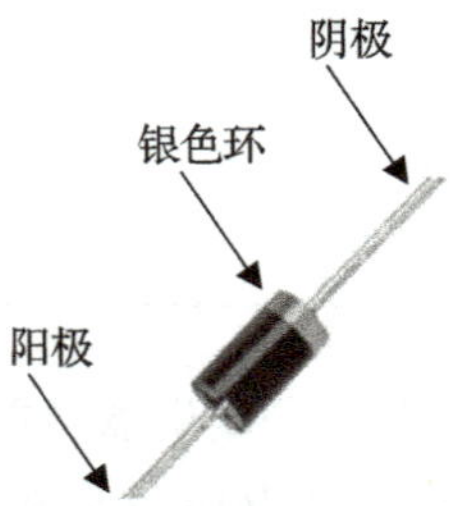

实验图 2-2　普通二极管实物图

数字万用表都有一个测二极管的档位，它测量的是一个元器件在通过一定电流(一般数字万用表二极管档位通过 1 mA 电流)时的电压值，可以测得二极管导通时的管压降，并确定其阴极、阳极。万用表测量二极管如实验图 2-3 所示，此时红表笔连接的是阳极，黑表笔连

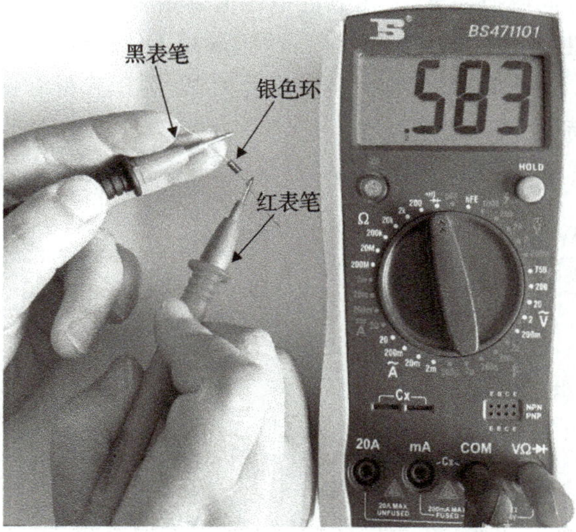

实验图 2-3　万用表测量二极管

接的是阴极，显示数字为管压降值，两极反过来测试时，显示为“1”。

3. 需用的仪器及元件

面包板 1 块、万用表 1 块、示波器 1 台、二极管(1N4007)1 个、电阻 (100 Ω、470 Ω、5.1 kΩ 电阻各 1 个，1 kΩ 2 个)、导线若干、直流稳压电源 1 台。

4. 实验预习内容

(1)普通二极管具有的主要特性是什么？如何判断二极管的两个极？

(2)什么情况下可以用二极管理想模型或恒压降模型分析电路？

(3)半导体二极管主要材料有哪些？

(4)硅、锗半导体二极管的开启电压和导通电压约为多少伏？

5. 仿真练习参考电路

仿真用到的元器件：电阻(Resistor)、二极管(Diode)、电源(Power)、直流交互电压(DC-Interactive-voltage)。

(1)限幅电路。将电压限定在一定的幅值范围内，举例一种限幅仿真电路如实验图 2-4 所示。

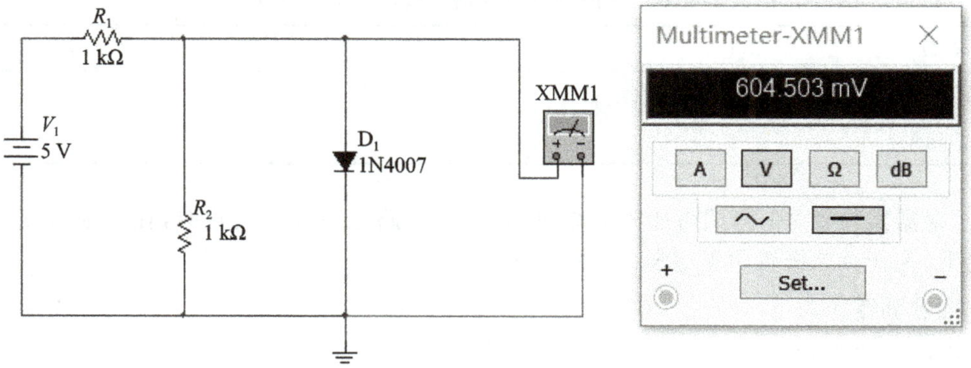

实验图 2-4　限幅仿真电路

(2)将上图二极管方向调换一下,万用表的电压值会是多少?

(3)二极管伏安特性测试。如实验图 2-5 所示,采用 DC-Interactive-voltage(直流交互电压),可调直流电压范围 0~2 V,按 0.1 V 递增进行测试,测试二极管两端的电压和流过二极管的电流,并画出伏安特性图。

(4)如实验图 2-6 所示,改变限流电阻 R_2 的阻值,观察二极管两端电压变化,并说明原因。

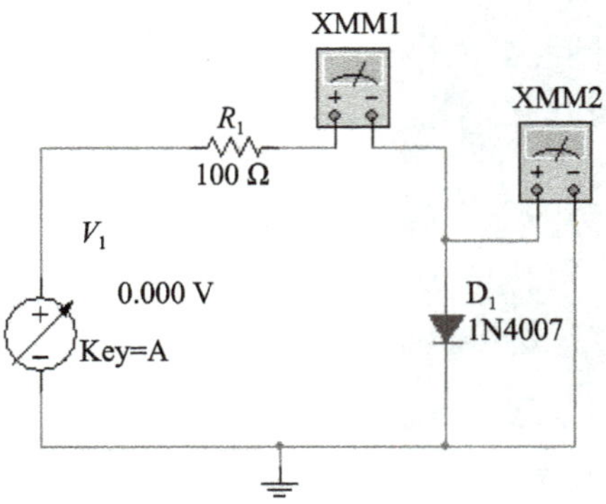

实验图 2-5　二极管伏安特性测试电路

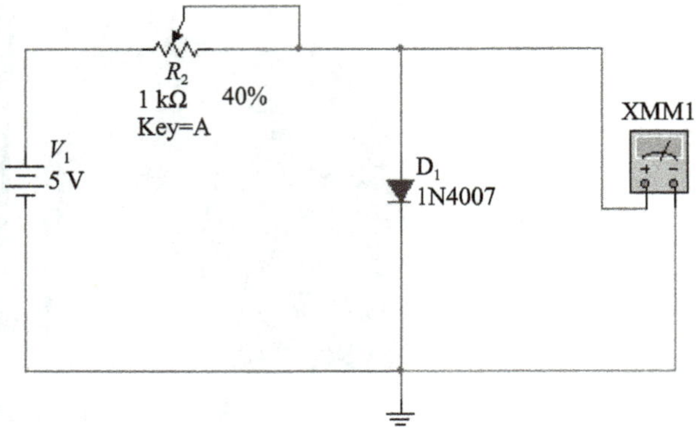

实验图 2-6　二极管的恒压特性测量

二、实验部分

1. 实验步骤

1)实验电路搭建

二极管恒压特性测试电路如实验图 2-7 所示,在面包板上进行电路搭建。

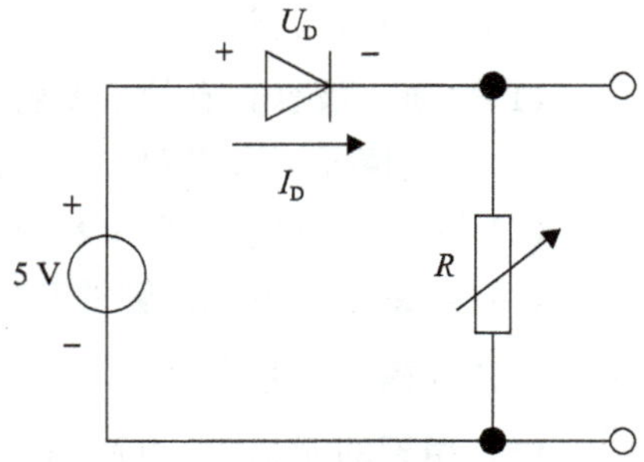

实验图 2-7　二极管恒压特性测试电路

2)实验过程

(1)调节回路电阻 R 为 100 Ω,用万用表直流电压档去测试二极管两端的电压 U_D,填入实验表 2-1 中。

(2)调节回路电阻 R 的大小,然后分别将测试的二极管两端的电压值 U_D 填入表中,并计算流过二极管的电流 I_D。

实验表 2-1　测试电阻变化时二极管的电压、电流值

R/Ω	100	470	1 k	5 k
U_D/V				
I_D/mA				

(3)根据实验表 2-1 测试与计算的结果,总结在回路电流发生变化时,在二极管完全导通的情况下,为什么二极管两端电压 U_D 基本恒定?

2. 综合训练

1)限幅电路实验

输入电压 V_I 为 5 V,电阻 R 为 1 kΩ,分别测量实验图 2-8 (a)和(b)中的输出电压 V_O。

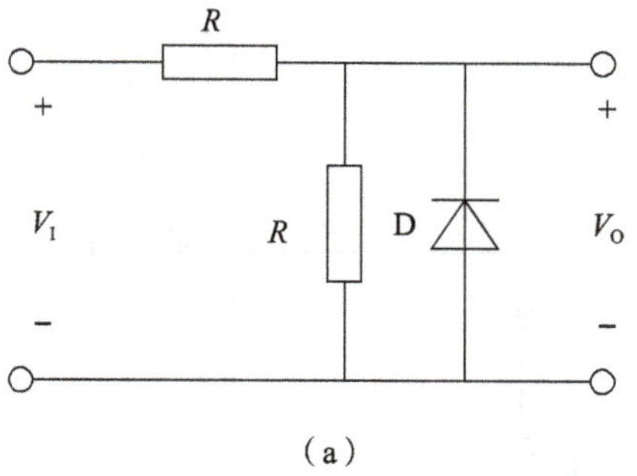

实验图 2-8　二极管限幅电路测试

将限幅电路测量结果填入实验表 2-2 中。

实验表 2-2　限幅电路测量结果

电路	图(a)	图(b)
V_O/V		

根据实验表 2-2 测试结果，得出结论：________________________________。

2)单相半波整流电路

输入信号 v_S 为幅值 3 V、频率 100 Hz 的正弦波，电路如实验图 2-9 所示，电阻 R 为 1 kΩ，通过示波器双踪显示观察并画出电路输入、输出波形，分析电路的功能。测试输出波形电压最大值是多少？并说明原因。

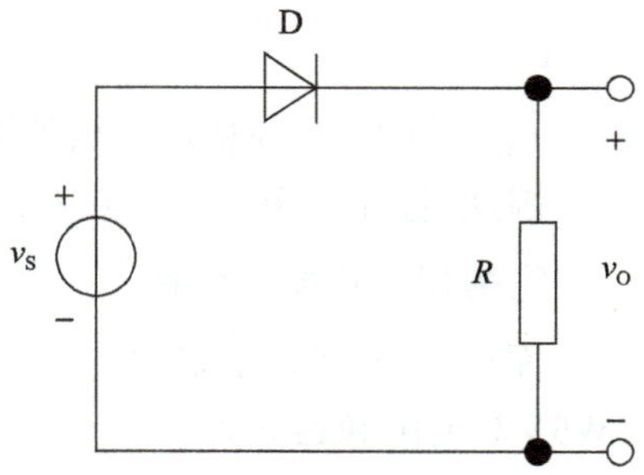

实验图 2-9　单相半波整流电路

实验 3　稳压二极管

一、预习部分

1. 实验目的和要求

(1)掌握稳压二极管的稳压特性。

(2)理解稳压二极管稳压的基本条件。

(3)掌握稳压二极管的工作区域及典型应用电路。

2. 实验原理

稳压二极管属于特殊二极管的一种，它工作在伏安特性曲线的反向击穿区。在未击穿前，它与普通二极管的伏安特性曲线相似。稳压二极管利用二极管反向击穿特性实现稳压，稳压时工作在反向电压击穿区，与电阻串联在一起工作，当稳压二极管两端电压超过稳定电压时，稳压二极管反向导通，此时如果稳压二极管两端反向电压继续增加，流过稳压二极管的反向电流会大幅增加，因此，电压的变化量大部分会落在串联电阻上，稳压二极管从而起到稳压作用。稳压二极管主要被作为电压基准元件产生参考电压或稳压器使用，实验图 3-1 为稳压二极管的实物图及伏安特性图。

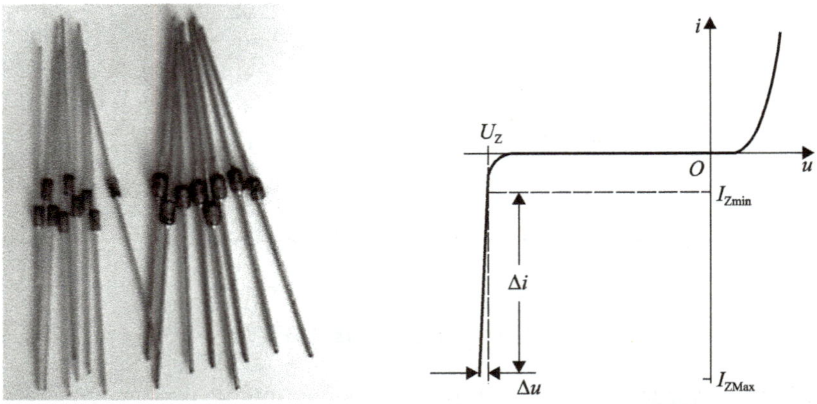

（a）实物图　　（b）伏安特性图

实验图 3-1　稳压二极管

稳压二极管在未反向击穿前，与普通二极管特性相似。虽然经常说它工作在反向击穿区时稳压，但同时也要保证其稳压电流的大小，稳压电流的大小范围为：

$$I_{Z\min} < I_Z < I_{Z\max} \tag{3-1}$$

$I_{Z\min}$ 和 $I_{Z\max}$ 为稳压二极管工作在正常稳压状态的最小和最大电流。

因此，稳压二极管工作在稳压状态下需要电压和电流两个条件同时满足。

3. 需用的仪器及元件

面包板 1 块、示波器 1 台、直流稳压电源 1 台、万用表 1 块、1N4735A 稳压二极管 1W6V2、电阻和连线若干。

4. 实验预习内容

(1)稳压二极管稳压时主要工作在伏安特性曲线的哪个区？必须和什么元件一起工作才能完成稳压？

(2)稳压二极管工作在稳压区的电压和电流条件是什么？

(3)含有稳压二极管电路的分析步骤是什么？

(4)和稳压二极管一起工作的限流电阻如何选取？

5. 仿真练习参考电路

仿真用到的元器件：电阻(Resistor)、稳压二极管(Zener diode)、电源(Power)，在 Master Database 库中选取。

(1)起到稳压作用的稳压二极管电路

如实验图 3-2 所示，R_1 为限流电阻，R_2 为负载电阻，改变 V_{CC} 的电压值为 10 V、5 V，观察稳压二极管 D_Z(负载 R_2)两端电压的变化。

(2)未起到稳压作用的稳压二极管电路

在实验图 3-3 电路中，负载电阻 R_2 两端的电压是多少？分析原因。

(3)负载稳压范围。电源 V_{CC} 固定，R_1 固定，在稳压二极管稳定电压期间，负载电阻 R_2 的大小范围为多少？分析依据是什么？

注意：使用稳压二极管进行稳压时，要满足其电压和电流条件。

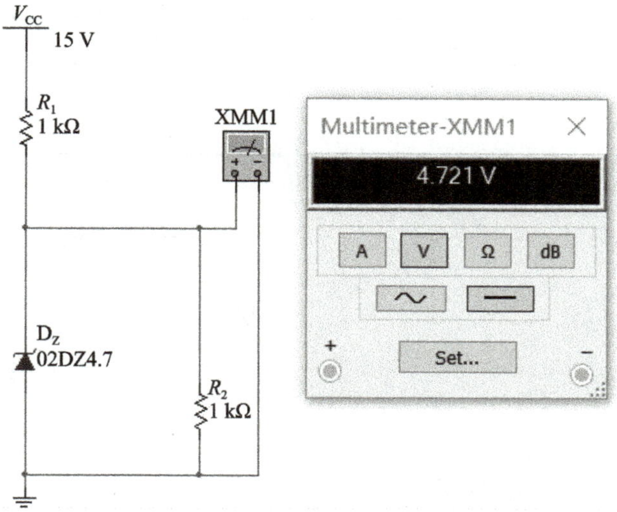

实验图 3-2　稳压二极管电路

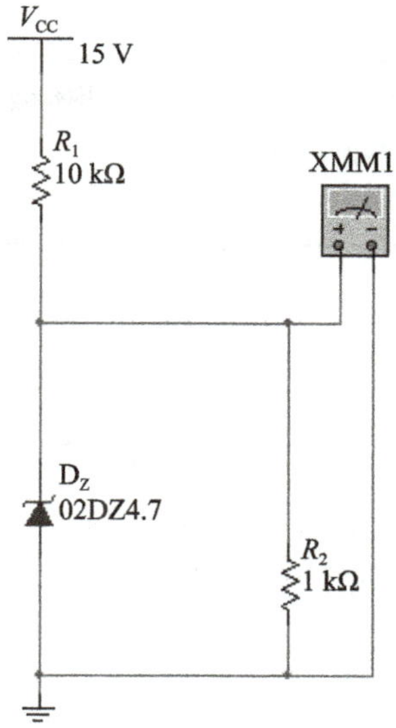

实验图 3-3　未起到稳压作用的稳压二极管电路

二、实验部分

1. 实验步骤

1)实验电路搭建

在面包板上按实验图 3-4、实验图 3-5 插接电路，稳压二极管 D_Z 的稳定电压值为 6.2 V，串联电阻 R 为 1 kΩ。

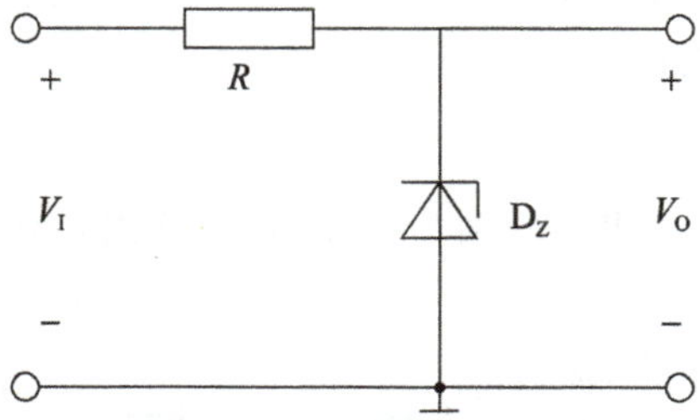

实验图 3-4　不带负载的稳压电路

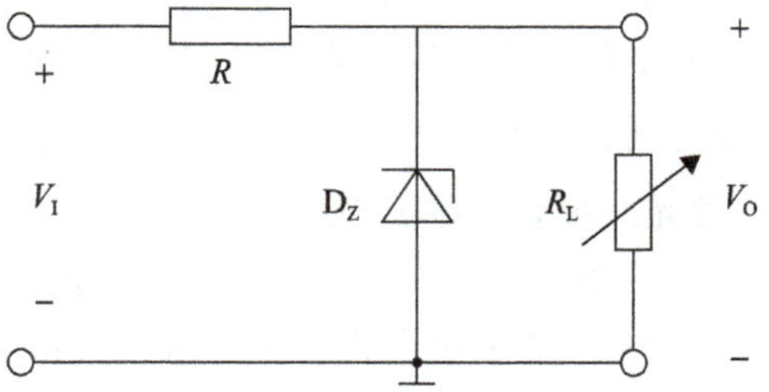

实验图 3-5　带负载的稳压电路

2)实验过程

①在实验图 3-4 中，输入 V_I 电压大小分别为 4 V、6 V、8 V、12 V 时，用万用表测量并记录输出 V_O 电压值，并分析稳压二极管的稳压状态。

②在实验图 3-5 带负载的稳压电路中，输入 V_I 为 12 V 时，输出 V_O 稳压时，确定负载 R_L 的范围。负载 R_L 用 10 kΩ 的可调电阻替换。

③改变 R_L 的大小，观察 D_Z 两端电压的变化，填入实验表 3-1 中。

2. 综合训练

稳压输出电路如实验图 3-6 所示，测试稳压输出波形图，输入信号 v_i 幅值为 8 V，频率为 1 kHz 的正弦波信号，电阻 $R=1$ kΩ，$V_{D_Z}=6.2$ V，分别测出 v_{O1} 和 v_{O2} 的波形。

实验表 3-1 稳压电路参数测试表

R_L/Ω	100	500	1 k	5 k	10 k
I_Z(计算值)/mA					
V_O/V					

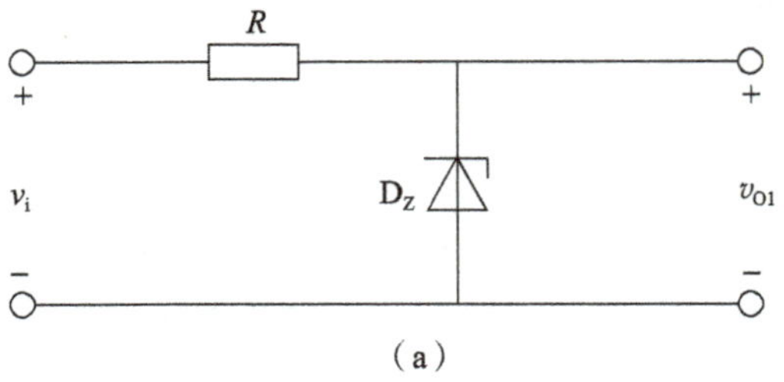

实验图 3-6 稳压输出电路

实验 4 发光二极管

一、预习部分

1. 实验目的和要求

(1)理解发光二极管的伏安特性。

(2)掌握发光二极管的工作区域及不同颜色发光二极管的导通压降。

(3)掌握发光二极管典型应用电路及限流电阻参数的选择。

2. 实验原理

发光二极管简称 LED (Lighting Emitting Diode),它把电能转换为光能,近年来因半导体器件成本下降及节能的特点,大量应用于照明设备中。

发光二极管的颜色由 PN 结的材料和发光的波长来决定,而波长与材料的浓度有关。发光二极管有阳、阴极之分,常见的发光二极管两个电极一长一短,长的电极连接阳极,短的电极连接阴极,如实验图 4-1 所示。发光二极管的伏安特性与普通二极管伏安特性相似,但导通管压降比较大,发光二极管的工作电压一般在 1.5～3 V,工作电流为几毫安到几十毫安(通常 10～30 mA),常用作照明设备、指示器件、报警器等。

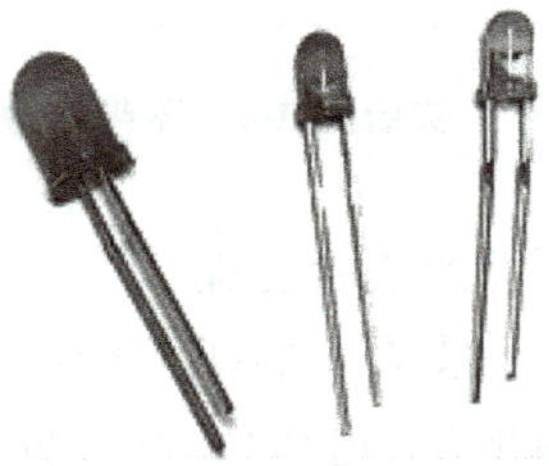

实验图 4-1 发光二极管

3. 需用的仪器及元件

面包板 1 块,红、黄、绿发光二极管、电阻、连线若干,万用表 1 块,直流稳压电源 1 台。

4. 实验预习内容

(1)发光二极管主要工作在伏安特性曲线的哪个区?必须和什么元件配合才能正常工作,该元件的作用是什么?

(2)发光二极管的亮度靠什么来调节?

(3)发光二极管的导通压降一般是多少?不同颜色发光二极管导通压降相同吗?

(4)为什么会有不同颜色的发光二极管?

(5)如何选定发光二极管电路的限流电阻?

5. 仿真练习参考电路

仿真用到的元器件:电阻(Resistor)、发光二极管(Light Emitting Diode)、电源(Power),所有元件从 Master Database 库中找。

(1)完成一个上电指示灯电路,如实验图 4-2 所示。

(2)在实验图 4-2 中,改变 R_1 电阻值为 470 Ω、1 kΩ、5 kΩ 时,观察发光二极管的导通状态及导通压降,说明选取合适限流电阻的重要性。

(3)闪光灯电路,如实验图 4-3 所示,可以由信号发生器的 TTL 信号源作为输入,设定频率 10 Hz,改变不同频率,观察 LED 的闪光特性。

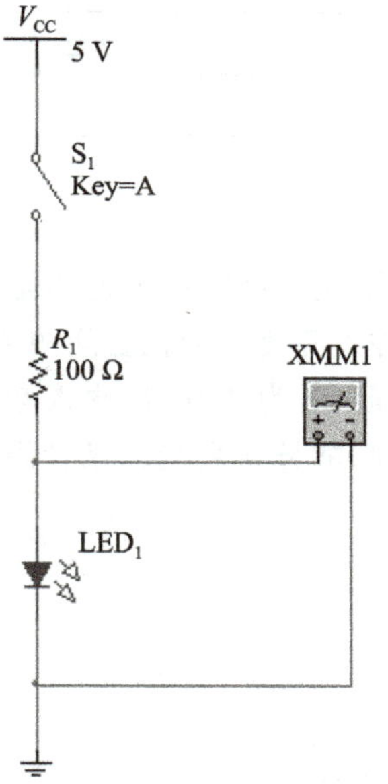

实验图 4-2　上电指示灯电路

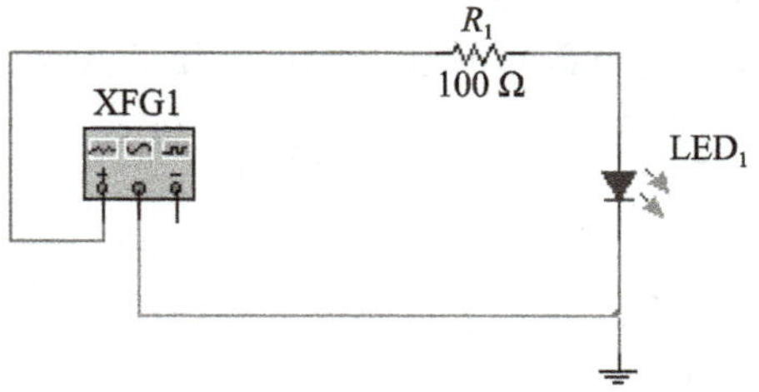

实验图 4-3　闪光灯电路

注意:人眼识别闪烁频率的生理限定值是 23 Hz,大家看到的电影或电视图片播放速度为 24 帧/s,就是在进行每秒 24 帧画面播放时,看起来连续而顺畅,大家可以增大或减小信号发生器 TTL 信号源的频率,测试一下自己对频闪的识别能力。

二、实验部分

1. 实验步骤

1)实验电路搭建

采用 5 V 供电电源和发光二极管,设计并实现一个电源指示灯电路,画出实验电路图,搭建测试参考电路如实验图 4-4 所示。

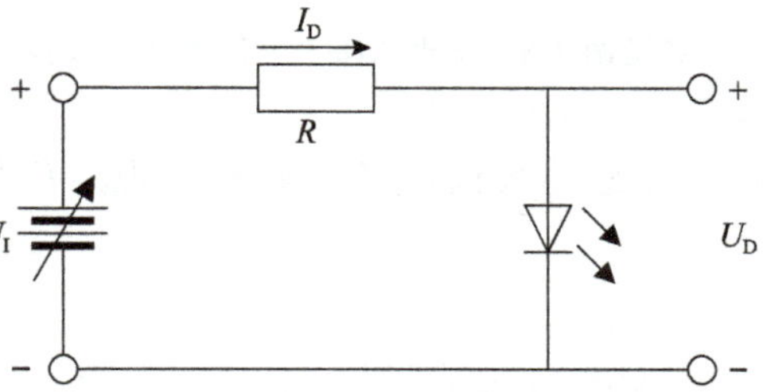

实验图 4-4　电源指示灯参考电路

2)实验过程

(1)输入电压U_I为5 V时,改变限流电阻大小分别为100 Ω、470 Ω、1 kΩ、5 kΩ和10 kΩ,观察LED灯的亮度,将不同电阻所对应发光二极管的管压降记录实验表4-1中。并学会选择合适阻值的限流电阻。

实验表4-1　不同电阻发光二极管的管压降

限流电阻/Ω	100	470	1 k	5 k	10 k
U_D/V					

(2)输入电压U_I为5 V,电阻R为470 Ω固定不变时,变换不同颜色(红色、黄色、绿色)的发光二极管,并记录发光时管压降U_D分别为多少?填入实验表4-2中,比较不同颜色发光二极管的管压降。

实验表4-2　不同颜色发光二极管的管压降

LED颜色	红色	黄色	绿色
U_D/V			

2.综合训练

(1)电路采用不同供电电压时,如实验图4-5所示,根据发光二极管的导通压降与工作电流,选定不同供电电压下发光二极管的限流电阻R的大小,注意亮度与能耗之间的关系。

(2)采用信号发生器的TTL信号源作为输入电压,电阻R为470 Ω,输入频率在1～40 Hz范围内逐渐增大,如实验图4-6所示,记录一下自己眼睛能分辨发光二极管闪烁时的频率值。观察U_D的波形及波形幅值电压的大小。

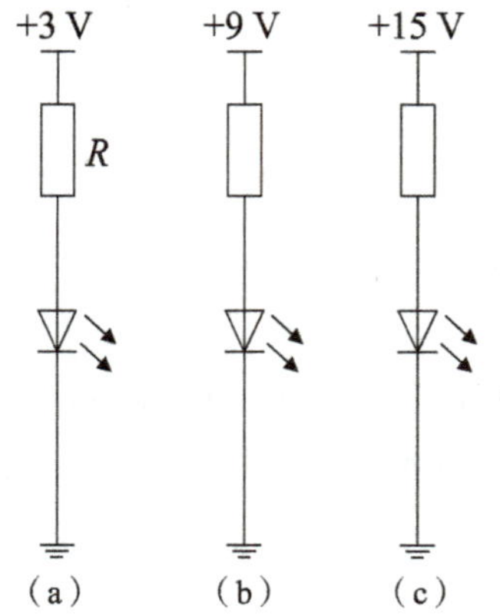

实验图4-5　发光二极管与限流电阻参数选择

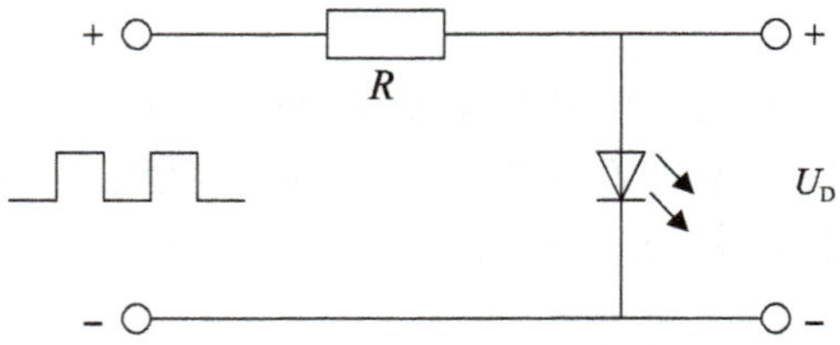

实验图4-6　人眼识别发光二极管闪烁频率测试电路

继续增大输入信号频率值,观察发光二极管亮度与频率大小变化的关系。

实验 5　三极管输出特性

一、预习部分

1. 实验目的和要求

(1)会利用万用表识别三极管的管型及三个电极。

(2)理解三极管输出特性三个区的特点;掌握三极管在输出特性不同区时两个结电压的状态。

(3)掌握三极管在输出特性不同区的作用及典型应用。

2. 实验原理

三极管从结构上分为 NPN 型和 PNP 型两种,它的主要作用是:作为开关或进行小信号的放大使用。三极管输出特性曲线是指集电极电流 i_C 与三极管的管压降 u_{CE} 之间的关系:

$$i_C = f(u_{CE})\big|_{I_B=\text{常数}} \tag{5-1}$$

三极管的输出特性曲线如实验图 5-1 所示。输出特性曲线的 3 个区分别为:饱和区、截止区和放大区。

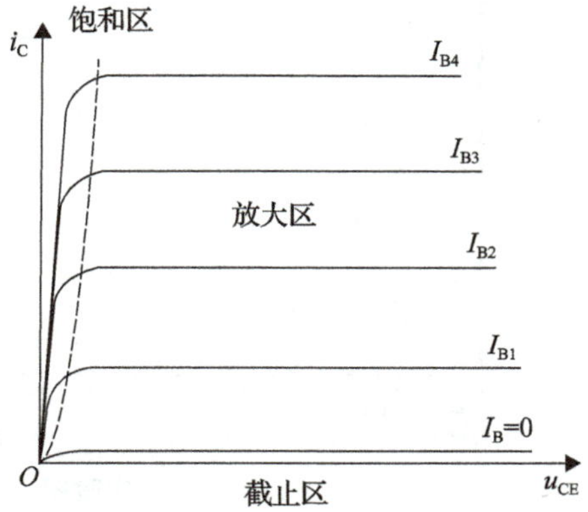

实验图 5-1　三极管输出特性曲线

三极管工作在不同输出特性区域时,其发射结电压 V_{BE}、集电结电压 V_{BC} 及集电极电流 I_C 状态如实验表 5-1 所示,其中,V_{on} 为发射结导通电压值。

实验表 5-1　输出特性曲线不同位置结电压状态

作用	输出区	发射结电压(V_{BE})	集电结电压(V_{BC})	集电极电流(I_C)
开关作用	饱和区	$=V_{on}$	>0	$\leqslant \beta I_B$
	截止区	$<V_{on}$	<0	$=I_{CEO}\approx 0$
信号放大	放大区	$=V_{on}$	<0	$=\beta I_B$

截止区:i_C 接近零的区域,相当实验图 5-1 中 $I_B=0$ 曲线的下方。此时,V_{BE} 小于导通电压 V_{on} 的值。

饱和区:i_C 随着 u_{CE} 增加迅速增加,在本区域内,u_{CE} 很小,一般 $u_{CE}<0.7$ V(硅管)。深度饱和时,$u_{CE}<0.3$ V,此时,发射结正偏,集电结正偏。

放大区:i_C 平行于 u_{CE} 轴的区域,在此区域随着 I_B 等阶变化,曲线基本平行等距,三极管 C、E 之间相当于一个受控电流源,具有比较大的交流等效电阻,此时,发射结正偏,集电结反偏。

3. 需用的仪器及元件

面包板 1 块,双踪示波器 1 台,可调直流稳压电源 1 台,万用表 1 块,发光二极管 1 个,三极管 2N1711/8050/9013、电阻 1 kΩ、10 kΩ、电位器 100 kΩ 及连线若干。

4. 实验预习内容

(1)三极管输出特性的三个区分别是什么？其作用是什么？

(2)三极管的管压降指的是哪两个极之间的电压值？

(3)三极管工作时的控制方式属于电压还是电流控制？

5. 仿真练习参考电路

(1)如实验图 5-2 所示，采用 IV Analyzer 分析三极管 2N1711 的输出特性图。

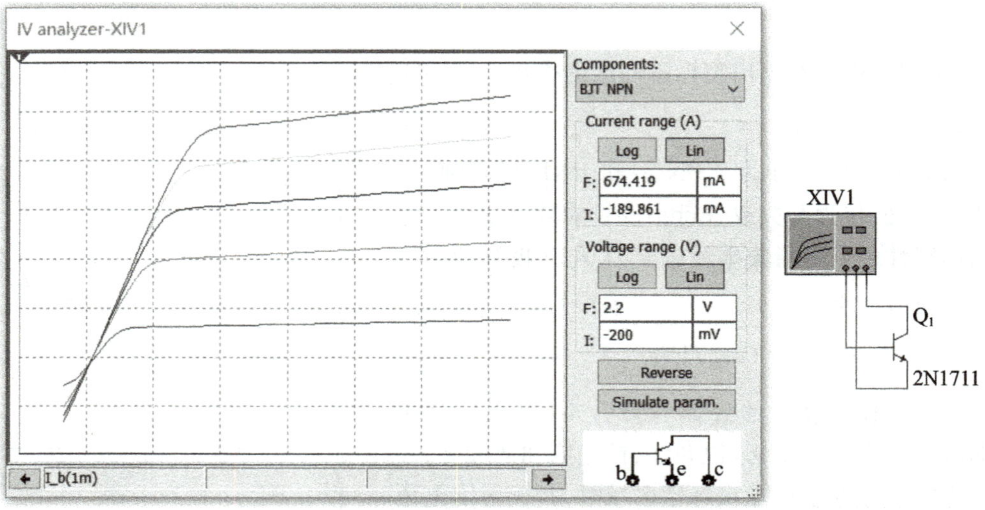

实验图 5-2　三极管 2N1711 的输出特性图

步骤：①从 Multisim 界面右边选中 IV Analyzer；②在 Components 中选择三极管及类型；③选用 Log (对数)或 Lin (线性)表示法，设定电压范围，F(Final)：结束，I(Initial)：开始；④参考 IV Analyzer 右下角的连接方式连接分析器的三个引脚；⑤点击运行，显示结果。

(2)总结三极管输出特性三个区的特点。

(3)归纳三极管在不同输出特性区域的作用及发射结和集电结的状态。

二、实验部分

1. 实验步骤

1)实验电路搭建

(1)用万用表确定三极管的三个极。

(2)三极管输出特性测试电路如实验图 5-3 所示，在 Multisim 上仿真，R_1 为 200 kΩ 可调电阻，V_1、V_2 为直流电压源，实际电路连接时，V_1、V_2 接可调直流电压源。

2)实验过程

(1)用万用表的二极管档测 PN 结的单向导电性，确定基极和管型；确定好基极和管型之后，可以利用万用表 hFE 档确定三极管的集电极和发射极。

将万用表拨至三极管的 hFE 档，将三极管的基极对应插孔中的 B，其余两个电极正反两次插入三极管的 hFE 孔中，读数大的一次对应正确的电流放大倍数 β 值，此时根据孔上标注

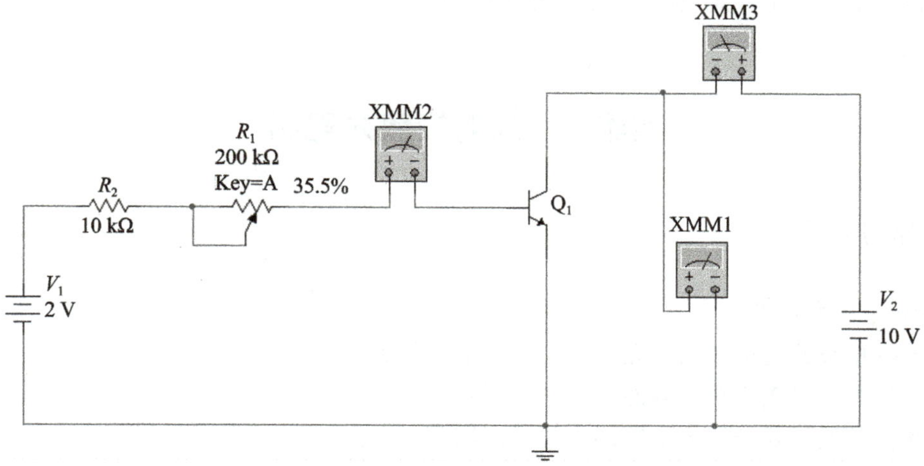

实验图 5-3　三极管输出特性测试电路图

的字母对应三极管的各极，C 对应集电极，E 对应发射极，将测试结果填入实验表 5-2 中。

实验表 5-2　三极管参数测试

三极管名称	管型	β 值

(2)根据实验图 5-3 连接实验电路，调节 V_1 和 R_1 的大小，使 $I_B=20$ mA，然后让 V_2(即 V_{CE})从 0～10 V 进行变化，测量集电极电流 I_C 的大小填入实验表 5-3 中，并画出特性曲线。

实验表 5-3　输出特性测试表

V_{CE}/V	0	0.1	0.2	0.3	0.4	0.5	0.6	0.7	0.8	1	2	5	10
I_C/mA													

(3)当 $I_B=40$ mA、60 mA 时，重复测量，并画出输出特性曲线簇。

2. 综合训练

(1)开关电路测试。实验图 5-4 是一个光报警电路，当 u_I 为 0 V 和 3 V 时，分别测试发光二极管的工作状态，测出三极管对应的管压降 V_{CE} 的大小。并说明发光二极管在不同工作状态下，三极管分别工作在输出特性的哪个区，将结果填入实验表 5-4 中。

实验表 5-4　开关电路状态测试表

u_I/V	发光二极管状态	V_{CE}/V	三极管所在区域
0			
3			

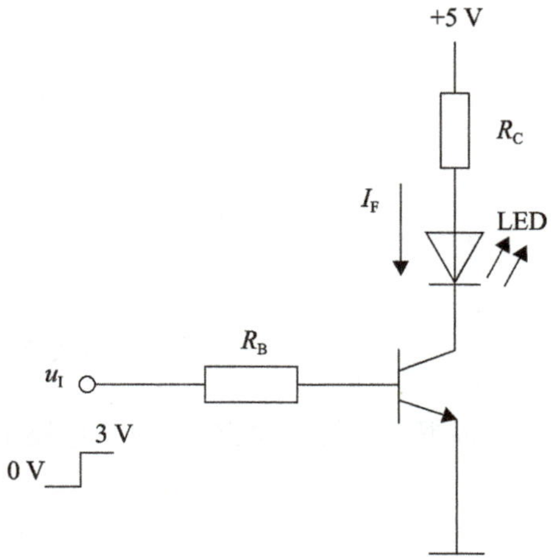

实验图 5-4　光报警电路

(2)将光敏电阻电路作为测试前端，结合光敏电阻的工作特点，设计一个补光电路，要求当光敏电阻检测到光线比较暗时，发光二极管点亮进行补光。

实验6　共射极放大电路

一、预习部分

1. 实验目的和要求

(1)掌握单级共射极放大电路静态工作点的测量和调节方法。

(2)了解电路参数变化对静态工作点的影响。

(3)掌握单级共射极放大电路动态指标的测量方法。

2. 实验原理

因为半导体三极管的温度稳定性差，随着温度 T 的升高，集电极 I_C 电流变大，静态工作点会上移，一般通过基极分压偏置电路来稳定静态工作点。具有温度稳定的基极分压射极偏置放大电路如实验图 6-1 所示，当流过偏置电阻 R_{B1} 和 R_{B2} 的电流远远大于基极电流 I_B 时，电路基极电压 V_B 由 R_{B1} 和 R_{B2} 分压得到，因此基极电压 V_B 不受温度变化影响。假设环境温度 T 升高时，I_C 电流变大，三极管发射极 V_E 电位升高，由于基极电压 V_B 不变，所以 V_{BE} 变小，I_B 电流也变小，从而达到 I_C 电流减小的目的，稳定了电路的静态工作点，反之亦然。

为了不降低交流电压信号的放大倍数，采用射极电阻 R'_E加旁路电容 C_E。为了使电路的放大倍数稳定，降低 r_{be} 对电路放大倍数的影响，电路加入 R''_E。

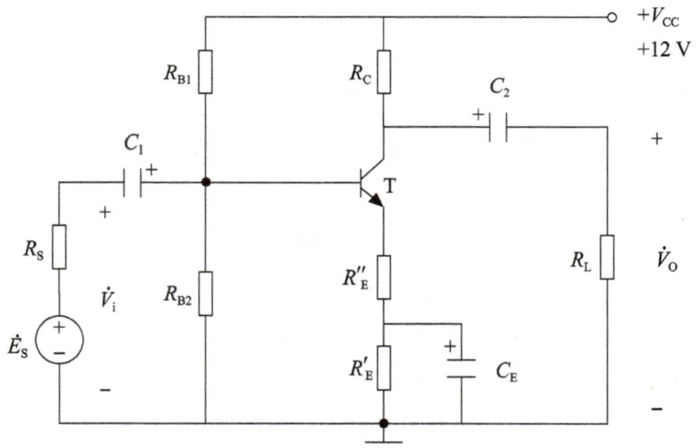

实验图 6-1　基极分压射极放大电路

根据微变等效电路，求得该电路的交流放大倍数为：

$$A_v = -\frac{\beta(R_C \parallel R_L)}{r_{be} + (1+\beta)R''_E} \tag{6-1}$$

当 $(1+\beta)R''_E \gg r_{be}$ 时：

$$A_v \approx -\frac{(R_C \parallel R_L)}{R''_E} \tag{6-2}$$

3. 需用的仪器及元件

面包板 1 块，双踪示波器 1 台，信号发生器 1 台，直流稳压电源 1 台、万用表 1 块，三极管、固定电阻、可调电阻、极性电容、连线若干。

4. 实验预习内容

(1)电路静态工作点如果过高，若要调节基极分压电路的 R_{B1}，调大还是调小？静态工作点偏低，若要调节基极分压电路的 R_{B1}，调大还是调小？为什么？

(2)测量电路静态工作点应该用万用表的什么档？应测量三极管的什么电压？

(3)若电路中，供电电压 12 V，三极管的 β 值为 50，$R_{B1}=75\ \text{k}\Omega$，$R_{B2}=15\ \text{k}\Omega$，$R_C=3.3\ \text{k}\Omega$，$R'_E=1.8\ \text{k}\Omega$，$R''_E=100\ \Omega$，求电路的静态工作点。

(4)若三极管的 β 值为 50，$R_{B1}=75\ \text{k}\Omega$，$R_{B2}=15\ \text{k}\Omega$，$R_C=3.3\ \text{k}\Omega$，$R_L=1\ \text{k}\Omega$，$R'_E=1.8\ \text{k}\Omega$，$R''_E=100\ \Omega$，电路的交流电压放大倍数 A_v、交流输入电阻和交流输出电阻各为多少？写出计算过程。

(5)电路输出波形顶部失真是什么失真？输出波形底部失真是什么失真？如何消除？

5. 仿真练习参考电路

仿真用到的元器件：电阻(Resistor)、可调电阻(Potentiometer)、电容(Capacitor)、三极管(Transistor)、电源(Power)，测量仪表采用示波器和万用表，参考电路如实验图 6-2 所示。

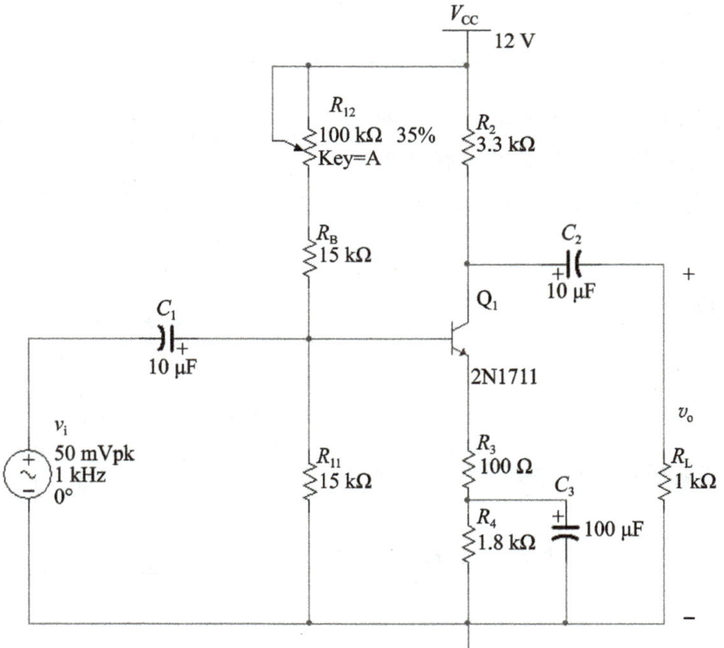

实验图 6-2　单级共射极放大电路仿真电路图

(1)电路静态工作点的测量。输入幅值为 50 mV、频率为 1 kHz 的正弦波交流小信号，调节 R_{12} 的大小，通过示波器观测输出波形不失真，然后将交流信号输入 $v_i=0$(短路)，用万用表测量三极管三个极的电压值，填入实验表 6-1 中。判断发射结和集电结的结电压状态，通过测得的静态工作点参数，判断三极管的工作状态是否在放大区。

实验表 6-1　电路静态工作点测试

电压	V_B	V_C	V_E	V_{BE}	V_{CE}
电压值/V					

(2)测试电路电压放大倍数 A_v。在不失真的情况下双踪显示输出、输入电压大小及波形，观察分析波形的相位关系，填入实验表 6-2 中。

实验表 6-2　电路电压放大倍数

v_i/mV	v_o/V	A_v	v_i/v_o 相位关系

(3)测量电路电压放大倍数与负载变化之间的关系。R_L 分别为 1 kΩ、2 kΩ、4 kΩ、10 kΩ 时，仿真测量负载 R_L 两端输出电压波形及电压大小，填入实验表 6-3 中。

实验表 6-3　电路电压放大倍数与负载变化之间的关系

R_L/kΩ	v_i	v_o	A_v
1			
2			
4			
10			

(4)分析电路失真情况。调节电阻 R_{12} 的大小，让电路输出波形分别出现顶部或底部失真，分析饱和失真或截止失真分别对应的不同波形状态。

二、实验部分

1.实验步骤

1)实验电路搭建

晶体管单级共射极放大电路如实验图 6-3 所示。

在搭建电路时，注意电解电容的极性，正负极性不能接反。

2)实验过程

(1)测试电路在线性放大状态时的静态工作点并将结果填入实验表 6-4 中。

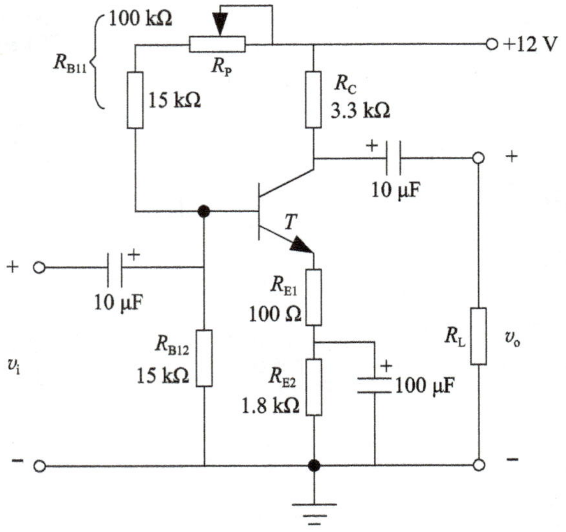

实验图 6-3　单级共射极放大电路

实验表 6-4　电路静态工作点测试

电压	V_B	V_C	V_E	V_{BE}	V_{BC}	V_{CE}
电压值/V						

(2)测试电压放大倍数 A_v。

信号发生器输入 $f=1$ kHz,$v_i=50$ mV(幅值)的正弦波,把 v_i 和 v_o 分别接到双踪示波器的 CH1 和 CH2 通道上,用示波器观察 v_i 和 v_o 的幅值和相位,计算电压放大倍数 A_v,并将结果填入实验表 6-5 中。

实验表 6-5　电压放大倍数测试

R_L/kΩ	v_i/mV	v_o/V	A_v
2	50		
5.1	50		
10	50		
∞	50		

在双踪显示时,在同一坐标中画出输入电压与输出电压的波形,分析共射极放大电路输出电压与输入电压的相位关系,并分析电压放大倍数随负载变化的规律。

(3)根据(2)的测试结果,求出该电路的输出电阻 R_O,并列写求解过程。

(4)在输入端接入一个 2 kΩ 电阻,测试并计算该电路输入电阻的大小。

2.综合训练

(1)了解由于静态工作点设置不当,给放大电路带来的非线性失真现象。

调节电位器 R_P,分别使其阻值减少或增加,观察输出波形的失真情况,分别测出相应波形状态时的静态工作点,测量方法同 2)实验过程(1),将结果填入实验表 6-6 中。

实验表 6-6　波形失真时静态参数测试

输出波形	静态工作点			电路工作状态
	V_{BE}/V	V_{CEQ}/V	I_{CQ}/mA($\approx V_E/R_C$)(计算值)	
顶部失真				
底部失真				

(2)分析饱和失真和截止失真的产生原因,并分析判断该实验电路在哪种情况下可能产生饱和失真?在哪种情况下可能产生截止失真?

实验 7　射极跟随器

一、预习部分

1. 实验目的和要求

(1)掌握射极跟随器的电路组成及特性。

(2)学会电路静态工作点的测试及调节方法。

(3)进一步学习放大器各项交流参数的测试方法。

2. 实验原理

射极跟随器是一种共集电极放大电路，由于它的输入电压信号 v_i 从基极进入，输出电压信号 v_o 从射极输出，因此集电极为输入、输出回路共用；另外一种电路组态判断方法是集电极直接连接 V_{CC}，在交流通路中集电极接地，交流通路的输入回路和输出回路都经过集电极，因此称为共集电极电路。又因为在线性放大区输出电压 v_o 大小基本跟随输入电压 v_i 进行变化，v_o 从射极输出，射极跟随器由此得名，其电路如实验图 7-1 所示。

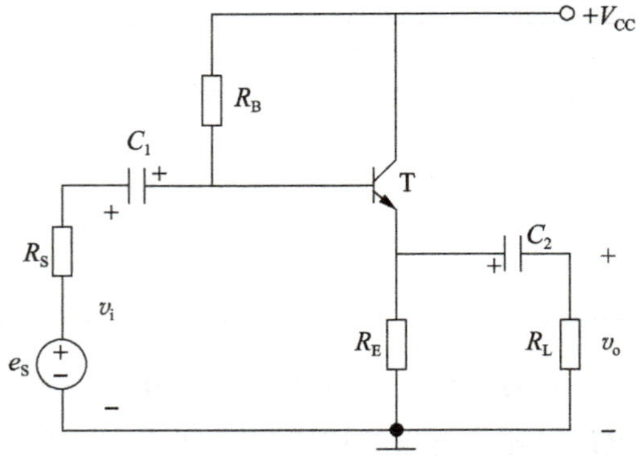

实验图 7-1　共集电极电路

由微变等效电路可得：

$$\text{电压放大倍数 } A_v = \frac{(1+\beta)(R_E \parallel R_L)}{r_{be} + (1+\beta)(R_E \parallel R_L)} \tag{7-1}$$

$$\text{输入电阻 } R_i = R_B \parallel [r_{be} + (1+\beta)(R_E \parallel R_L)] \tag{7-2}$$

$$\text{输出电阻 } R_o \approx \frac{r_{be} + (R_B \parallel R_S)}{1+\beta} \tag{7-3}$$

射极跟随器的特点：输出电压是输入电压的一大部分，所以电压放大倍数小于且约等于 1；输入电阻大，输出电阻小。因此，该电路特别适合用于多级放大电路的输入级、中间级和输出级，分别起到提高整个电路输入电阻、阻抗匹配转换和提高电路输出带负载的能力。

3. 需用的仪器及元件

面包板 1 块，双踪示波器 1 台，信号发生器 1 台，直流稳压电源 1 台、万用表 1 块，三极管、固定电阻、可调电阻、极性电容、连线若干。

4. 实验预习内容

(1)射极跟随器电路输入信号从三极管哪个极进入放大电路？输出信号从三极管哪个极输出？输出信号与输入信号之间的相位关系是同相还是反相？

(2)如何用万用表的电压档测量该电路静态工作点？

（3）调节 R_B 改变了电路的哪些交、直流参数？

（4）若电路中，三极管的 β 为 50，$R_B=100\ \text{k}\Omega$，$R_E=2\ \text{k}\Omega$，供电电压 V_{CC} 为 12 V，求此时电路的静态工作点。当负载电阻 R_L 为 1 kΩ 时，求电路的交流电压放大倍数 A_v、交流输入电阻 R_i 和交流输出电阻 R_o 为多少？写出计算过程。

（5）根据（4）的计算内容，总结射极跟随器的特点。并说明它可以用在多级放大电路的哪些部分？起到什么作用？

5. 仿真练习参考电路

仿真用到的元器件：电阻（Resistor）、可调电阻（Potentiometer）、电容（Capacitor）、三极管（Transistor）、电压源（Voltage source）；示波器（Oscilloscope）、信号发生器（Signal generator）、万用表（Multimeter）。

（1）射极跟随器（共集电极放大电路）仿真参考电路如实验图 7-2 所示。

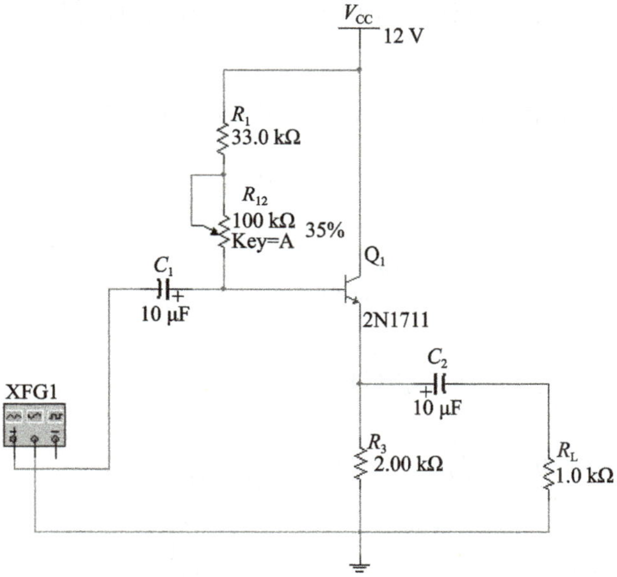

实验图 7-2　共集电极放大仿真电路

（2）输入信号设定为幅值 1 V、频率 1 kHz 的正弦波，调节电位器 R_{12}，观察电路输出的波形，若波形没有失真情况，短接信号发生器，使交流输入信号为 0，然后，用万用表直流电压档测试三极管 Q_1 的 B、C、E 电极对地电压值，填入实验表 7-1 中。

实验表 7-1　静态工作电压记录表　　V

V_B	V_C	V_E	V_{BE}	V_{BC}	V_{CE}

（3）测试电路电压放大倍数，并双踪显示输出、输入电压波形，观察分析波形相位关系。

（4）电路带负载能力测试。输入信号 v_i 为幅值 1 V、频率 1 kHz 的正弦波，调节负载 R_L 分别为 100 Ω、500 Ω、1 kΩ、2 kΩ、5 kΩ、10 kΩ、∞（空载）时，测量输出电压并计算电压放大倍数的大小，填入实验表 7-2 中。

实验表 7-2　电压放大倍数测试

R_L/Ω	v_o/V	A_v
100		
500		
1 k		
2 k		
5 k		
10 k		
∞(空载)		

(5)测量输出电阻 R_o 大小。根据(4)的测试结果,求出 R_o 的大小。提示:$R_o=\left(\frac{v_o}{v_{oL}}-1\right)\times R_L(k\Omega)$

(6)求输入电阻 R_i。在输入回路中加入 R_S 电阻,如实验图 7-3。

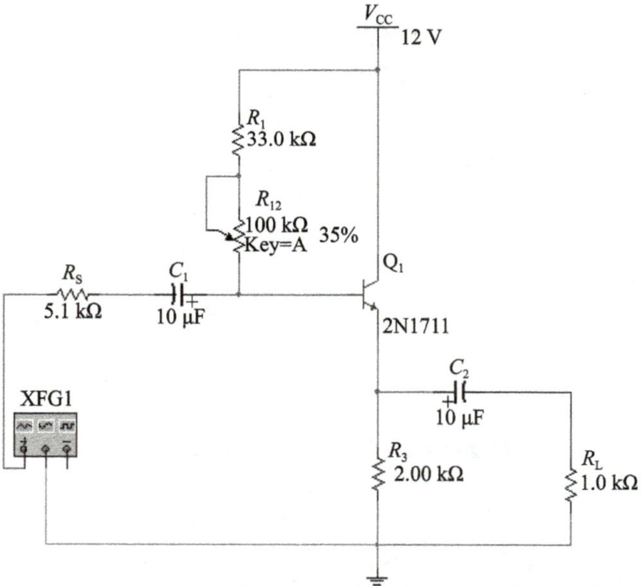

实验图 7-3　测量输入电阻电路

该电阻和放大电路的等效输入电阻 R_i 相当于串联,能帮助测量计算输入电阻,结果填入实验表 7-3 中。

实验表 7-3　输入电阻的测试与计算

v_s/V	v_i/V	$R_i=\left(\frac{v_i}{v_s-v_i}\times R_S\right)/k\Omega$

(7)根据以上实验数据,总结射极输出器电路的特点。

二、实验部分

1. 实验步骤

1)实验电路搭建

实验电路如实验图 7-4 所示。在电路搭建过程中,注意极性电容 C_1、C_2 的极性不能接反。

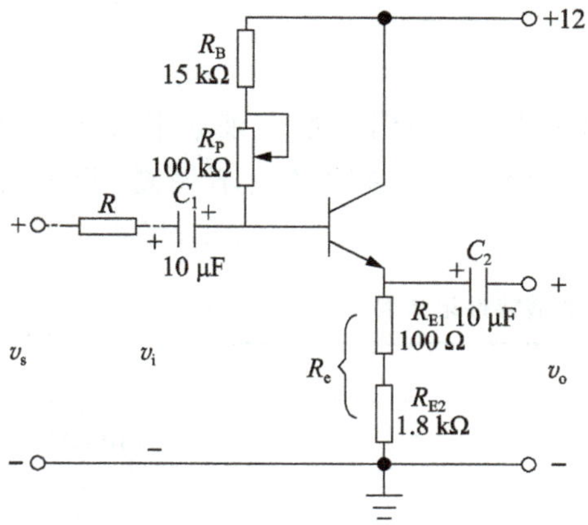

实验图 7-4　共集电极电路

2)实验过程

(1)测量电路静态工作点。调节 R_P 大小,保证三极管处于放大状态,用直流电压表测量晶体管各极对地电压大小,将测量结果记入实验表 7-4。

实验表 7-4　电路静态工作点测试记录表　V

V_B	V_C	V_E	V_{BE}	V_{BC}	V_{CE}

(2)测量电压放大倍数。调节信号发生器,输出幅值为 1 V,频率为 1 kHz 的正弦波作为 v_i,测试空载和接上负载 R_L 输出电压的大小,用示波器测试 v_o,结果记入实验表 7-5。

实验表 7-5　测量电压放大倍数记录表

v_i/V	R_L/Ω	v_o/V	$A_v=\frac{v_o}{v_i}$
1	∞(空载)		
1	1 k		

(3)测量输出电阻 R_o。根据内容(2)测试结果,求输出电阻 R_o。

$$R_o=\left(\frac{v_o}{v_{oL}}-1\right)\times R_L(\mathrm{k\Omega})$$

(4)测量输入电阻 R_i。v_s 为输入频率 1 kHz、幅值 1 V 的正弦信号,R_s 的大小由串入输入回路的电阻 R 代替,测量 v_i 大小,然后通过计算完成实验表 7-6。注意:万用表的电阻档不可以对带电的电阻进行测量。

实验表 7-6　测量输入电阻记录表

v_s/V	v_i/V	$R_i=(\frac{v_i}{v_s-v_i}\times R_S)$/kΩ

2. 综合训练

(1)测试输出电压的跟随特性。调节信号源 v_i 使频率为 $f=1$ kHz,逐步增大输入信号幅度,用示波器监视输出波形直至输出波形达最大不失真,测量对应的 v_o 值,记入实验表 7-7 中。

实验表 7-7　电压跟随特性记录表　　V

v_i	v_o
3	
4	
5	
6	

(2)微音器传感器电压信号的提取。搭建微音传感器电路,如实验图 7-5 所示,后级连接射极跟随器电路,捕捉声音信号的时域波形,并用示波器中傅里叶变换功能显示声音信号的频域图。

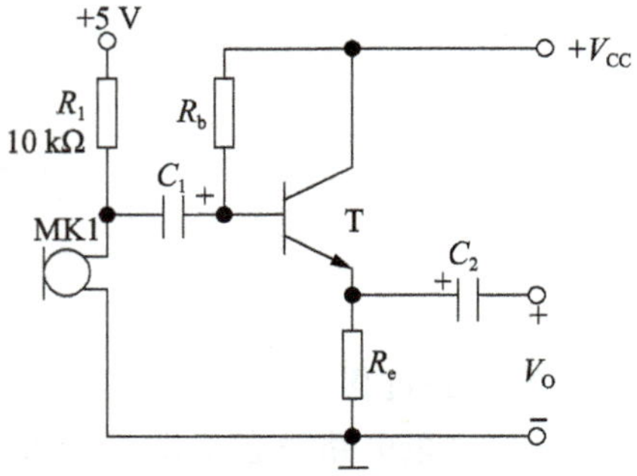

实验图 7-5　微音器传感器信号提取电路

实验 8　差分放大电路

一、预习部分

1. 实验目的和要求

(1)理解差分放大器的电路结构、工作原理及电路功能。

(2)掌握差分放大器静态参数的测试方法。

(3)掌握差分放大电路动态参数的测量方法。

(4)学会长尾式、恒流源式差分放大电路的测量与调试。

2. 实验原理

差分放大电路的出现主要与零点漂移(简称零漂)相关。在集成电路制造工艺中,由于不易集成大电阻和大电容,直接耦合的多级放大电路容易存在零点漂移现象,这主要是由半导体器件的温度不稳定性造成的,所以必须要采用差分放大电路作为多级放大电路的第一级,来克服多级放大电路产生的零点漂移现象,电路原理见实验图 8-1。差分放大电路用双倍的元器件换取了抑制零漂的能力,采用恒流源提供直流电路合适的静态工作点,在交流电路中它可等效为大电阻使用。

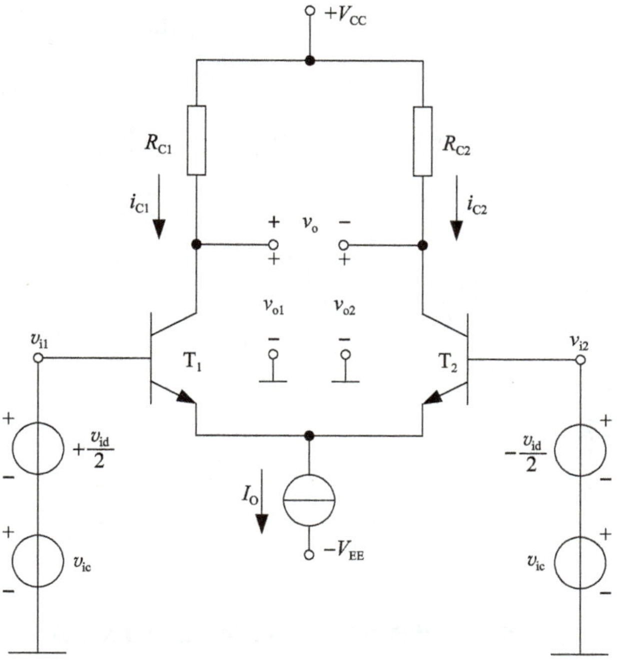

实验图 8-1 带恒流源的差分放大电路

恒流源式差分放大电路和长尾式差分放大电路都具有对共模信号抑制和对差模信号放大的能力。恒流源式差分放大电路具有静态工作点更稳定、对共模信号有更高抑制能力，根据信号的输入、输出方式的不同，该电路有 4 种形式：单端输入、单端输出；单端输入、双端输出；双端输入、单端输出和双端输入、双端输出。

3. 需用的仪器及元件

面包板 1 块，双踪示波器 1 台，信号发生器 1 台，直流稳压电源 1 台，万用表 1 块，三极管、固定电阻、可调电阻、连线若干。

4. 实验预习内容

(1)什么是共模信号？什么是差模信号？温度对电路的影响属于哪一类信号？

(2)差分放大电路的作用是什么？差分放大电路一般用于多级放大电路的哪一级？

(3)电路在输入信号为零时，让输出也为零，应增加并调节哪个元件来实现？提示：根据电路的对称性去分析。

(4)提供电路静态工作点的恒流源有哪几种？

(5)假设恒流源内阻 $r_o=100\ k\Omega$，画出差模信号与共模信号工作时的微变等效电路图。

5. 仿真练习参考电路

仿真用到的元器件：电阻(Resistor)、可调电阻(Potentiometer)、电容(capacitor)、三极管(Transistor)、电压源(Voltage source)、示波器(Oscilloscope)、信号发生器(Signal generator)、万用表(Multimeter)。

(1)仿真参考电路，如实验图 8-2 所示。它是一个长尾式差分放大电路，用 10 kΩ 电阻来代替恒流源。

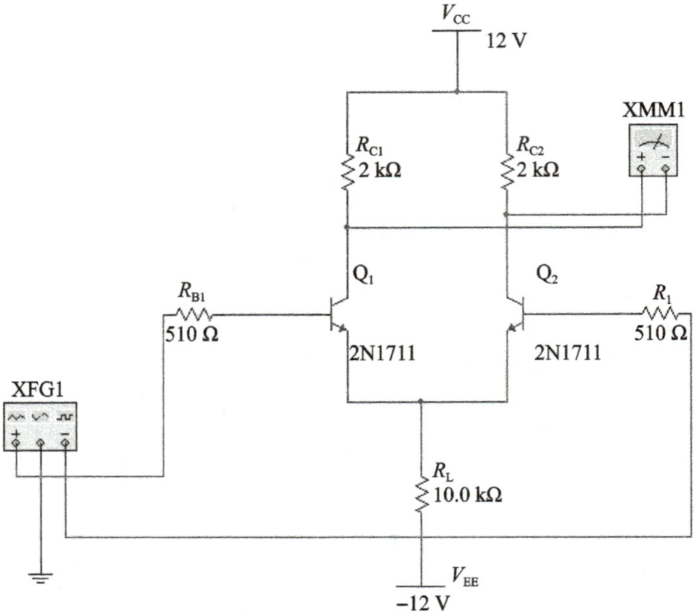

实验图 8-2　差模输入模式下长尾式差分放大电路

(2)测量电路静态工作点，让信号发生器输出为 0 V(输入信号相当于为 0)，用万用表直流电压档测量 Q_1、Q_2 晶体管的各极对地电压并填入实验表 8-1 中。

实验表 8-1　测量电路静态工作点

电压	V_{B1}	V_{C1}	V_{E1}	V_{B2}	V_{C2}	V_{E2}
测量值/V						

(3)测量电路差模电压放大倍数，输入信号 v_i 为幅值 20 mV、频率 1 kHz 的正弦波信号，分别求出双端输出的电压放大倍数 A_{vd} 和单端输出的电压放大倍数 A_{vd1} 并填入实验表 8-2 中。

实验表 8-2　测量电路差模电压放大倍数

v_{id}/mV	v_o/V	A_{vd}	v_{o1}/V	A_{vd1}
20				

(4)测量电路共模电压放大倍数如实验图 8-3 所示。

输入信号 v_i 为幅值 1 V、频率 1 kHz 的正弦波信号，分别求出双端输出和单端输出的电压放大倍数并填入实验表 8-3 中。

实验表 8-3　测量电路共模电压放大倍数

v_{ic}/V	v_{oc}/V	A_{vc}	v_{oc1}/V	A_{vc1}
1				

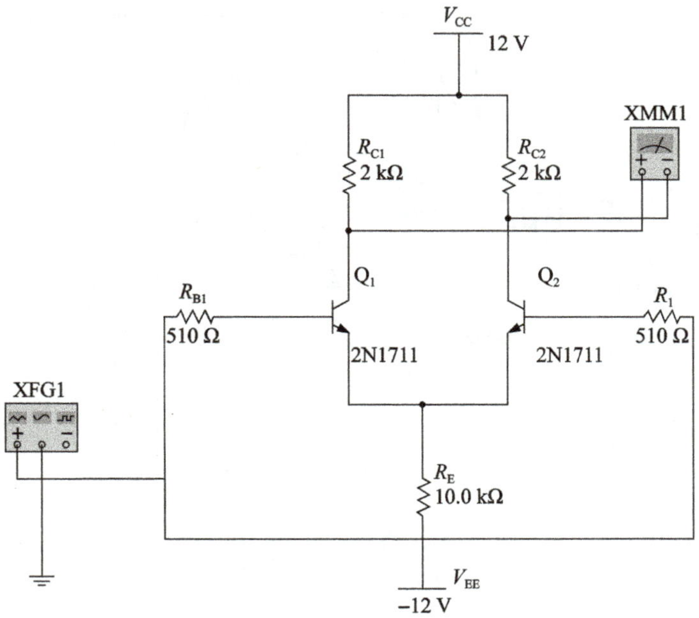

实验图 8-3　共模输入模式下差分放大电路

(5)求电路单端输出和双端输出的共模抑制比并填入实验表 8-4 中。

实验表 8-4　测量共模抑制比

K_{CMRR}	单端输出	双端输出
数值		

提示：　$K_{CMRR}=\dfrac{A_{vd}}{A_{vc}}$　　(A_{vd}：差模电压放大倍数，A_{vc}：共模电压放大倍数)

二、实验部分

1. 实验步骤

1)实验电路搭建

差分放大实验电路如实验图 8-4 所示，电路按此图进行连接，因为器件和连线比较多，所以在连线过程中要注意电路元件布局的对称性。电路可以选择恒流源模式，也可以选择 10 kΩ 电阻做成长尾式差分放大电路。

2)实验过程

(1)测量电路静态工作点。

①放大器的调零。开关打在右侧恒流源模式，将 2 个输入端短接，然后接地，使输入信号为 0，接通电路直流供电电源±12 V，用万用表测量 V_{C1}、V_{C2} 之间的电压 V_O，调节调零电位器 R_P，用来调节电路的对称性来抑制零点漂移，使双端输出电压 $V_O=0$。

②测量电路静态工作点。调好零点后，用万用表测量 T_1、T_2 晶体管的各极对地电压并填入实验表 8-5 中。

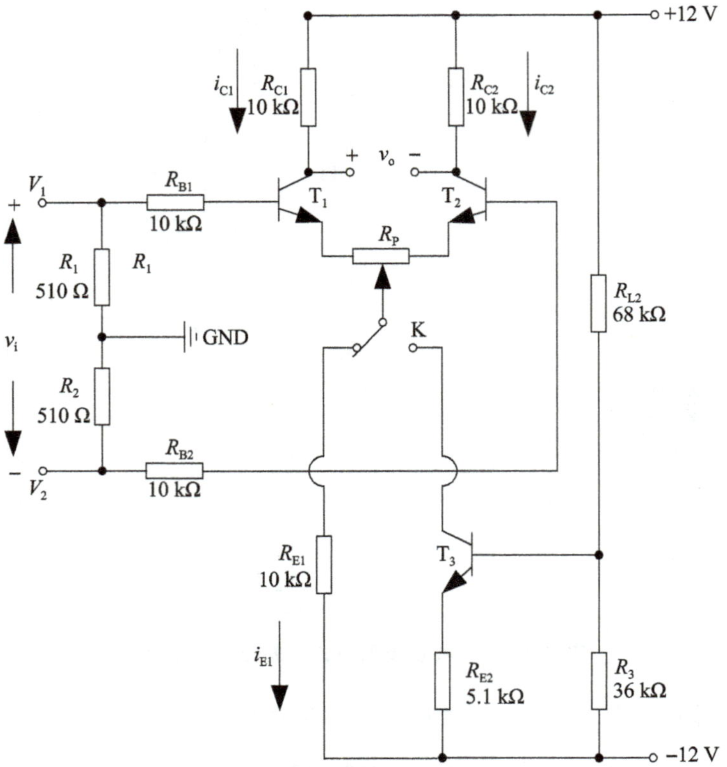

实验图 8-4　差分放大实验电路

实验表 8-5　差分放大电路静态工作点测试表

电压	V_{C1}	V_{B1}	V_{E1}	V_{B2}	V_{C2}	V_{E2}
测量值/V						

根据测试结果，判断 T_1、T_2 晶体管是否工作在放大状态。

(2)测量差模电压放大倍数。调节信号源输出幅度，使 v_i 为幅值约 100 mV、$f=1$ kHz 的正弦波接入输入端 V_1，输入端 V_2 接地，接通±12 V 直流电源，在输出波形无失真情况下，用示波器测输入电压 v_i 和集电极对地电压 v_{c1} 和 v_{c2}，记入实验表 8-6 中，并求出电路差模电压放大倍数。

(3)测量共模电压放大倍数。

①将两输入端 V_1、V_2 短接，使信号源直接接在输入短接点与地之间，使 2 个输入端输入相同的信号，构成共模输入方式。

②调节信号发生器的输出信号，使其产生 $f=1$ kHz、幅值为 1 V 的正弦波信号，将此信号送入差分放大电路。

③由于差分放大电路对共模信号的抑制作用，经过电路后输出的信号比较小，所以采用万用表交流电压档测 v_i(V)、v_{c1}(V)、v_{c2}(V)的值，求出共模电压放大倍数，并求电路共模抑制比 K_{CMRR} 的大小，记入实验表 8-6 中。(注意：万用表测试的是交流信号的有效值。)

实验表 8-6　差分放大电路交流参数测试表

参数大小	典型差分放大电路	
	差模输入	共模输入
v_i/V	0.1	1
v_{c1}/V		
v_{c2}/V		
差模电压放大倍数 A_{vd}		——
共模电压放大倍数 A_{vc}	——	
共模抑制比 K_{CMRR}		

2. 综合训练

(1)将开关打到左侧,重复测试此电路的差模电压放大倍数和共模电压放大倍数,并求出共模抑制比;比较恒流源式和长尾式电路的优缺点。

(2)根据差分放大电路的性能和特点,总结差分放大电路的应用场合。

实验 9　电压串联负反馈放大电路

一、预习部分

1. 实验目的和要求

(1)加深理解负反馈对放大电路性能的影响。

(2)掌握负反馈放大电路反馈类型的判断及开环与闭环特性的测试方法。

(3)掌握深度负反馈电路放大倍数的估算方法。

2. 实验原理

电路按照反馈极性分为正反馈与负反馈,正反馈一般用于信号的产生与比较电路,负反馈用于稳定系统的输出。负反馈有 4 种类型:电压串联负反馈、电压并联负反馈、电流串联负反馈和电流并联负反馈。学会分析反馈电路的基本放大电路和反馈通路及相应的元件组成,会根据瞬时极性法判断反馈极性及反馈类型。

(1)实验参考电路如实验图 9-1 所示。本实验电路由两级共射极放大电路引入电压串联负反馈构成负反馈放大器,提高输出电压的稳定性,其中反馈电阻 $R_F=2.2\ \text{k}\Omega$。

(2)电压串联负反馈对放大器放大倍数的影响

$$\dot{A}_{vf}=\frac{\dot{A}_v}{1+\dot{A}_v\dot{F}_v} \tag{9-1}$$

$\dot{F}_v$ 是电压反馈系数,$\dot{A}_v$ 是放大器不引入级间反馈时的电压放大倍数。

$$\dot{F}_v=\frac{\dot{V}_f}{\dot{V}_o}=\frac{R_{e1}}{R_{e1}+R_F} \tag{9-2}$$

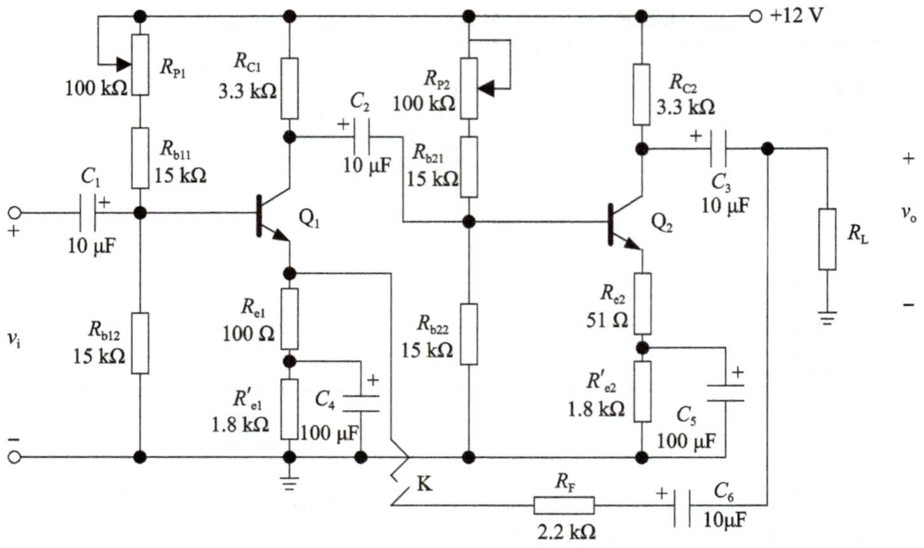

实验图 9-1　电压串联负反馈放大电路

从式 9-1 中可知，引入负反馈后，电压放大倍数 $\dot{A}_{vf}$ 比没有负反馈时的电压放大倍数 $\dot{A}_v$ 降低了（$1+\dot{A}_v\dot{F}_v$）倍，并且 $|1+\dot{A}_v\dot{F}_v|$ 越大，放大倍数降低越多。当 $|1+\dot{A}_v\dot{F}_v|\gg 1$，一般在 10 倍以上时：

$$\dot{A}_{vf}\approx\frac{\dot{A}_v}{\dot{A}_v\dot{F}_v}=\frac{1}{\dot{F}_v} \tag{9-3}$$

此时电路的放大倍数由反馈系数 $\dot{F}_v$ 决定，也就是说，此时电路放大倍数仅与反馈电路参数相关，只要改变这些器件的参数，就可以改变电路放大倍数的大小。以上说明深度负反馈用降低放大倍数换来了对电路的控制作用。负反馈的存在主要是提高系统的稳定性，它也广泛存在于自然界中，如自然界的生态平衡。

3. 需用的元件及仪器

面包板 1 块，双踪示波器 1 台，信号发生器 1 台，直流稳压电源 1 台，万用表 1 块，按键 1 个，三极管、电阻、连线若干。

4. 实验预习内容

（1）电压串联负反馈电路和基本放大电路相比，加入负反馈后对放大电路的放大倍数、输入电阻、输出电阻有什么样的影响？

（2）反馈开关断开时，在输出电压不失真的情况下，两级放大电路的电压放大倍数与每一级电路的电压放大倍数之间的关系是什么？

（3）找出实验图 9-1 中基本放大电路和反馈网络由哪些元件组成，然后用瞬时极性法在图中画出如何判断反馈极性的过程。

（4）按深度负反馈估算实验图 9-1 电路的电压放大倍数。

（5）用理论说明负反馈为什么能提高电路放大倍数的稳定性。

5. 仿真练习参考电路

仿真用到的元器件：电阻（Resistor）、电容（Capacitor）、三极管（Transistor）、电压源（Voltage source），示波器（Oscilloscope）、信号发生器（Signal generator）、万用表（Multimeter）。

（1）仿真基本放大电路。开关 S_1 断开如实验图 9-2 所示，测试基本放大电路电压放大倍数，分析两级放大电路的电压放大倍数与每一级放大电路电压放大倍数的关系。

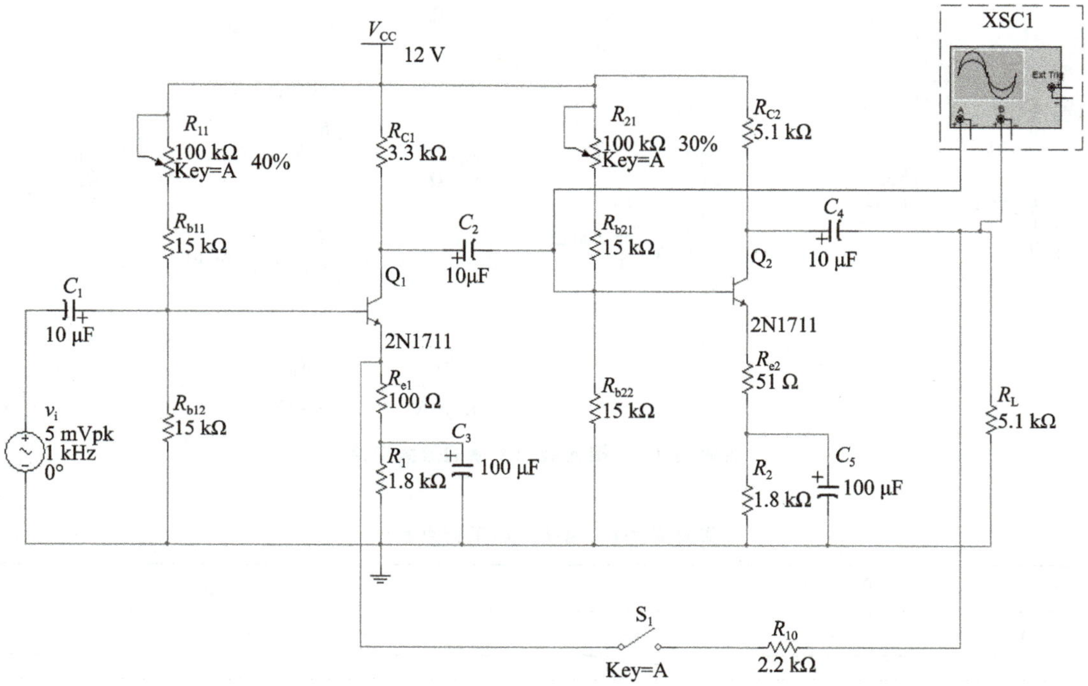

实验图 9-2　无级间反馈两级电压放大电路

（2）S_1 接入后，电路接入负反馈，如实验图 9-3 所示。测试此时电路输出电压的大小，并计算出电压放大倍数。

将测试的结果与 $\dot{A}_{vf}=\dfrac{\dot{A}_v}{1+\dot{A}_v\dot{F}_v}$ 的计算值进行比较。

（3）S_1 断开，调节 R_{21}，使输出电压出现失真现象，然后闭合 S_1，观察接入负反馈后，对波形失真情况的改善。

二、实验部分

1. 实验步骤

1）实验电路搭建

按实验图 9-1 连接电压串联负反馈电路，调节第一级、第二级电路静态工作点的位置。输入端加频率 $f=1$ kHz、幅度为 10 mV 的正弦波信号，输出接示波器，调节静态工作点，使输出信号不失真，关闭信号源（使 $v_i=0$），测量和记录第一级和第二级电路的静态工作点，填入实验表 9-1 中。

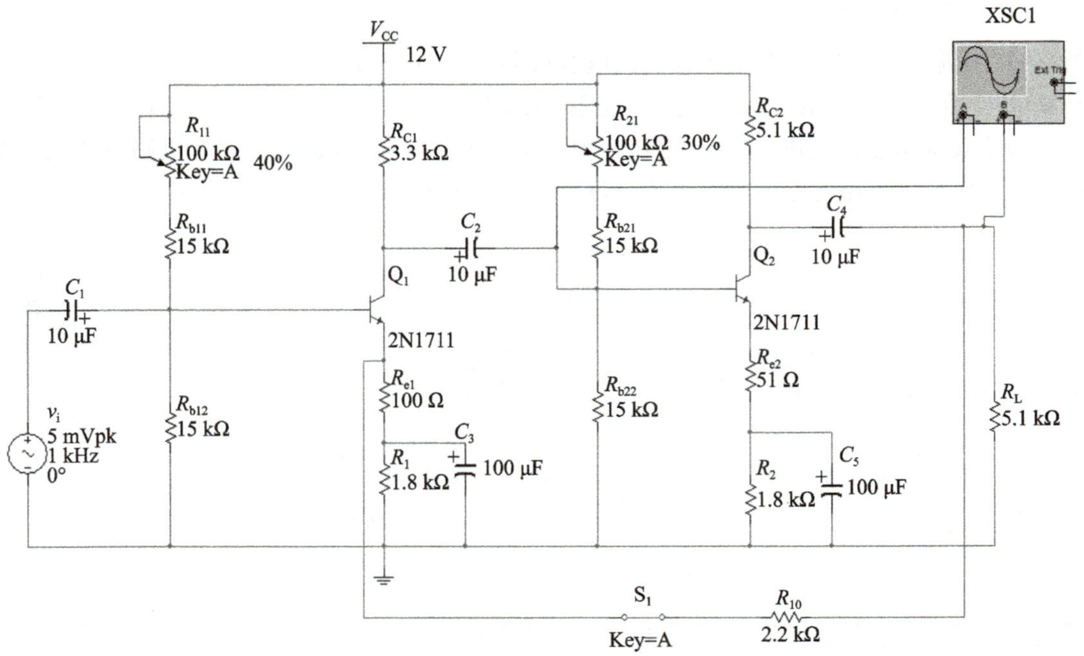

实验图 9-3　接入级间反馈的放大电路

实验表 9-1　电路静态工作点测试　　V

第一级电路			第二级电路		
V_{B1}	V_{C1}	V_{E1}	V_{B2}	V_{C2}	V_{E2}

2)实验过程

本实验主要研究负反馈对放大器性能的影响、开环放大倍数与负反馈放大倍数之间的关系及深度负反馈电路放大倍数的估算。测试结果填入实验表 9-2 中。

(1)观察基本放大器的电压放大倍数。将开关 K 断开，输入一个幅值 5～10 mV、频率 1 kHz 交流小电压信号，观察在输出波形不失真情况下，记录输入信号和输出信号电压的大小，求出基本放大器的电压放大倍数 A_v。

实验表 9-2　基本放大器放大倍数测试结果

开关 K 状态	v_i/mV	v_o/V	电压放大倍数
断开			
闭合			

(2)观察负反馈对放大器电压放大倍数的影响。输入信号不变，将开关闭合，测量加入负反馈后放大电路的电压放大倍数 A_{vf}。

(3)将测得的负反馈电路的电压放大倍数与深度负反馈时电压放大倍数的估算值 $1/F$ 相比较，并分析产生误差的原因。

2. 综合训练

观察负反馈对非线性失真波形的改善。

(1)反馈开关 K 断开，电路呈基本放大器形式，在输入端加频率 $f=1$ kHz，幅度为 5 mV 的正弦电压，逐步增加输入信号 v_i 的幅值，当输出信号出现失真时，记录此时的输入电压幅值大小，并标明是顶部失真还是底部失真。

(2)反馈开关 K 闭合，电路呈电压串联负反馈形式，观察此时失真是否消失，并记录波形状态。

实验 10 比例运算放大电路

一、预习部分

1. 实验目的和要求

(1)掌握用集成运算放大器组成比例、求和、求差放大电路。

(2)掌握比例电路的工作原理、特点及性能。

(3)学会上述电路的测试和分析方法。

2. 实验原理

集成运算放大器内部是一种直接耦合的多级放大电路，具有比较高的开环电压放大倍数。外部接入不同的线性或非线性元器件组成负反馈电路时，可以灵活地实现各种特定的函数关系。在线性应用方面，可组成比例、加法、减法电路，外接电容可组成积分、微分等模拟运算电路。运算放大器等效模型与电压传输特性如实验图 10-1 所示。

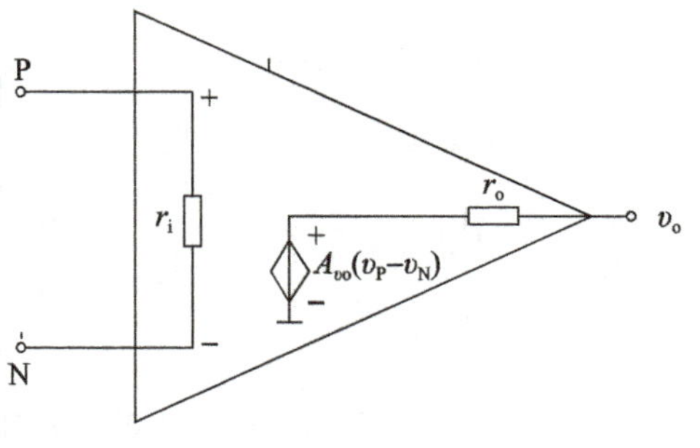

(a) 运算放大器等效模型

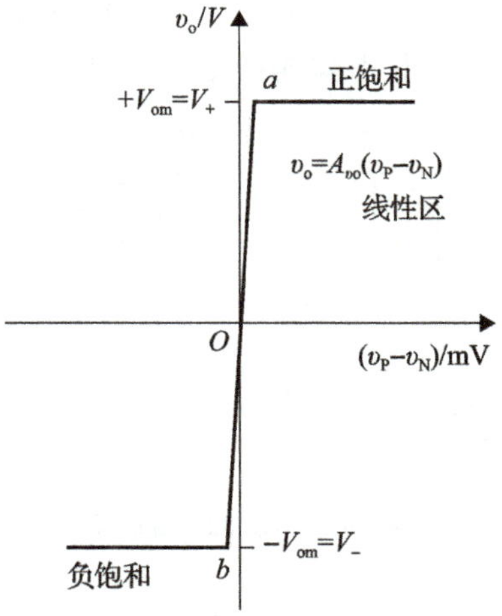

(b) 电压传输特性

实验图 10-1 运算放大器

在大多数理论分析情况下，将运放视为理想运放，就是将运放的各项技术指标理想化，满足下列条件的运算放大器称为理想运放。

开环电压增益　$A_{vd} \approx \infty$　　输入阻抗 $r_i \approx \infty$　　输出阻抗　$r_o \approx 0$

因此，理想运放工作在线性区时具有两个重要特性："虚短"和"虚断"。

(1)在线性工作区，输出电压 v_o 与输入电压($v_P - v_N$)之间满足关系式：

$$v_o = A_{vd}(v_P - v_N) \tag{10-1}$$

由于理想运算放大器开环电压放大倍数 $A_{vd} \approx \infty$，而 v_o 为有限值，因此，$v_P - v_N \approx 0$。运放两个输入端之间电位差约为 0，即 $v_P \approx v_N$，称为"虚短"。

(2)由于集成运放的第一级采用共集-共基差分放大电路，因此同相端与反相端之间的输入电阻很大，理想情况下 $r_i \approx \infty$，故流入运放两个输入端的电流可视为零，即 $i_+ = i_- \approx 0$，称为"虚断"，这说明运放对其前级吸取电流极小。

上述两个特性是分析运放应用电路工作在线性区的基本原则，在进行运算放大电路放大倍数计算时，可简化计算。

3. 需用的仪器及元件

面包板 1 块，信号发生器 1 台，直流供电电源 1 台，双踪示波器 1 台，万用表 1 块，集成运放芯片、电阻、导线若干。

4. 实验预习内容

(1)运算放大器进行信号放大时工作在输出特性曲线的哪个区？两个输入端具有什么样的特点？

(2)画出用运算放大器组成电压跟随器电路的原理图，说明其特点。

(3)画出用运算放大器组成同相比例、反相比例电路的原理图，说明电压放大倍数与外接元器件的关系。

(4)上述电路用 LM324 或 LM358 来实现，如何连接？

LM324 芯片引脚连接见实验图 10-2，LM358 的引脚连接见实验图 10-3。

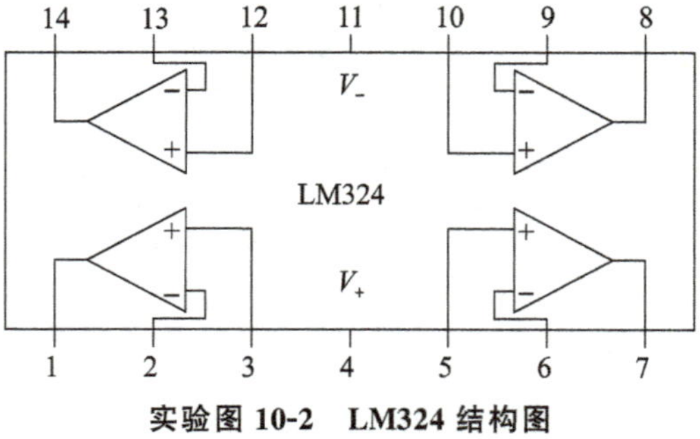

实验图 10-2　LM324 结构图

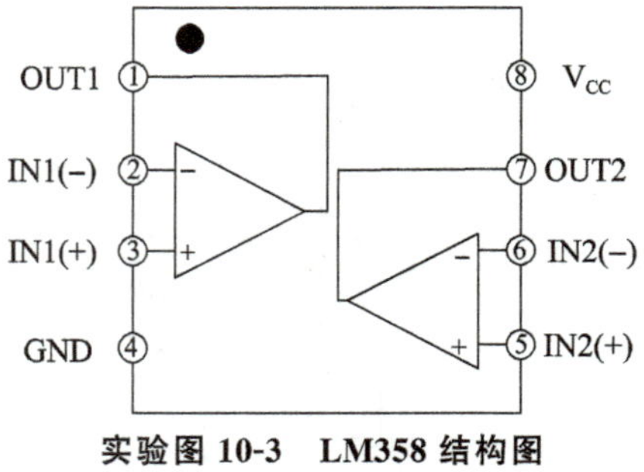

实验图 10-3　LM358 结构图

5. 仿真参考电路

仿真用到的元器件：电阻(Resistor)、运算放大器(OP-AMP)、电压源(Voltage source)、示波器(Oscilloscope)和信号源(Signal source)。

1)运放三端元件仿真模型

为了在仿真过程中,使放大后的输出电压不超过供电电源电压大小,所以在进行器件模型选择时需要注意,如果选择 3 terminal,则仿真只着重信号的传输,如实验图 10-4 所示同相比例放大电路,供电电压只有±5 V,示波器通道 A 连接电路输出端,即放大后的信号;通道 B 连接待放大的信号,即输入信号。输入信号幅值的大小为 0.5 V,根据反馈电阻的大小可计算出电路信号能放大 101 倍,通道 A 的"scale"设定为 20 V/div,波形如图,线性放大后输出信号电压为 50.5 V,远大于±5 V 供电电源电压的范围,但输出显示的波形图仍没有失真现象,所以选用运放三端模型仿真,这个电路只能验证其功能的正确性。

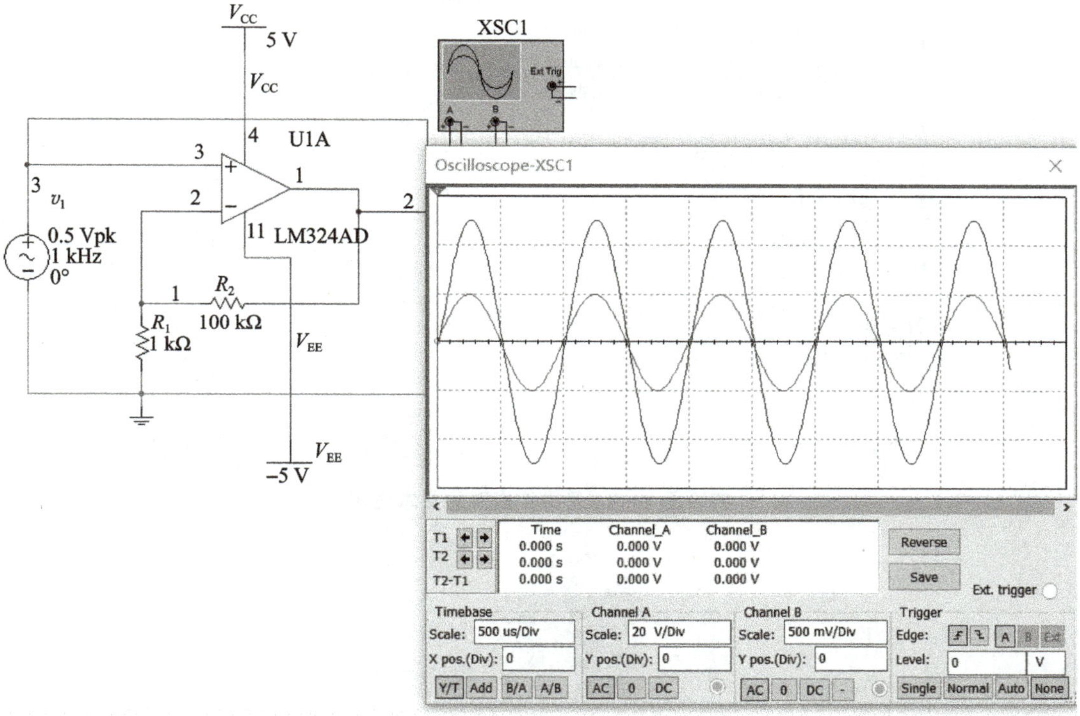

实验图 10-4　运放三端元件仿真电路及输出波形

实验图 10-5 是元器件文本说明,在进行电路仿真时,尽量采用 5 terminal 元件模型,它能反映出电源的变化对运放输出电压范围的影响,可以客观描述放大电路的失真状态。

2)运放五端元件仿真模型

实验图 10-6 是采用±5 V 电源供电,采用运放五端元件仿真模型构成的同相比例放大电路,输入信号是幅值 0.5 V、频率 1 kHz 的正弦波,放大倍数为 11 倍,输出信号电压按线性放大计算结果为 5.5 V,但此电压值大于±5 V 供电电源电压的范围,因输出进入了饱和区,输出波形出现失真现象,此仿真结果更接近实际电路的特性。

当然,要想使输出不失真,可以减小电路电压放大倍数或增大供电电压范围,使输出电压工作在运放的线性区,实验图 10-7 是采用 5 terminal 元件模型仿真出来的不失真波形,此时,供电电压采用±15 V,输入电压被放大 11 倍时仍工作在线性区。

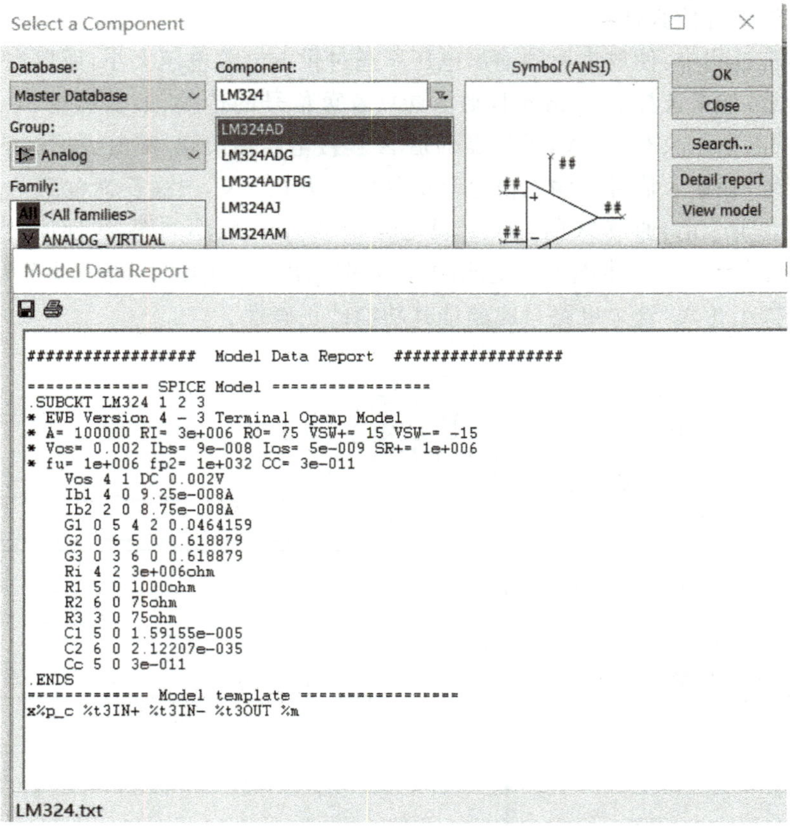

实验图 10-5　元器件模型的文本说明

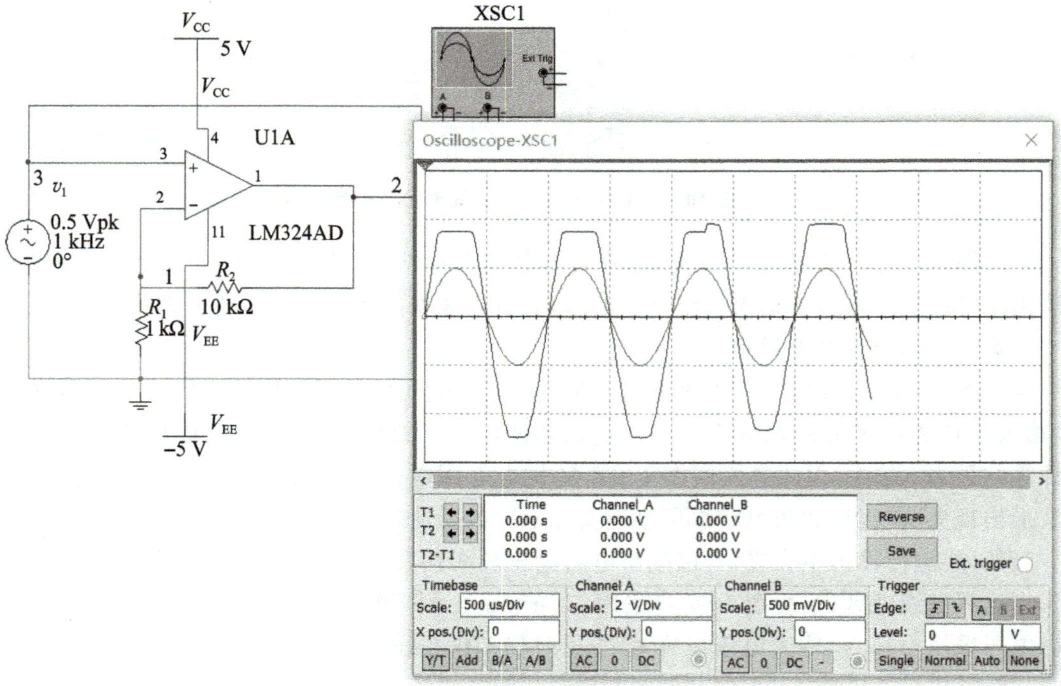

实验图 10-6　运放五端元件仿真电路及输出失真波形

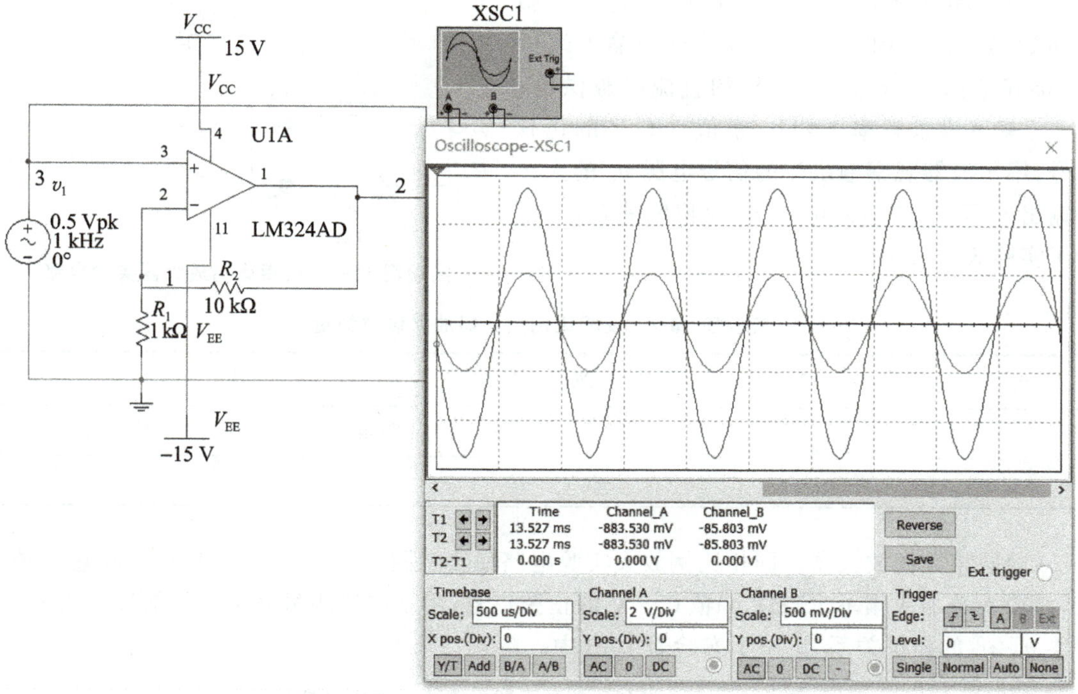

实验图 10-7　输出线性范围内不失真波形

二、实验部分

1. 实验步骤

1）实验电路搭建

根据实验内容搭建相应的实验电路，注意，在模拟运算电路中，运算放大器电路连接呈现负反馈状态，在单级放大电路中，输出通过一定方式回到运放反相输入端。供电电源采用±12 V 或±5 V。

2）实验过程

（1）电压跟随器。电压跟随器实验电路如实验图 10-8 所示，输入信号从同相端引入，根据芯片中所选取运放的相应引脚，接好电路连线后，打开直流电源供电。

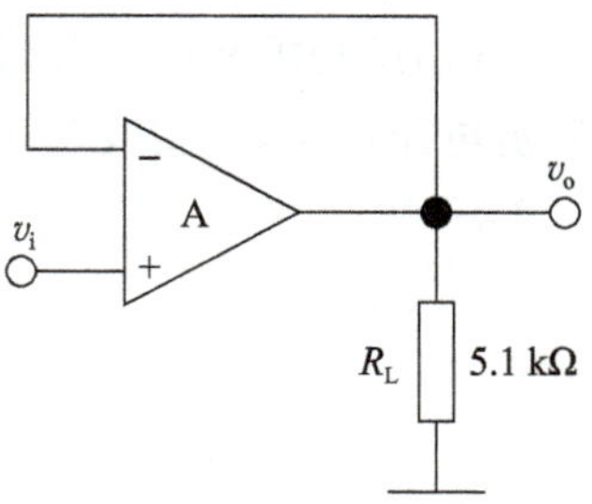

实验图 10-8　电压跟随器实验电路

在输入端加频率 1 kHz、幅值 0.5 V 的正弦信号，用示波器观察输出端信号电压 v_o 的大小及输出电压 v_o 与输入电压 v_i 的相位关系，并记录于实验表 10-1 中。

实验表 10-1　电压跟随器电压放大倍数测试表

v_i/V	v_o/V	v_i/v_o 波形	A_v	
			实测值	计算值
0.5				

(2)反相比例放大器。反相比例放大实验电路如实验图 10-9 所示，信号从反相输入端进入，接好电路后，打开±12 V 的直流电源供电。

在输入端加频率 1 kHz、幅值 0.5 V 的正弦信号，用示波器观察输出端的信号电压 v_o 的大小及输出电压 v_o 与输入电压 v_i 的相位关系，并记录于实验表 10-2 中。

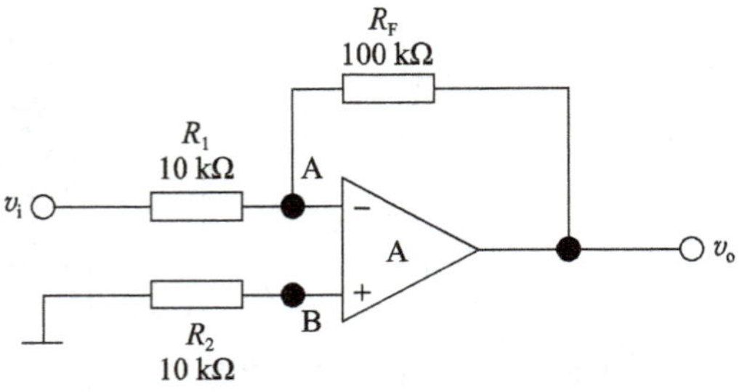

实验图 10-9　反相比例放大器实验电路

实验表 10-2　反相比例放大器放大倍数测量

v_i/V	v_o/V	v_i/v_o 波形	A_v	
			实测值	计算值

(3)同相比例放大器。同相比例放大实验电路如实验图 10-10 所示，信号从同相输入端进入，在输入端加入频率 1 kHz，幅值 0.5 V 的正弦信号，用示波器测量输出端的信号电压 v_o，并观察 v_o/v_i 的相位关系，记录于实验表 10-3 中。

实验表 10-3　同相比例放大器电压放大倍数测量表

v_i/V	v_o/V	v_i/v_o 波形	A_v	
			实测值	计算值

2. 综合训练

(1)反相求和放大电路。反相求和放大实验电路如实验图 10-11 所示，两个输入信号均为直流电压信号，按实验表 10-4 内容进行实验测量，并与理论计算结果进行比较。

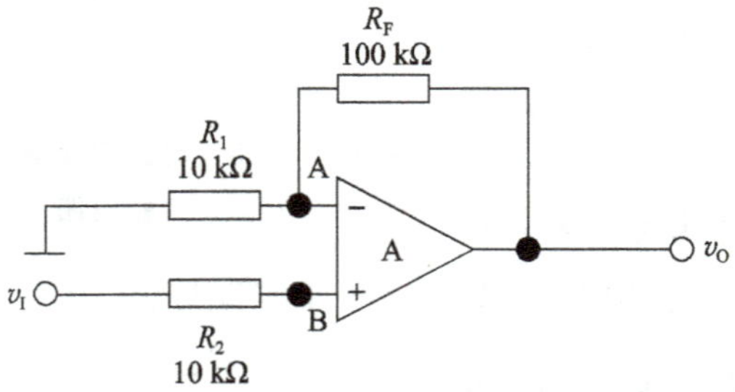

实验图 10-10　同相比例放大器实验电路

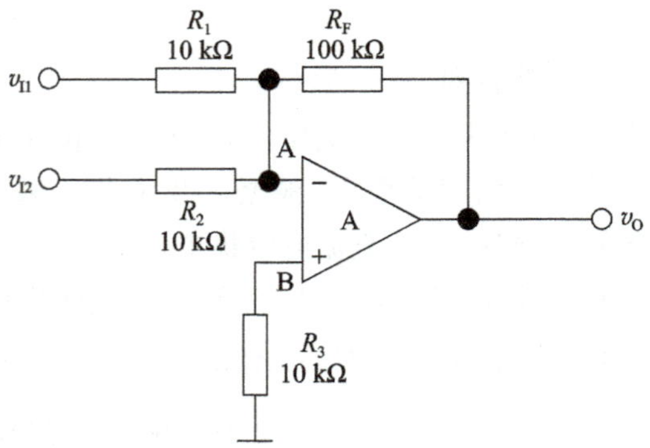

实验图 10-11　反相求和放大电路

实验表 10-4　反相求和放大电路输出电压测试　　V

v_{I1}	0.2
v_{I2}	0.1
v_O	

(2)求差放大电路。求差放大实验电路如实验图 10-12 所示，两输入信号均为直流电压信号，按实验表 10-5 进行实验测量，并与理论计算结果进行比较。

实验表 10-5　求差放大电路输出电压测试　　V

v_{I1}	1
v_{I2}	0.5
v_O	

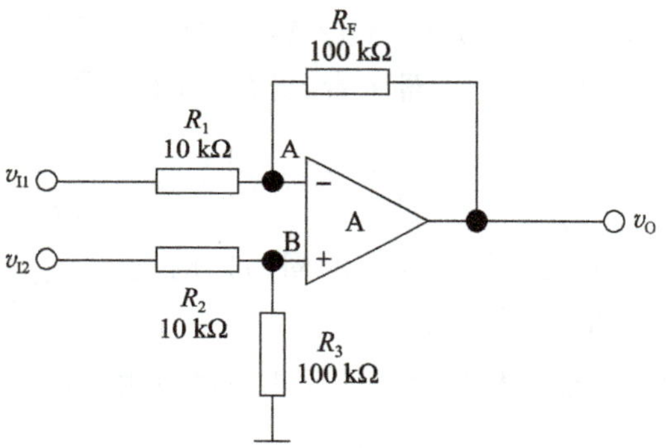

实验图 10-12　求差放大实验电路

实验 11　运算放大电路设计

一、预习部分

1. 实验目的和要求

(1)掌握运算放大器工作在线性区的特点。

(2)加深理解运放 LM324/LM358 芯片内部结构及应用方法。

(3)利用运放 LM324/LM358 芯片结合传感器设计信号放大电路。

2. 实验内容

光照强度是日常生活、农业生产中一个重要参数，通过研究发现，控制教室光线强度可有效预防青少年近视；在农业大棚中，光照强度是作物生长的一个重要参数。本实验采用光敏传感器件，设计一个光照强度信号采集与放大电路。

根据设计要求，利用运算放大器工作在线性区时两个输入端具有虚短、虚断的特点，设计不同放大倍数的电压及电流放大电路。常用的通用运算放大器有 LM324 和 LM358。LM324

结构如实验图 11-1，电路引脚图如实验图 11-2；LM358 的结构图如实验图 11-3 所示。

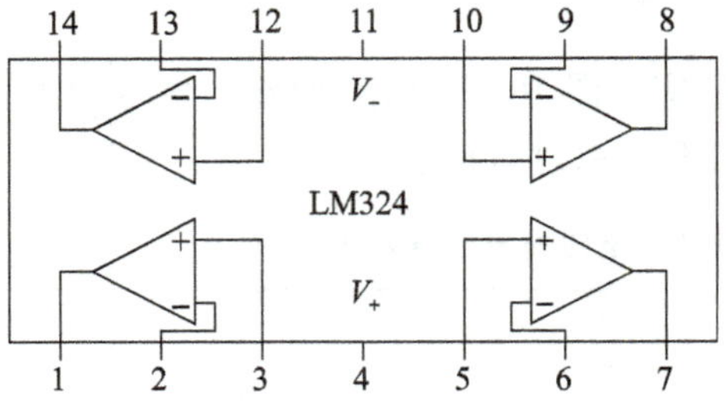

实验图 11-1　LM324 结构图

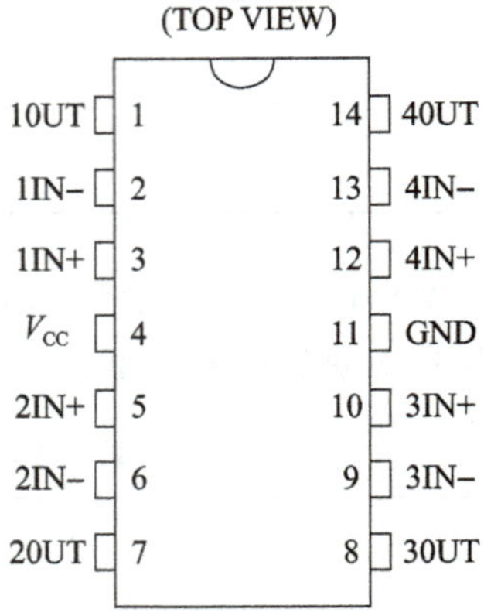

实验图 11-2　LM324 引脚图

3. 需用的仪器及元件

面包板 1 块，LM324/LM358 芯片 1 片，±12 V/±15 V/±5 V 直流电源，信号发生器 1 台，示波器 1 台，光敏电阻、不同阻值电阻若干。

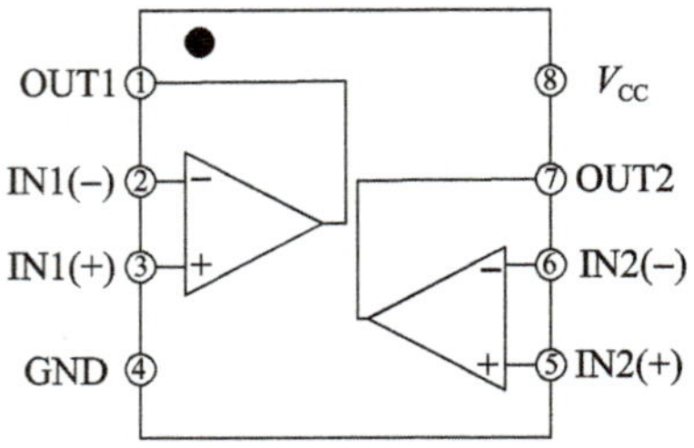

实验图 11-3　LM358 结构图

4. 实验预习内容

(1)采用 LM324 设计一个放大倍数为 3 的同相比例放大电路，并写出电压放大倍数的计算过程。

(2)采用 LM358 设计一个放大倍数为 2 的反相比例放大电路，并写出电压放大倍数的计算过程。

5. 仿真参考电路

仿真用到的元器件：电阻(Resistor)、运算放大器(OP-AMP)、电压源(Voltage source)、示波器(Oscilloscope)、信号源(Signal source)。

以一个放大倍数为 3 的同相比例放大电路为例，如实验图 11-4 所示，通过改变 R_1、R_2 的

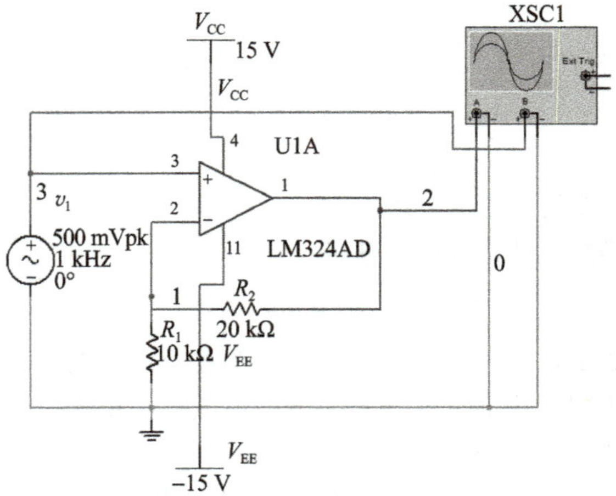

(a) 仿真电路

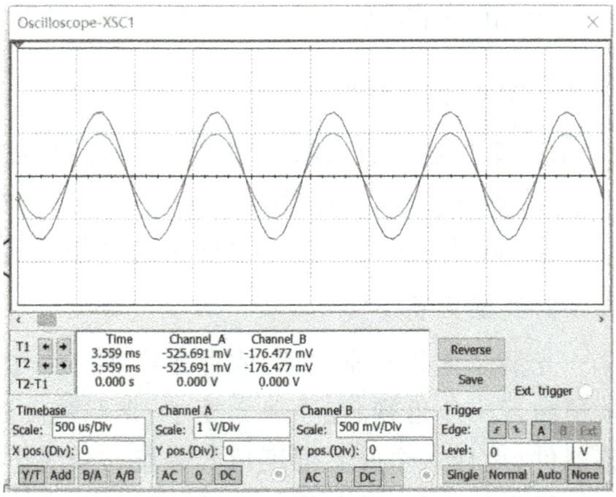

(b) 仿真结果

实验图 11-4　同相比例放大电路

大小，可以得到设计需要的电压放大倍数。

二、实验部分

1. 实验步骤

设计内容：设计一个光照强度采集电路，采用光敏电阻检测光照强度的变化，实验结果采用万用表测试后，记录在实验表 11-1 中。提示：光敏电阻通过与 10 kΩ 电阻串联分压实现光信号转换为电信号，然后将转换后的电信号再进行电压放大，电路包含传感器工作电路和电压放大电路，画出设计的电路图。注意电压放大倍数的设计与电阻参数的选择。

实验表 11-1　采集光照强度电信号测试结果

光照强度	正常光照	遮挡光敏电阻	强光照射
采集电压值/V			

2. 综合训练

根据所采集的光照强度去设计控制电路，用于控制温室大棚补光灯的亮、灭。

实验 12　仪表放大器

一、预习部分

1. 实验目的和要求

(1)掌握仪表放大器工作在线性区的特点。

(2)了解仪表放大器 AD620 芯片内部结构及应用方法。

(3)利用运放 AD620 芯片设计要求的放大电路。

2. 实验原理

仪表放大器是一种精密差分电压放大器，它自身具有输入缓冲器，不需要输入阻抗匹配，使放大器适用于精密测量及电子仪器上，仪表放大器芯片 AD620 顶视图如实验图 12-1 所示。

虽然仪表放大器在电路图上呈现的是一个运算放大器，但实际上是由三个运算放大器所组成(实验图 12-2)；仪表放大器分成两个部分，输入端的两个运算放大器提供同相输入端和反相输入端，形成高输入阻抗，后级是一个差分放大器，用来做两个输入端的差分放大；通常第二级的差分放大器的增益会设置为 1，也就是只做差分输入电压的相减运算。

3. 需用的仪器及元件

LM324 1 片，LM358 2 片，AD620 1 片，万用表 1 块，热敏电阻 1 个，信号发生器 1 台，示波器 1 台，面包板 1 块，±12 V 供电电源、不同阻值电阻及导线若干。

4. 实验预习内容

(1)分析仪表放大器的典型电路结构工作原理，运算放大器 A_1、A_2、A_3 工作在线性区还是饱和区？为什么？

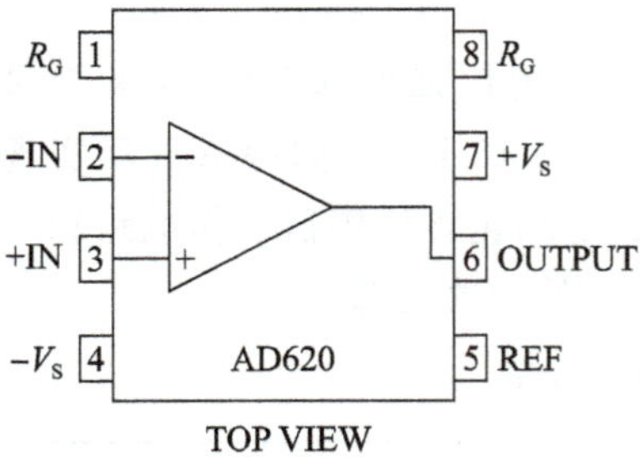

实验图 12-1 AD620 芯片顶视图

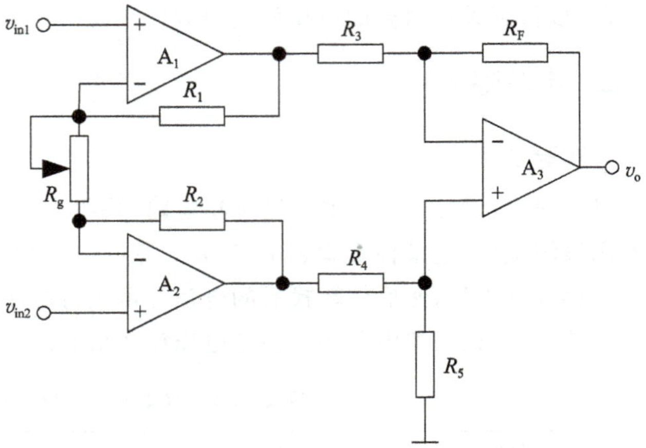

实验图 12-2 仪表放大器的典型电路结构

(2)仪表放大器有哪几部分组成？与求差放大电路相比，改善了什么性能？

(3)求出仪表放大器的典型电路电压放大倍数表达式，分析电压放大倍数的变化可通过哪个元件获取？

(4)查 AD620 芯片资料，了解每个引脚的功能及用法。

(5)通过 AD620 设计一个放大倍数约为 20 的放大电路。

5. 仿真参考电路

仿真用到的元器件有电阻（Resistor）、可调电阻（Potentiometer）、运算放大器 LM324、电压源（Voltage source）、示波器（Oscilloscope）、信号源（Signal source）。

在实验图 12-3 电路中，因为 3 个运算放大器均工作在线性区，运算放大器的同相输入端

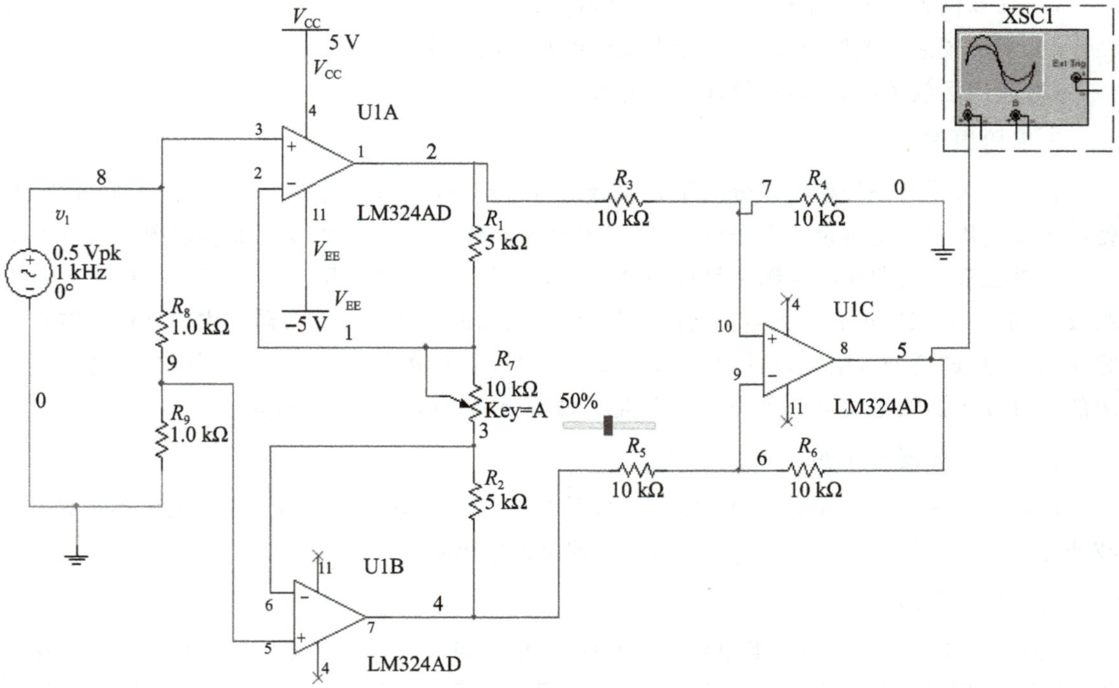

实验图 12-3 仪表放大器仿真参考电路图

和反相输入端存在虚短和虚断，U1C 组成的第二级放大电路放大倍数为 1。所以，本电路的电压放大倍数为：

$$A_v = \frac{R_1 + R_2 + R_7}{R_7} = 1 + \frac{R_1 + R_2}{R_7} \tag{12-1}$$

因此，改变 R_7 的大小，可以改变电路的电压放大倍数。仪表放大电路测的是两点之间的电压差，实验中测试信号通过 R_8、R_9 电阻串联分压得到，电路输出仿真波形图如实验图 12-4 所示。

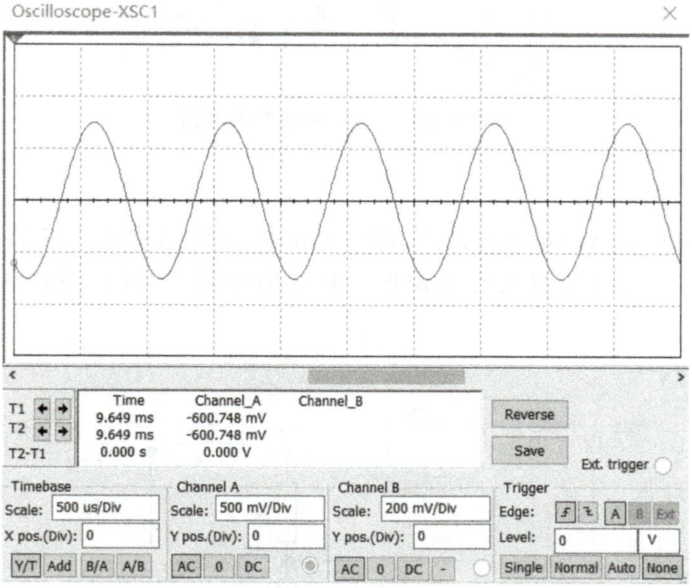

实验图 12-4　仪表放大电路输出仿真波形图

二、实验部分

1. 实验步骤

1)实验电路搭建

实验图 12-5 是一个仪表放大电路，$R=10\ \text{k}\Omega$，$R_1=R_2=10\ \text{k}\Omega$，$R_W$ 为 10 kΩ 可调电阻。

2)实验过程

(1)将交流信号通过串联电阻获取一个两点电势差的波形信号作为输入信号。

(2)通过改变 R_W 的大小，得出电路电压放大倍数，将结果填入实验表 12-1 中。

实验表 12-1　测试结果

R_W/kΩ	v_o/V	A_v(理论计算值)	A_v(实测值)
0.5			
1			
5			

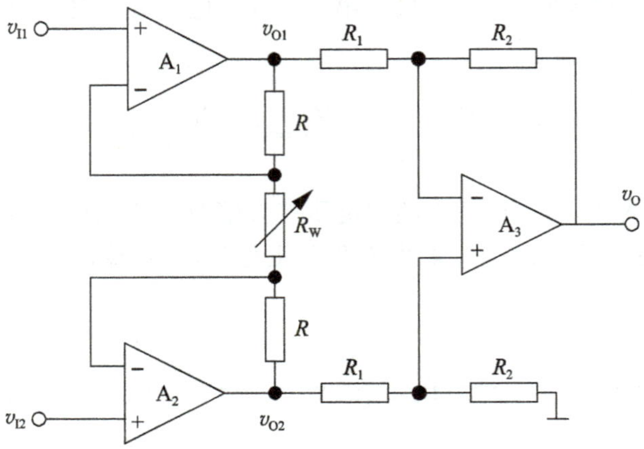

实验图 12-5　仪表放大实验电路

2. 综合训练

(1)小鸡孵化器中温度测量电路,通过固定电阻和热敏电阻搭建一个桥式温度测试电路,桥式电路中电阻 R 大小的选择与标准温度下热敏电阻阻值相同,测温电路如实验图 12-6 所示。

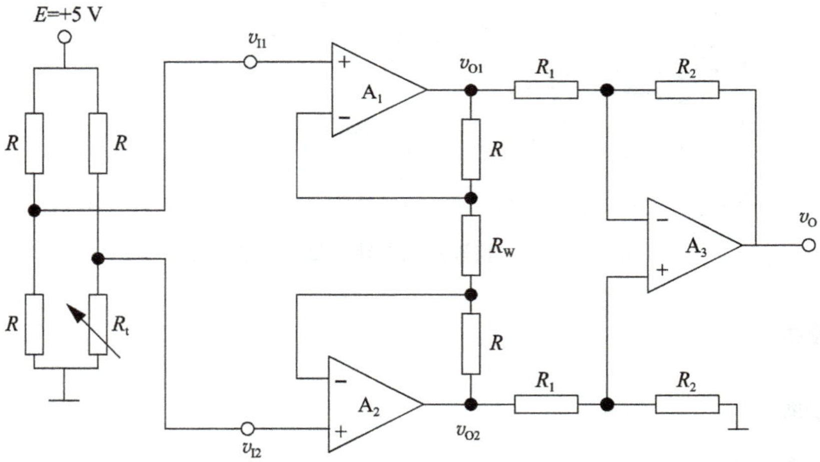

实验图 12-6　测温电路

(2)采用仪表放大器芯片 AD620 实现放大倍数为 20 的放大电路,设计电路,选择电阻的大小,并进行实验验证。

实验 13　*RC* 正弦波振荡电路

一、预习部分

1. 实验目的和要求

(1)了解选频网络的电路组成及其选频特性。

(2)掌握 RC 正弦波振荡器的电路组成及其振荡条件。

(3)学会测量、调试选频网络和振荡器电路振荡频率及信号幅值。

2. 实验原理

RC 正弦波振荡器是一种没有输入信号,但可以输出一定幅度、频率稳定的正弦波电路,因此,电路组成一定包含有正反馈。它产生稳定输出信号的原因是上电时电气小扰动在正反馈电路中逐渐变大,信号起振过程如实验图 13-1 所示。要产生某一频率的正弦波,还需要电路有选频网络。因此,RC 正弦波振荡电路具有选频网络、放大电路、正反馈网络,一般由选频网络来完成正反馈功能,为了输出稳定的波形,还需要加上稳幅电路。

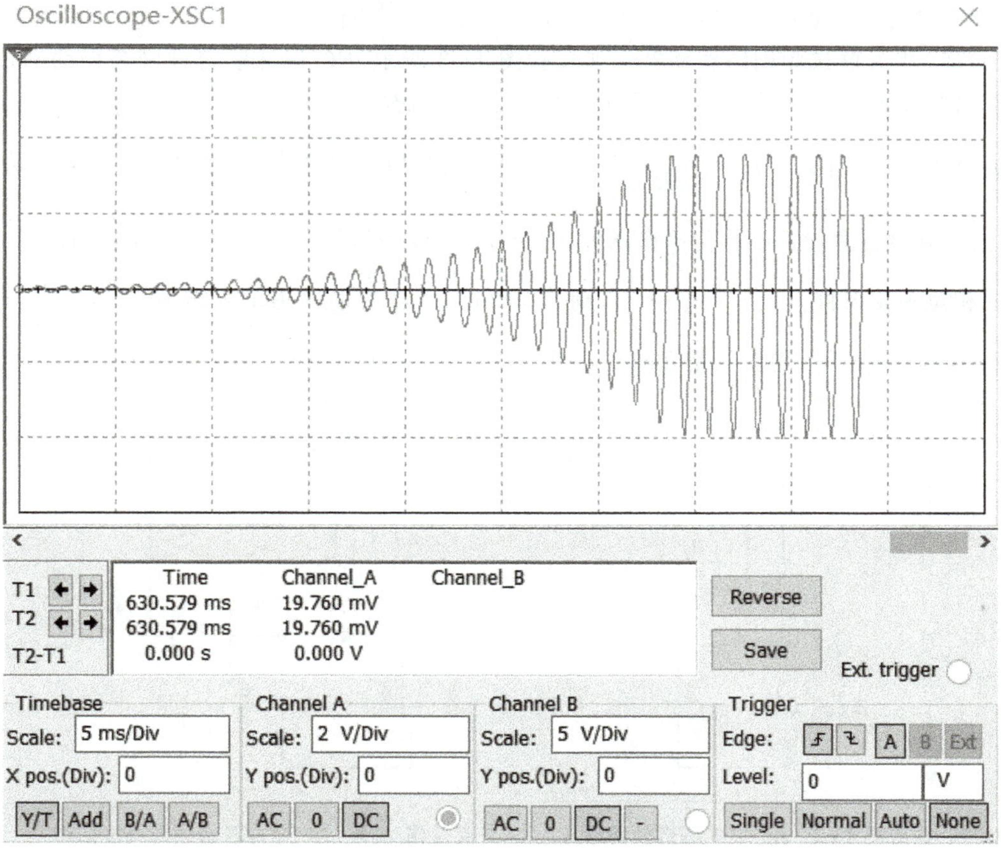

实验图 13-1　信号的起振过程

(1)RC 串并联选频网络(文氏桥)。RC 串并联选频网络如实验图 13-2 所示,下面分析一下它的选频特性。反馈系数 F 为:

$$\dot{F}=\frac{\dot{V}_F}{\dot{V}_O}=\frac{Z_2}{Z_1+Z_2}=\frac{\dfrac{R_2}{1+j\omega R_2C_2}}{R_1+\dfrac{1}{j\omega C_1}+\dfrac{R_2}{1+j\omega R_2C_2}} \tag{13-1}$$

为方便调节电路振荡频率大小,常设 $R_1=R_2=R$,$C_1=C_2=C$,令 $\omega_0=\dfrac{1}{RC}$,ω_0 为电路

自然角频率，ω 为一系列干扰信号频率，式 13-1 可变为：

$$\dot{F}=\frac{1}{3+j\left(\frac{\omega}{\omega_0}-\frac{\omega_0}{\omega}\right)} \tag{13-2}$$

式 13-2 中，当 $\omega=\omega_0=\frac{1}{RC}$ 时，幅频特性的幅值最大，即 $F_{max}=\frac{1}{3}$ ，此时，式(13-2)相频特性的相位角为零，即 $\varphi_F=0$。也就是说，当信号频率 $f=f_0=\frac{1}{2\pi RC}$ 时，RC 串并联网络输出电压 $\dot{V}_F$ 的幅值最大，为输出电压 $\dot{V}_O$ 的 1/3，且 $\dot{V}_F$ 与 $\dot{V}_O$ 同相位。

(2)RC 串并联选频网络振荡器。如实验图 13-3 所示，RC 串并联选频网络振荡器由 RC 选频网络和放大器 A 组成。RC 串并联网络在振荡电路中，既是选频网络，又是正反馈电路，由前面分析可知，当 $f=f_0=\frac{1}{2\pi RC}$ 时，$\dot{V}_F$ 和 $\dot{V}_O$ 同相位。也就是说，电路只能让频率为 $f=f_0$ 的信号满足自激振荡的相位平衡条件，对于 f_0 以外的信号，$\dot{V}_F$ 和 $\dot{V}_O$ 不同相，不满足自激振荡的相位平衡条件，由于 $F_{max}=\frac{1}{3}$ ，则 $\dot{A}=3$ 时，电路只能输出单一频率 $f_0=\frac{1}{2\pi RC}$ 的正弦波。$f\neq f_0$ 的信号，均被电路衰减。

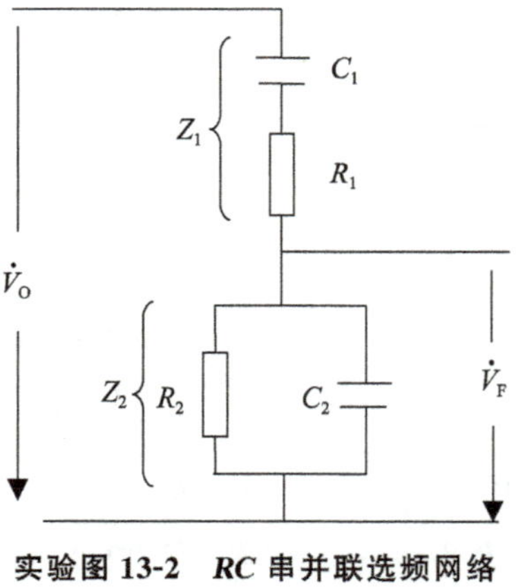

实验图 13-2　*RC* 串并联选频网络

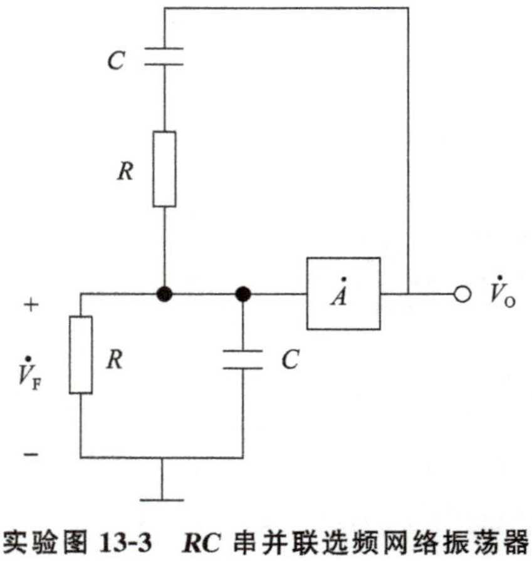

实验图 13-3　*RC* 串并联选频网络振荡器

因此，对实验图 13-3 的 RC 串并联选频网络振荡器，工作条件如下。

振荡频率：$f_0=\frac{1}{2\pi RC}$；起振条件：$|\dot{A}\dot{F}|>1$；由于 $F_{max}=\frac{1}{3}$ ，所以 $|\dot{A}|>3$。

稳幅条件：$|\dot{A}\dot{F}|=1$，所以 $|\dot{A}|=3$。

电路优点：可方便地连续改变振荡频率，容易得到良好的振荡波形；缺点：波形频率精度不高。实验电路如实验图 13-4 所示，改变电路参数，在 $R_1=R_2$，$C_1=C_2$ 的情况下，可以改变电路产生振荡信号的频率。

正反馈让一个小信号成长为一个有用的大信号，像社会风气、家风、学风等良性循环，都属于正反馈。

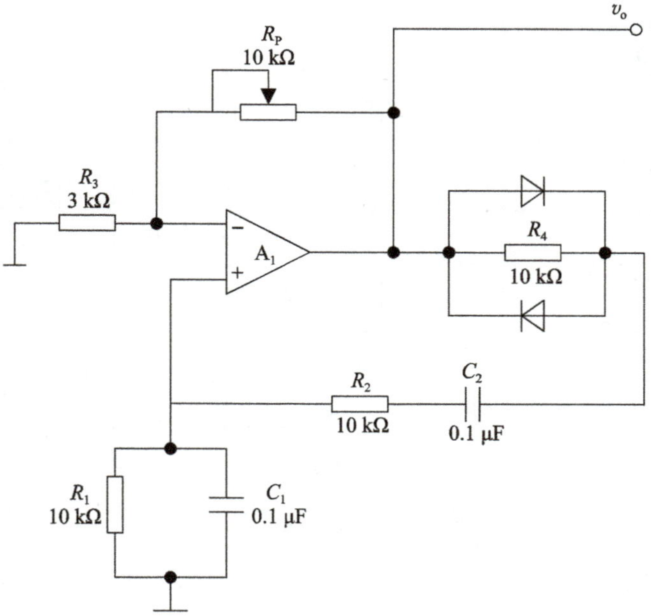

实验图 13-4　*RC* 正弦波振荡电路

3. 需用的仪器及元件

±12 V 直流电源，示波器 1 台，运算放大器 LM324 1 片，万用表 1 块，面包板 1 块，10 kΩ 可调电阻、固定电阻、电容、导线若干。

4. 实验预习内容

(1)正弦波振荡电路由几部分组成？说明各部分的作用。

(2)正弦波振荡电路起振条件是什么？稳定输出波形的条件是什么？调节实验图 13-4 中哪个元件满足上述条件？

(3)文氏桥作为选频网络，它的特点和作用是什么？

(4)正弦波振荡电路的输出信号是如何产生的？振荡信号的频率由哪些元件决定？实验图 13-4 产生的正弦波频率和幅值各是多少？

(5)若要改变振荡波形的频率和幅值，应该采取哪些措施？

5. 仿真练习参考电路

仿真用到的元器件：电压源(Voltage source)、电阻(Resistor)、电容(Capacitor)、运算放大器(OP-AMP)，示波器(Oscilloscope)、万用表(Multimeter)。

(1)仿真电路如实验图 13-5 所示。

(2)记录仿真波形，观察 R_4 为多少时，输出标准正弦波？正弦波的幅值是多少？

(3)通过示波器读取正弦波的频率，并与计算值进行比较。

(4)用示波器测试运算放大器同相输入端 v_P 的电压大小，并说明与 $\dot{V}_O$ 的大小与相位关系是什么？

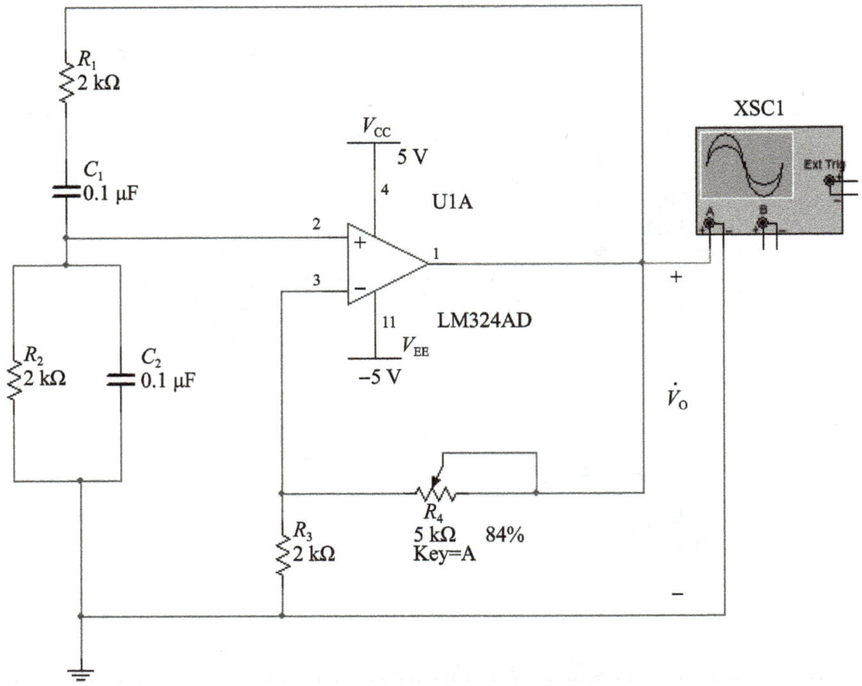

实验图 13-5 *RC* 正弦波振荡仿真电路

二、实验部分

1. 实验步骤

1)实验电路搭建

实验电路如实验图 13-4 所示，其中放大电路部分的放大倍数略大于 3 即可，所以 R_P 可以采用 10 kΩ 可调电阻。

2)实验过程

(1)*RC* 串并联选频网络幅频特性测试。用函数信号发生器产生的正弦波信号 v_S 代替电路输出电压 v_o 接入 *RC* 串并联网络，保持输入信号的幅度不变(约 3 V)，频率由低到高变化，由于容抗的变化，*RC* 串并联网络输出 $\dot{V}_F$ 的幅值将随之变化，按实验表 13-1 中的信号频率进行测试，实验电路连接如实验图 13-2。

当信号源达某一频率时，*RC* 串并联网络的输出将达最大值(1 V 左右)，且输入、输出同相位，记下此时信号源的频率为 f_0，补充到实验表 13-1 中。

实验表 13-1 反馈系数与信号频率之间的关系

f/Hz	10	30	50	70	100	130	150	160	170	200	500	800	1 k	5 k
F														

①观察 $\dot{V}_F$ 和 $\dot{V}_O$ 之间相位关系的变化。

②记录频率 f_0 的大小，且与计算值 $f=\dfrac{1}{2\pi RC}$ 作比较。

③根据实验表 13-1 测试，画出 *RC* 串并联网络 F 的幅频特性图。

(2)*RC* 串并联选频网络振荡器。

①实验电路参考实验图 13-4，接通 *RC* 串并联网络，并使电路起振，用示波器观测输出电压 v_o 波形，调节放大电路电压放大倍数，获得满意的正弦信号，记录波形及幅值大小。

②测量正弦波振荡电路输出波形频率，并与计算值进行比较。

③将正弦波振荡电路的实测频率与理论值比较，想一想为什么会存在误差。

2. 综合训练

(1)在 *RC* 正弦波振荡电路起振后，调节波形为不失真状态，测定 A_1 组成放大电路的电压放大倍数。

(2)设计一个频率、幅度可调的正弦波信号发生器。分别可以产生频率为 100 Hz、200 Hz、500 Hz、1 kHz 和 2 kHz 的信号。

实验 14　电压比较电路

一、预习部分

1. 实验目的和要求

(1)理解电压比较器的特点及电压传输特性。

(2)掌握单门限电压比较电路和迟滞电压比较电路的工作原理。

(3)会用电压比较器设计典型应用电路。

2. 实验原理

电压比较器是用来比较输入电压与参考电压的大小并输出比较结果的器件。我们平时用的空调，设定温度对应的电压是参考电压，而室温变化产生的电信号对应的是输入电压，通过比较结果可以控制压缩机的启停。电压比较器电路可分为单门限比较器、双门限比较器和滞回比较器几种类型。有专用的电压比较器 LM393，LM393 比较器实物及引脚图如实验图 14-1(a)(b)所示。运算放大器也可以作为比较器使用，工作在电压传输特性实验图 14-1(c)的正饱和

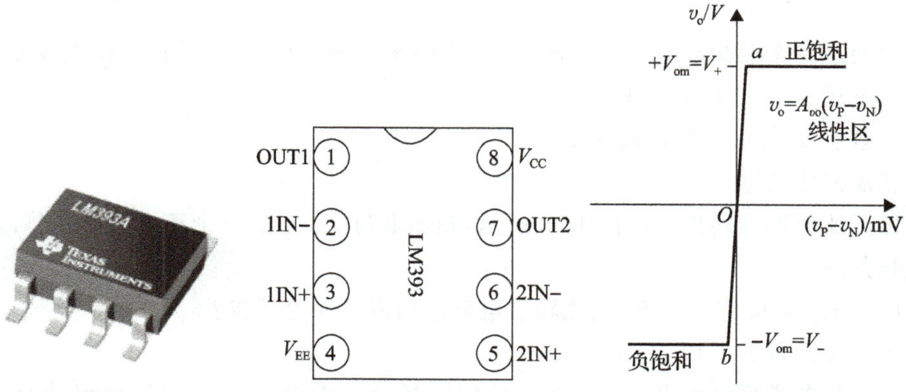

(a) 比较器LM393　(b) 引脚图　(c) 电压传输特性图

实验图 14-1　比较器

区和负饱和区。运算放大器作为比较器使用时，主要利用运算放大器开环电压放大倍数比较大，输出易进入饱和区的特性，让运算放大器工作在开环或正反馈电路状态。工作在此区域，运放的同相端和反相端的电压不存在虚短，由运放的内部结构可知，因其输入电阻 R_i 很大，所以运算放大器作为比较器使用时，仍存在虚断。

综合以上分析可知，用运算放大器作为比较器使用时，电路具有以下两个特点：①工作在开环或正反馈状态；②运算放大器两输入端不存在虚短，只存在虚断。

注意：LM393 属于集电极开路输出，使用时输出要接入一个 1～10 kΩ 的上拉电阻。

由电压传输特性可知：当 $v_P>v_N$ 时，　　$v_o=+V_{om}$

$$\text{当 } v_P<v_N \text{ 时，}\quad v_o=-v_{om} \tag{14-1}$$

比较器进行工作的实质就是比较判断两输入端电压的大小。因此比较器常用于监控报警电路中，如果对某一参数(如温度、光照强度、压力等)进行监控时，可由传感器取得监控信号 V_i，V_R 为参考电压，当 V_i 超过 V_R 时，产生报警。

3.需用的仪器及元件

面包板 1 块，双踪示波器 1 台，信号发生器 1 台，±12 V 供电电源，万用表 1 块，比较器 LM393/运算放大器 LM324 1 片，固定电阻、可调电阻、发光二极管、蜂鸣器、光敏电阻、导线若干。

4.实验预习内容

1)过零比较器

反相过零比较电路是一个反相输入的过零比较电路，如实验图 14-2 所示，稳压管的稳压值为 $\pm V_{D_Z}$，电路供电电压为±12 V。

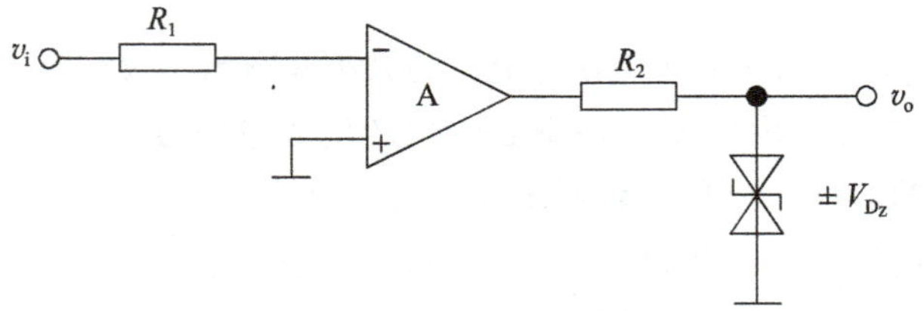

实验图 14-2　反相过零比较器电路

输出端通过一个双向稳压二极管连接 R_2 电阻来实现，分析该电路的门限电压是多少？

当输入电压 $v_i>0$ 时，输出电压 $v_o=$？

当输入电压 $v_i<0$ 时，输出电压 $v_o=$？

2)反相滞回比较器

反相滞回比较器电路如实验图 14-3 所示，输出通过 R_F 形成一个正反馈电路(可采用瞬时极性法进行判断)。

若将电阻 R_F 阻值调整为 R，该比较器电路的门限电压是多少？

3)监控报警装置的设计

用电压比较器进行电路设计。取得监控信号 V_I，V_R 为参考电压。当 V_I 超过 V_R 时，发光二极管亮，报警；小于正常值时，不亮。并检验是否能实现该功能。

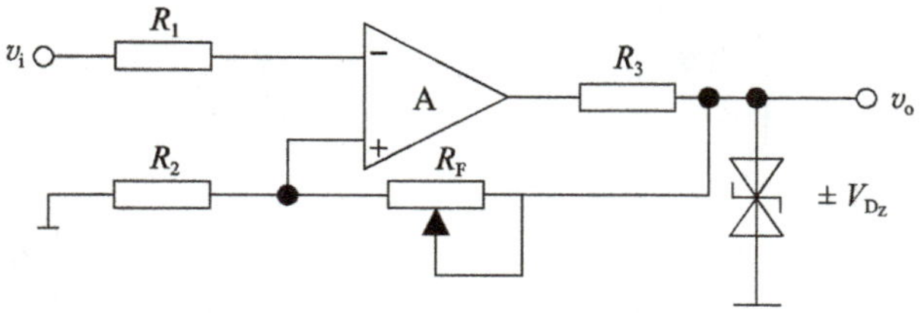

实验图 14-3　反相滞回比较器电路

5. 仿真参考电路

本实验电路采用的元器件有：电压比较器(OP-AMP 或 Comparafor)、发光二极管(LED)、电阻(Resistor)、电压源(Voltage source)、示波器(Oscilloscope)和万用表(Multimeter)。

1)单门限比较器

(1)同相过零比较器。同相过零比较电路如实验图 14-4 所示，输入信号从比较器的同相端输入，信号发生器设定幅值为 1 V，频率为 1 kHz 的正弦波，观察输出信号的波形形状，并记录跳转时所对应的阈值电压、波形幅值及占空比。

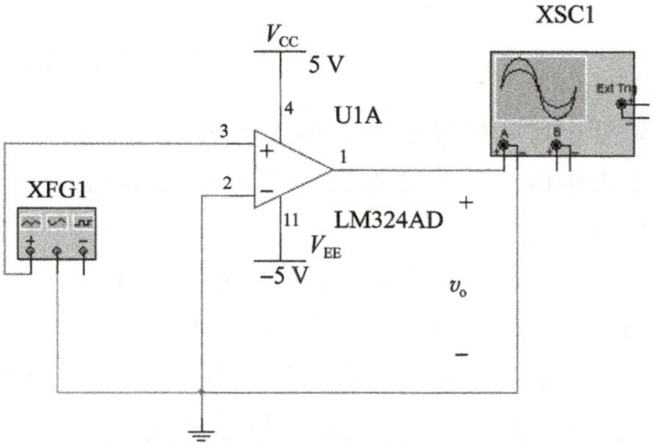

实验图 14-4　同相过零比较器电路

(2)参考电压不为零的比较器。如实验图 14-5 所示，输入信号不变，参考电压采用 10 kΩ 的可调电阻分得 5 V 的电源电压来获取。有些应用场合参考电压是变化的，如空调温度控制，改变参考电压大小，观察输出电压幅值、跳转所对应的阈值电压及占空比。

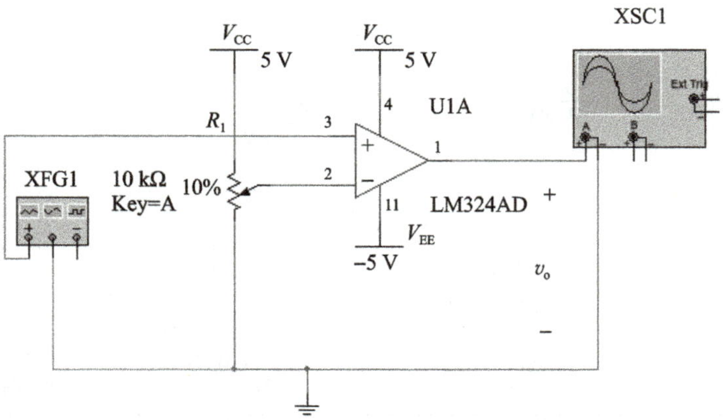

实验图 14-5　参考电压不为零的比较器电路

(3)在实验图 14-6 单门限电压比较器电路中，二极管 D_1、D_2 的作用是什么？

2)滞回比较器

(1)反相滞回比较器。反相滞回比较器电路如实验图 14-7，可调电阻 R_1 设定为 4 kΩ，信

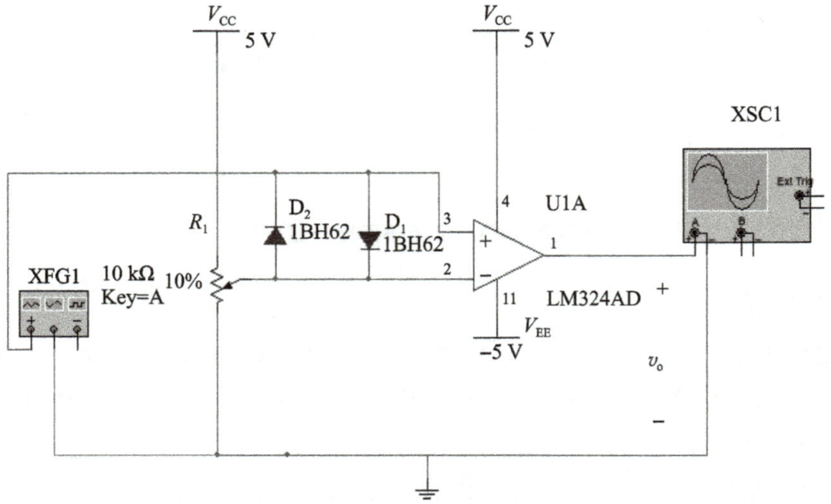

实验图 14-6　单门限电压比较器电路

号发生器输出频率 1 kHz 正弦波电压，幅值大小由 0.1 V 逐渐增大到 2 V，观察输出波形的变化。

(2)同相滞回比较器，请同学们自行画出，并通过仿真电路测试其特性。

3)监控报警装置设计仿真电路

根据设计要求，当待测信号超过一定值时，进行光报警。进行参考电位设定，通过可调电阻分压值实现，报警装置参考电路如实验图 14-8 所示，分析其工作原理。

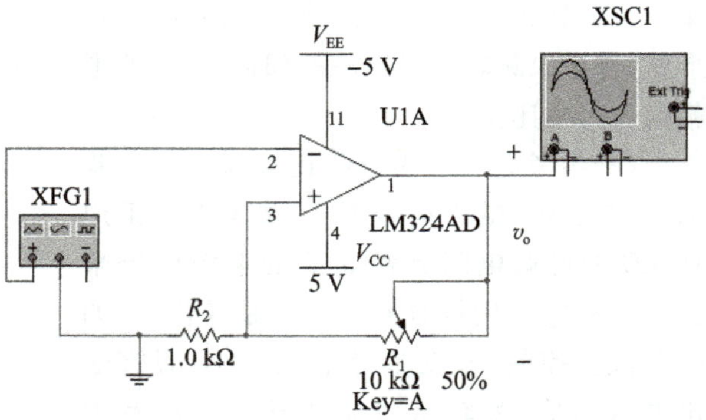

实验图 14-7　反相滞回比较器电路

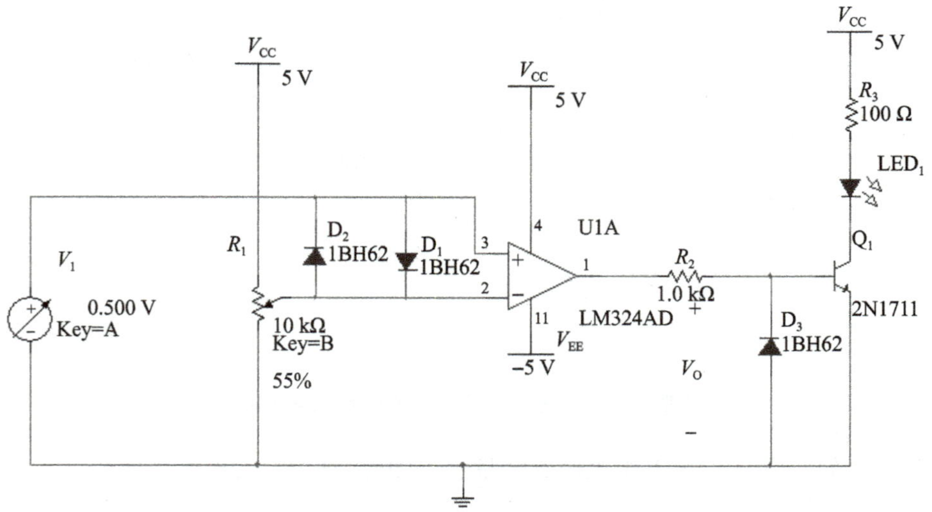

实验图 14-8　报警装置参考电路

二、实验部分

1. 实验步骤

1)实验电路搭建

根据实验内容搭建相应实验电路，供电电源采用±12 V。注意，在运算放大器作为比较器的单级应用电路中，电路连接呈现开环或正反馈状态，输出通过一定方式回到同相输入端。

2)实验过程

(1)反相过零比较器电路如实验图 14-9 所示。

①信号发生器输出频率 $f=500$ Hz、幅值为 1 V 的正弦波信号，然后接入 v_i，用示波器观察 v_i—v_o 波形，并记录。

②改变信号发生器产生 v_i 电压的幅值，其电压幅值的变化范围从 0.1～3 V，用示波器观察输出电压 v_o 的变化，测量并画出其电压传输特性曲线。

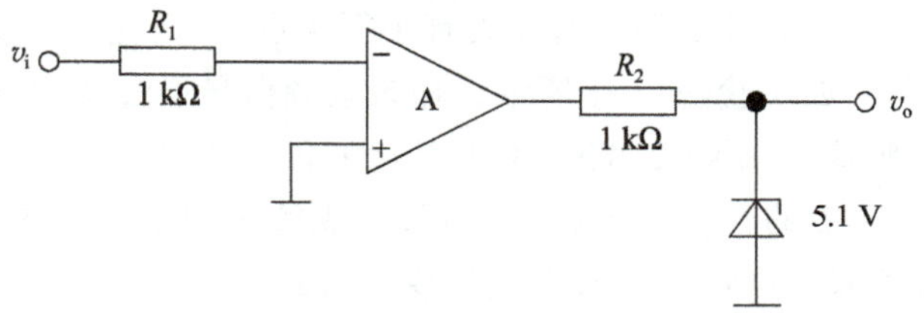

实验图 14-9　反相过零比较器电路

(2)反相滞回比较器电路如实验图 14-10 所示。

①按实验图 14-10 连接好实验电路，并将 R_F 调整为 100 kΩ，打开直流电压源，v_i 接入信号输入频率为 1 kHz、幅值为 1 V 的正弦波，测出 v_o 的波形及参数值(输出波形幅值及频率)。

②同上，测出 v_o 由 $+V_{om}$ 跳变到 $-V_{om}$ 时输入电压所对应的阈值，及 v_o 由 $-V_{om}$ 跳变到 $+V_{om}$ 时输入电压所对应的阈值。

③将 R_F 调整为 50 kΩ，将信号发生器接入 v_i，并使之分别输出频率为 1 kHz，信号幅值为 0.9 V 和 1.5 V 的正弦波信号，用示波器观察 v_i—v_o 波形输出，并分析说明原因。

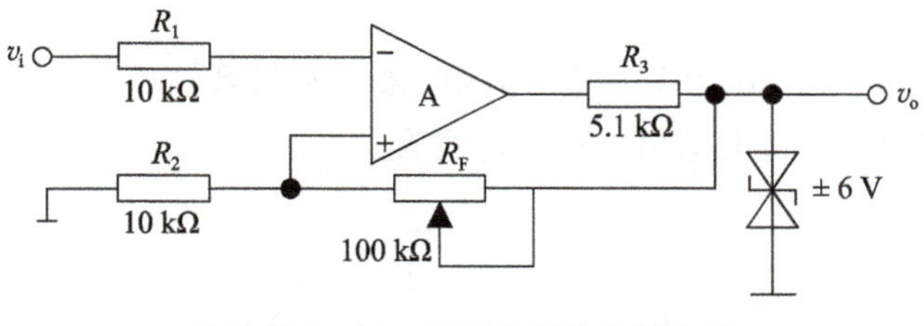

实验图 14-10　反相滞回比较器电路

2. 综合训练

(1)监控报警电路的设计与实现。在面包板上验证实验预习内容 3)的电路。

(2)自动感光灯的设计。当光线变暗到一定程度时，灯亮；光线变亮时，灯灭，根据任务要求设计电路，光线的明暗度感应采用光敏电阻来实现。

实验 15　集成功率放大电路

一、预习部分

1. 实验目的和要求

(1)了解集成功率放大电路的功能。

(2)掌握 LM386 芯片的作用及引脚功能。

(3)掌握 OTL 电路调试及主要性能的测试方法。

2. 实验原理

集成功率放大电路有双电源供电的 OCL 电路(无输出电容电路),也有单电源供电的 OTL 电路(无输出变压器电路)。LM386 是一种音频集成功放,具有自身功耗低、电压增益可调整、电源电压范围大、外接元件少和总谐波失真小等优点,广泛应用于录音机和收音机之中,典型的集成功率放大电路如实验图 15-1 所示。输入音频信号通过音量电位器由同相输入端 3 脚输入,反相输入端 2 脚接地,6 脚接电源;由于引脚 1 和 8 开路,集成功放的电压放大倍数为 20。利用 R_W 可调节扬声器的音量。R 和 C_2 串联构成校正网络用来进行相位补偿。输出端 5 脚通过 C_1 接扬声器负载,电路为 OTL 单电源供电形式。

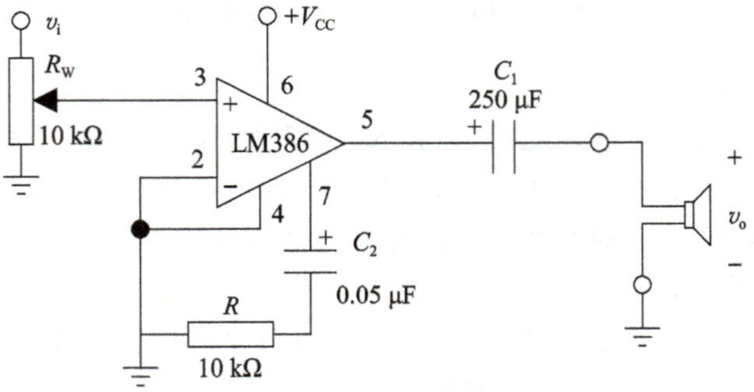

实验图 15-1　集成功率放大电路

静态时输出电容 C_1 上电压为 $V_{CC}/2$,LM386 最大不失真输出电压的峰-峰值约为电源电压 V_{CC}。设负载电阻为 R_L,最大输出功率表达式为:

$$P_{om} \approx \frac{\left(\frac{V_{CC}/2}{\sqrt{2}}\right)^2}{R_L} = \frac{V_{CC}^2}{8R_L} \tag{15-1}$$

3. 需用的仪器及元件

面包板 1 块,双踪示波器 1 台,直流稳压电源 1 台,万用表 1 块,LM386 芯片 1 片,扬声器(0.5 W,8 Ω)1 个,可调电阻、电解电容、模拟开关、电阻、连线若干。

4. 实验预习内容

(1)查阅资料,写出 LM386 的功能及各引脚的作用。

(2)LM386 进行音频信号放大时,放大倍数的范围是多少?如何调节电路放大倍数?

(3)实验图 15-1 中电容 C_1 的作用是什么?

5.仿真参考电路

用到的元器件:可调电阻(Potentiometer)、电解电容(Electrolytic capacitor)、开关(Switch)、扬声器(Speaker)。蜂鸣器分为有源、无源 2 种,有源器件内部有振荡电路,上电就响;无源蜂鸣器需要加一定频率振荡信号才响,实验时选无源蜂鸣器,Proteus 软件中的参考电路如实验图 15-2 所示。

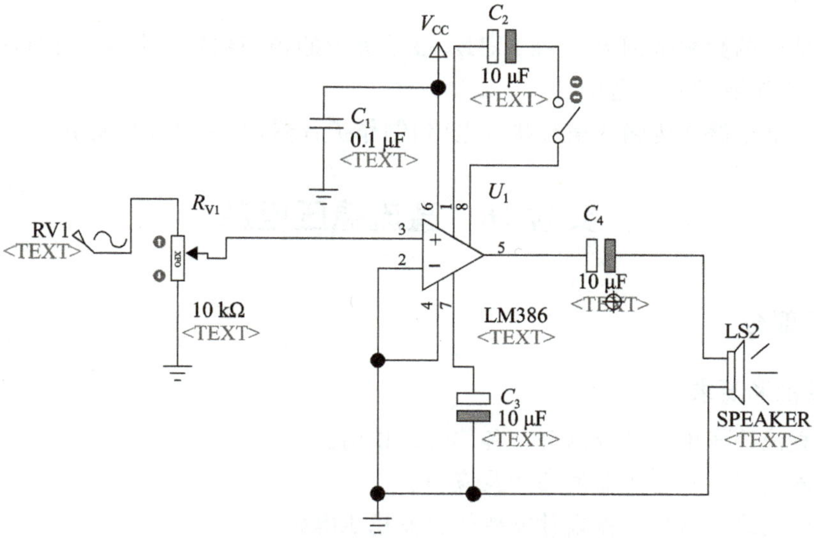

实验图 15-2 Proteus 软件中的参考电路

二、实验部分

1.实验步骤

1)实验电路搭建

在电路搭建的过程中,注意电解电容的极性不要接反,供电电源 V_{CC} 为 12 V,实验电路如实验图 15-3 所示。

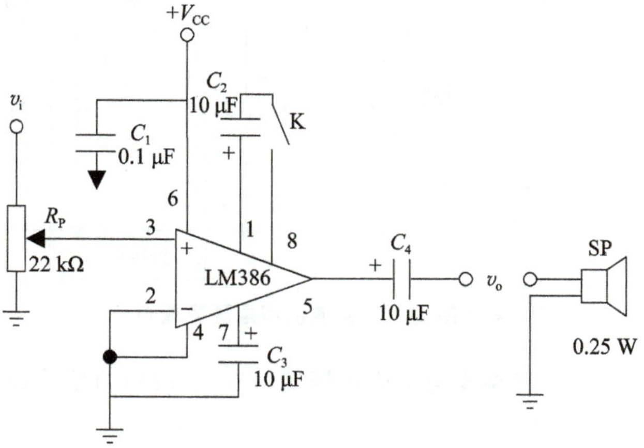

实验图 15-3 功率放大实验电路

2)实验过程

(1)开关 K 闭合,1 脚和 8 脚接入电容,在输入端接 1 kHz 信号,用示波器观察输出波形,信号幅值从 100 mV 开始,调节 R_P 电阻大小,使输出波形不失真,记录此时输入电压、输出电压幅值,并记录波形,求出电压放大倍数。

(2)开关 K 断开,去掉 10 μF 电容 C_2 重复上述实验,观察实验变化。并且在输出不失真的情况下测试电路的电压放大倍数。

(3)改变电源电压(5 V)重复上述实验。

2.综合训练

(1)输入信号的频率范围为 1～20 kHz,根据听到的扬声器输出结果,自行测试并记录一下自己的听力能听到的频率范围。

(2)将微音器电路作为输入信号接入电路,制作扩音器,并实现音量调节。

实验 16　直流稳压电源

一、预习部分

1.实验目的和要求

(1)掌握直流稳压电源组成部分及各部分的作用。

(2)掌握固定式三端稳压器的功能及应用。

(3)会用固定式三端稳压器设计需要的直流稳压电源。

2.实验原理

市电 220 V/50 Hz 交流电转换成一定大小的直流稳压电源,需要变压、整流、滤波、稳压 4 个部分。变压主要由变压器来完成,降压后的交流信号通过整流桥转换成脉动的直流信号,然后通过电容滤波转换成脉动幅度较小的直流电;最后通过稳压器件将其转换成稳定的直流电压,原理如实验图 16-1 所示。

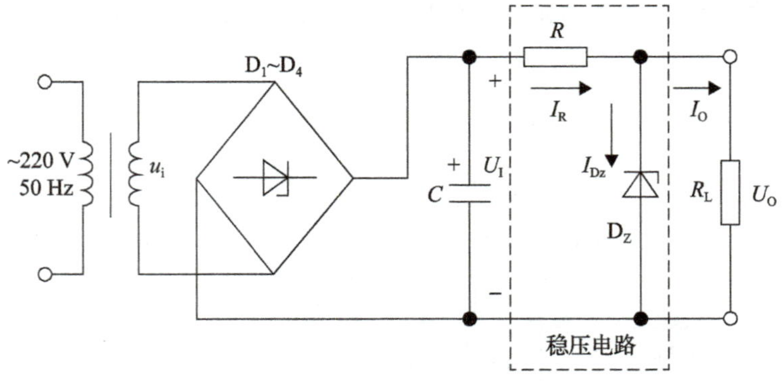

实验图 16-1　直流稳压电源原理图

稳压器件有稳压二极管、三端固定集成稳压器,78、79 系列的型号命名:CW7800 系列(正电源),CW7900 系列(负电源)。

输出电压大小：5 V/ 6 V/ 9 V/ 12 V/ 15 V/ 18 V/ 24 V

输出电流：78L ×× / 79L ×× — 输出电流 100 mA

78M×× / 79M ×× —输出电流 500 mA

78　×× / 79　×× —输出电流 1.5 A

常用的可调电压三端元件：LM117、LM317。

3. 需用的元件及仪器

面包板 1 块，信号发生器 1 台，双踪示波器 1 台，万用表 1 块，7805/7905/7812/7912 芯片各 1 片，220V/12V、220V/18V 变压器各 1 块，固定电阻、电容、极性电容、稳压二极管、整流二极管、导线若干。

4. 实验预习内容

根据实验图 16-1 所示直流稳压电源原理图，回答以下问题：

(1)整流环节 $D_1 \sim D_4$ 这 4 个二极管的作用是什么？主要利用了二极管的什么特性？叙述一下它们的工作原理。

(2)$D_1 \sim D_4$ 每个二极管承受的最大反向电压是多少？

(3)电容 C 的作用是什么？

(4)稳压二极管工作时为什么要串联一个电阻 R？这个电阻选定的原则是什么？

5. 仿真练习参考电路

仿真用到的元器件：交流信号源(AC signal source)、二极管(Diode)、电阻(Resistor)、极性电容(Polar capacitor)、稳压二极管(Zener diode)、三端集成稳压器件(LM7805)。

(1)若产生 5 V 输出的直流电压，交流输入的电压范围应该选定多少？

(2)二极管的反向耐压值最大为多少？

(3)整流电路的波形仿真，仿真参考电路如实验图 16-2 所示。

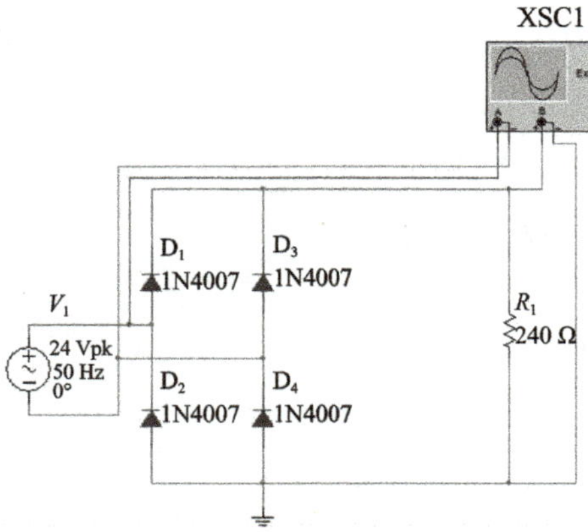

(a) 整流电路图

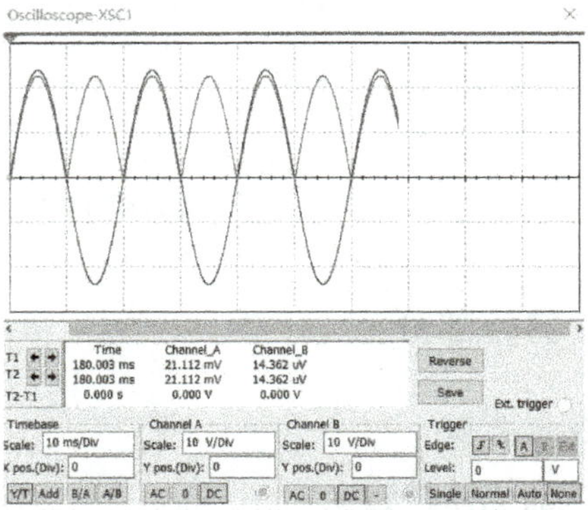

(b) 仿真波形图

实验图 16-2　全波整流电路及波形图

(4)稳压二极管的仿真电路及波形如实验图 16-3 所示。

(5)直流稳压电源参考电路如实验图 16-4，其中电容 C_1 的作用是什么？

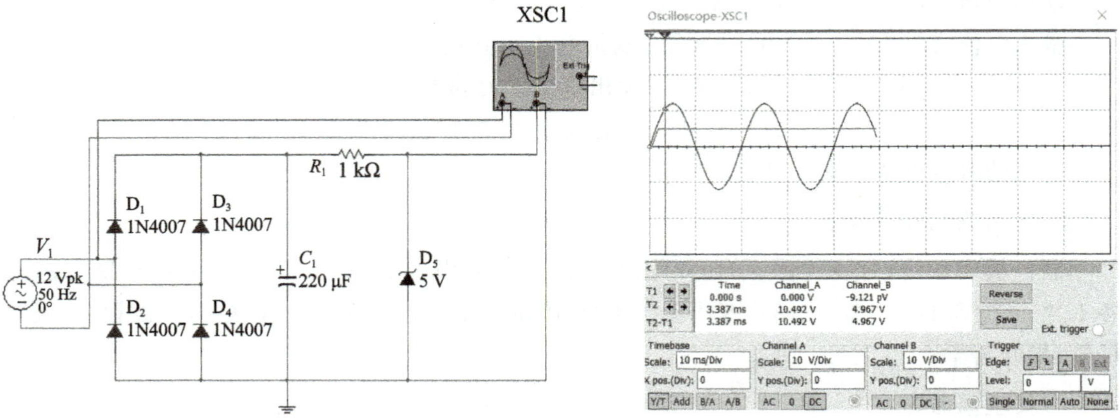

（a）5 V稳压二极管仿真电路　　（b）仿真波形图

实验图 16-3　稳压二极管仿真电路及波形图

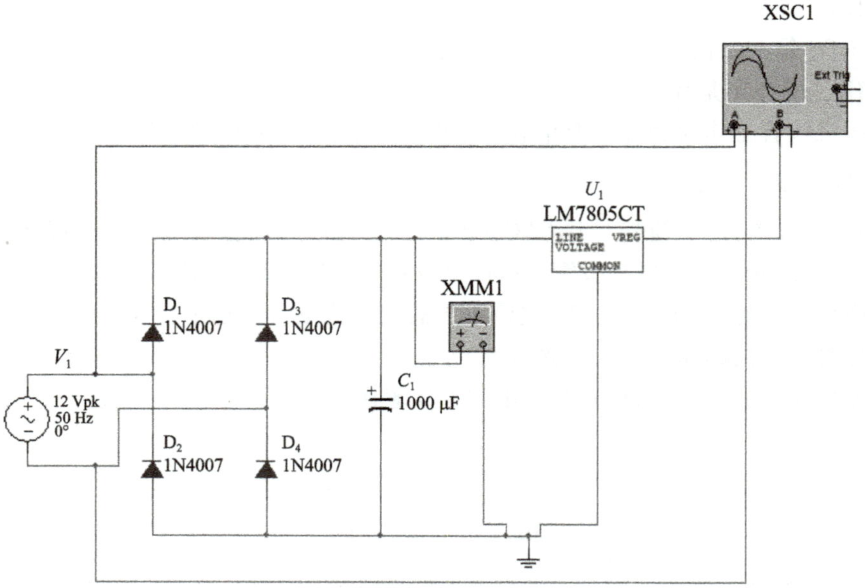

实验图 16-4　直流稳压电源参考电路

二、实验部分

1. 实验步骤

1)实验电路搭建

实验图 16-5 电路中 C_1、C_2 为 1000 μF，C_3 和 C_4 为 0.1 μF，图中 5 V 稳压芯片采用 LM7805。

2)实验过程

(1)采用 220 V/12 V 变压器输出电压有效值测试多少伏？

(2)整流电路后面接上 R_L 为 240 Ω 的负载，测试整流波形。

(3)三端稳压芯片 LM7805 的输入电压与输出电压之间的电压差至少为多少伏？

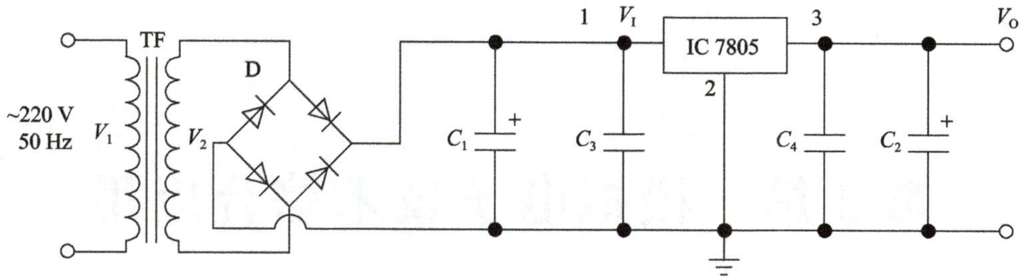

实验图 16-5　直流稳压电源实验电路

(4)用万用表直流电压档测量输出电压大小。

2.综合训练

(1)采用集成芯片 LM7905,设计一个−5 V 的直流稳压电源。

(2)采用集成芯片 LM7812、LM7912,设计一个±12 V 的直流稳压电源。

第 3 篇　模拟电子技术综合应用

实验 17　声、光报警电路

一、预习部分

1. 实验目的和要求

(1)掌握声、光报警电路的设计方法。

(2)理解三极管的开关特性及应用。

(3)掌握电路元件参数的选取及基本调试方法。

2. 实验原理

在有潜在危险的场所，声、光报警电路通过发出声音和光信号进行提醒，将其与前端探测的各种报警信号相结合，在工农业生产、仪器仪表故障报警、医疗电子设备、防盗、防火、环境监测等场合应用广泛。它的功能是对现场被测试信号进行监测，当超过警戒值时，进行声、光报警。它由比较电路、发光二极管电路和声音电路组成，声、光报警电路框图如实验图 17-1 所示，其电路原理图如实验图 17-2 所示，其工作原理分析如下。

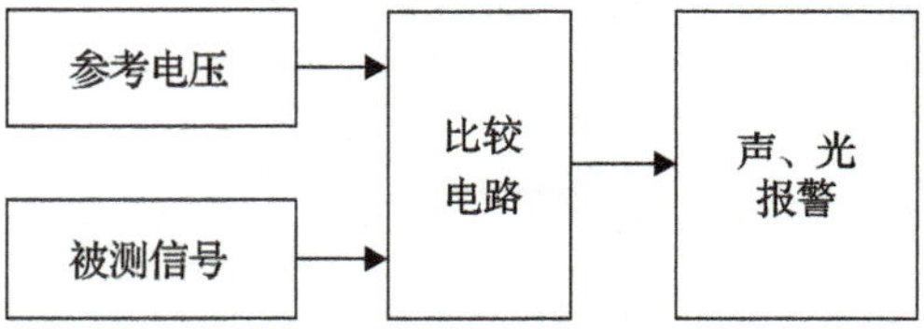

实验图 17-1　声、光报警电路框图

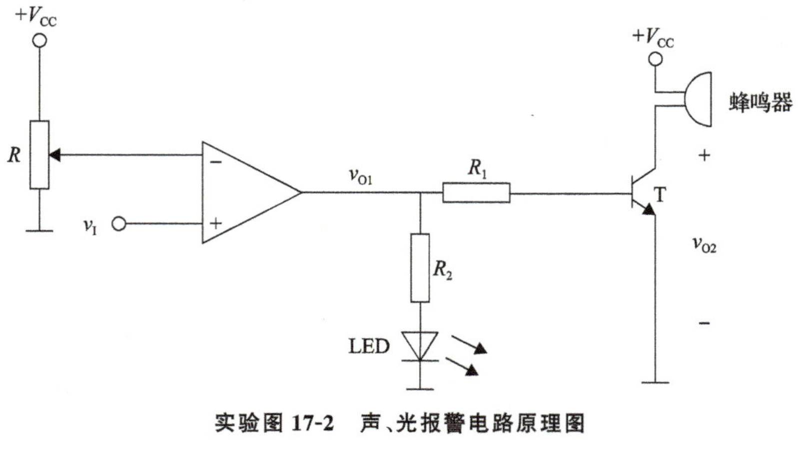

实验图 17-2　声、光报警电路原理图

1）电压比较电路

比较电路由电阻分压和电压比较器构成，可调电阻设定电压比较的警戒值（参考电压 V_{ref}），这是一个同相输入的比较电路，当被测输入信号 v_I 高于警戒值时，比较器输出高电平；反之，则输出低电平。

2）声、光电路

声音报警电路由电阻 R_1、三极管 T 和蜂鸣器组成；光电路由电阻 R_2 和发光二极管组成。当比较器输出为低电平时，发光二极管灭，同时三极管处于截止状态，蜂鸣器不响；当比较器输出为高电平时，发光二极管亮，同时三极管处于饱和导通状态，V_{CC}、蜂鸣器和三极管及地组成一个导通回路，蜂鸣器响实现声、光报警。

3. 需用的元件及仪器

面包板 1 块、直流稳压电源 1 台、万用表 1 个、三极管 1 个、发光二极管 1 个、电位器 10 kΩ 1 个、电阻 1 kΩ 1 个、电阻 100 Ω 1 个、蜂鸣器 1 个、电压比较器 1 片、导线若干。

4. 实验预习内容

（1）当输入信号高于或低于警戒值时，比较器分别输出什么电平？为什么？

（2）调节可调电阻 R 的大小，相当于调节了什么电路参数？

（3）电阻 R_2 在电路中的作用是什么？其大小如何确定？

（4）电阻 R_1 的作用是什么？蜂鸣器响和不响时，三极管分别处于什么工作状态？

5. 仿真练习参考电路

仿真用到的元器件：电阻（Resistor）、可调电阻（Potentiometer）、三极管（Transistor）、电源（Power），测量仪表采用万用表（Multimeter）。

（1）声、光报警仿真参考电路。声、光报警仿真电路如实验图 17-3 所示。V_{CC}、开关 S_1 和电阻 R_2 模拟被监控信号产生的高、低电平状态。当 S_1 断开时，输入低电平，不需要报警，此时 LED_1 不发光，三极管 Q_1 处于截止状态，蜂鸣器不响；当 S_1 闭合时，输入高电平，需要报警，此时 LED_1 发光，三极管 Q_1 饱和导通，蜂鸣器响，实现声、光报警功能。注意限流电阻 R_1 及开关电路基极电阻 R_3 参数的选择。

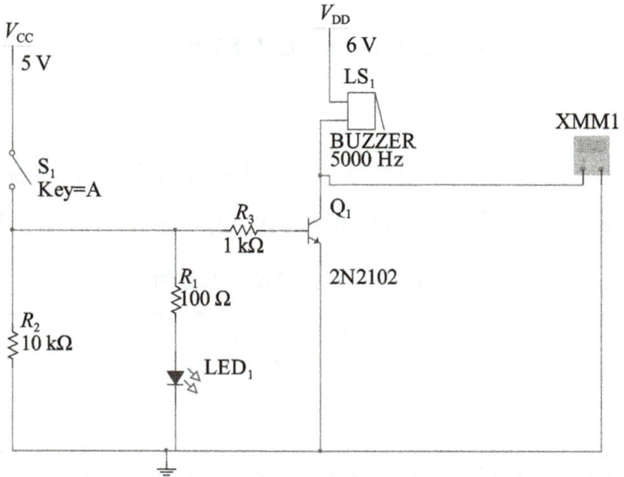

实验图 17-3　声、光报警仿真参考电路

(2)改变电阻 R_1，观察 LED_1 的发光状态，并说明限流电阻参数多大合适？填入实验表17-1中。

实验表 17-1　发光二极管限流电阻的选择

电阻 R_1/Ω	100	500	1 k	2 k	10 k
LED_1 状态					

(3)测量蜂鸣器电路三极管工作状态，并将结果填入实验表 17-2 中。

实验表 17-2　蜂鸣器电路三极管工作状态

蜂鸣器	V_{CE}/V	三极管工作状态
响		
不响		

二、实验部分

1.实验电路搭建

在面包板上搭建设计电路，注意可调电阻的滑动头连接比较器的反相输入端，用于设定报警电路的参考电压，电路如实验图 17-4 所示。

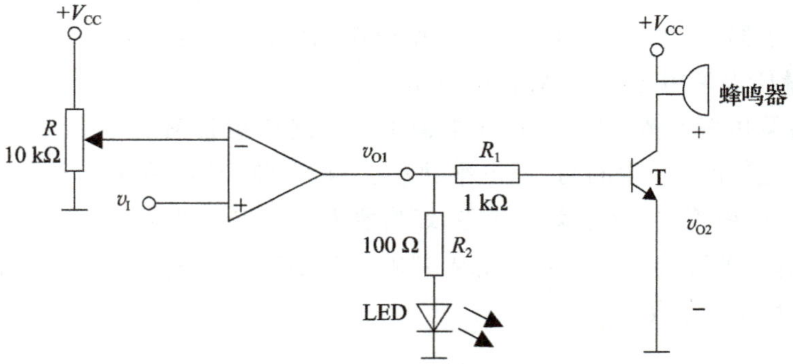

实验图 17-4　声、光报警实验电路

2.实验测试结果

(1)参考电压通过可调电阻分压设定为 1 V，分别采用万用表直流电压档测试当 v_I 为 1.5 V 和 0.5 V 时比较器的电压输出值，比较器供电电压为 5 V，将结果填入实验表 17-3 中。

实验表 17-3　不同输入情况下各级输出电压　　V

v_I	v_{O1}	v_{O2}	三极管状态
0.5			
1.5			

(2)改变电阻 R_2，观察发光二极管 LED 的发光状态填入实验表 17-4 中。

实验表 17-4　发光二极管限流电阻的选择

电阻 R_2/Ω	100	500	1 k	2 k	10 k
LED 灯亮度					
LED 管压降/V					

(3)用热敏电阻作为传感器搭建一个测温电路，实现高温报警，参考温度在 35 ℃以上时报警。

实验 18　延时开关电路

一、预习部分

1. 实验目的和要求

(1)理解电容充放电延时电路的工作原理。

(2)理解电路中各元器件的作用。

(3)会对延时电路相应参数进行调节。

2. 实验原理

延时开关是为了节约电力资源而开发的一种具有自动延时作用的电子开关，主要利用 *RC* 电路的延时特性。常见于通过声、光控或触摸进行开关控制的照明电路，能让灯亮一段时间后自动关掉，主要用在楼梯、走廊、卫生间等场所。凡是公共使用的场所，大多都有延时开关的影子。延时关灯电路在开关按下灯亮后经过一段时间，灯会自动熄灭，电路框图如实验图 18-1 所示。

参考电路如实验图 18-2 所示，接通电源，按下按钮开关 S_1，这时晶体三极管 Q_1、Q_2 导通，继电器吸合，同时电源对电容 C_1 充电。当 S_1 断开后由于 C_1 已被充电，它将通过 R_1 和三极管 Q_1、Q_2 放电，从而维持三极管继续导通，继电器仍然吸合。经过一段时间的放电，电容 C_1 两端电压下降到一定值时，不足以维持三极管继续导通，继电器释放。

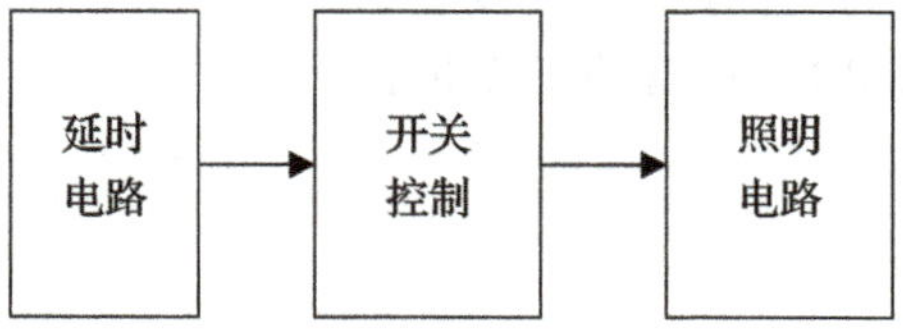

实验图 18-1　延时开关电路框图

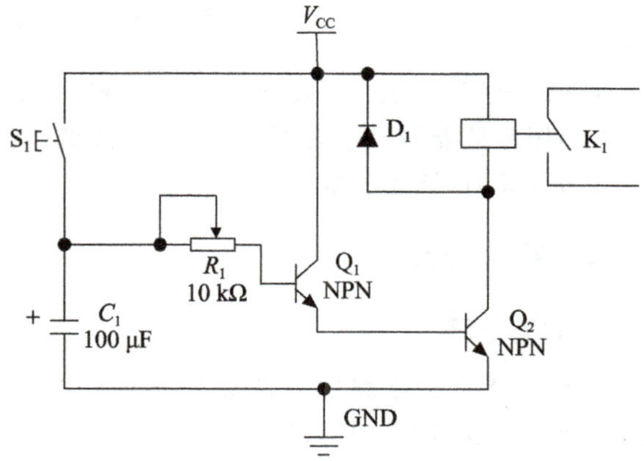

实验图 18-2　延时开关电路原理图

从 S_1 断开到继电器释放的时间间隔称为控制照明灯亮的延时时间，它的长短由 R_1 和 C_1 的大小决定。当 C_1 为 100 μF 时，调节可调电阻器 R_1 可获得不大于 3 s 的延时时间。若增大电容 C_1 或者电阻 R_1 的大小，可使照明时间变长。与继电器反向并联的二极管 D_1 起续流作用，防止继电器断电释放时，产生很高的自感电动势损坏晶体三极管。

3. 需用的元件及仪器

面包板 1 块、直流稳压电源 1 台、万用表 1 个、按键（不自锁）1 个、三极管 2 个、发光二极管 1 个、电位器 10 kΩ 1 个、电解电容 100 μF、1 000 μF 各 1 个、继电器 1 个、导线若干。

4. 实验预习内容

(1)电路中三极管 Q_1、Q_2 分别处于什么工作状态？

(2)如果要求灯亮 30 s 后熄灭，确定电容 C_1 和电位器 R_1 的参数大小。

(3)查阅继电器的工作原理，说明电路中继电器的作用是什么？

(4)电路中二极管 D_1 作用是什么？为什么要反向接？

5. 仿真练习参考电路

仿真用到的元器件：电阻（Resistor）、可调电阻（Potentiometer）、电容（Capacitor）、三极管（Transistor）、电源（Power），测量仪表采用示波器（Oscilloscope）和万用表（Multimeter）。仿真参考电路如实验图 18-3 所示。

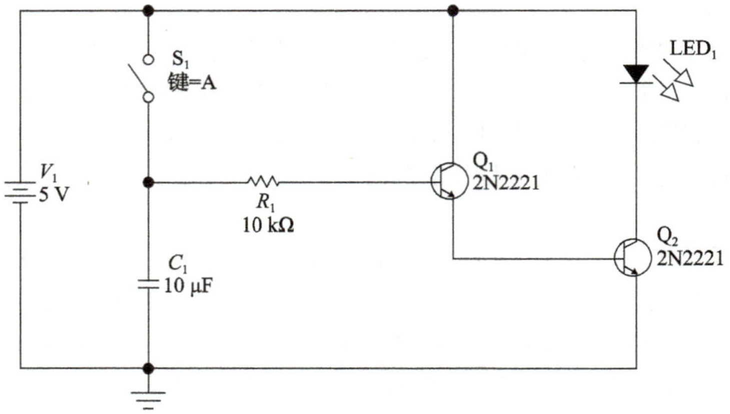

实验图 18-3　延时开关电路仿真电路

(1)调节 C_1 和 R_1 参数，通过仿真，观察发光二极管 LED_1 点亮时间长短的变化。

(2)用示波器测试电容 C_1 两端电压波形，观察三极管 Q_1 基极波形变化。

(3)灯亮时，测量三极管 Q_2 管压降的大小，并判断此时三极管的工作状态。

二、实验部分

1. 实验电路

延时开关实验电路如实验图 18-4 所示，由于电路中的电容 C 是电解电容，连接时注意电容的极性，继电器开关接入照明电路回路。

2. 实验测试结果

(1)$C=1\ 000$ μF，测量并算出充放电时间填入实验表 18-1 中。

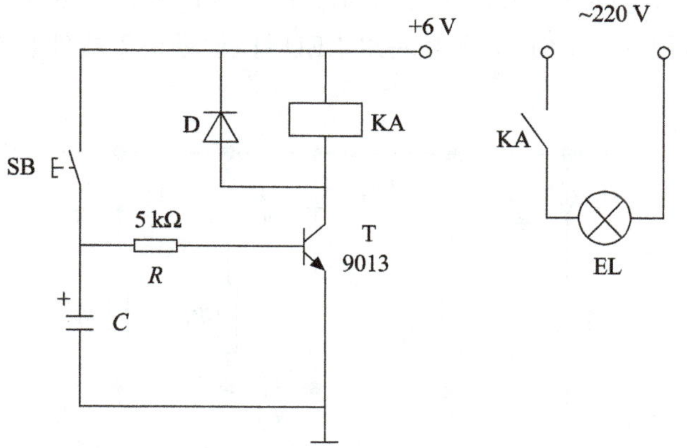

实验图 18-4　延时开关实验电路

实验表 18-1　延时时间测量

电阻 R/Ω	5 k	10 k	15 k	20 k
延时时间/s				

(2)用万用表测量灯亮和灭时，晶体管 T 管压降为多少？其分别处于什么状态？

(3)如果开关按下再放开，没有延时作用，分析原因。

(4)在实验电路基础上，设计并实现一个声控延时开关电路。

实验 19　心形闪烁灯

一、预习部分

1. 实验目的和要求

(1)理解心形闪烁灯的工作原理。

(2)了解电路参数变化对 LED 灯闪烁时间的影响。

(3)掌握调节 LED 灯闪烁时间的方法。

2. 实验原理

发光二极管可高效地将电能转化成光能，由于其颜色多样，可以通过不同发光形式的组合应用于交通灯显示、声光玩具、广告牌等显示场所。实现一个心形闪烁电路，闪烁时间可调，采用红、黄、绿三种发光二极管实现。电路功能框图如实验图 19-1 所示。

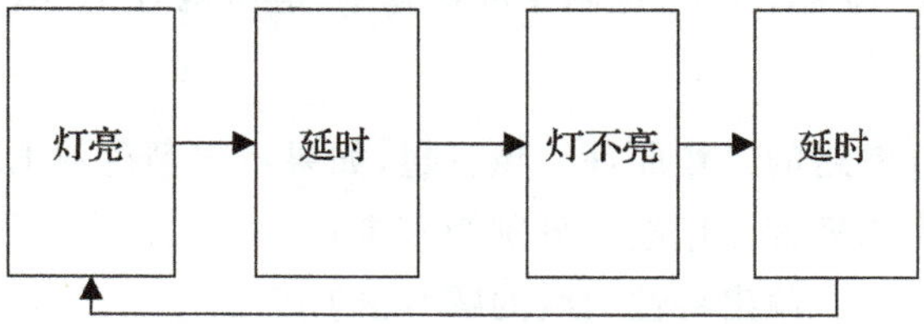

实验图 19-1　心形闪烁灯电路功能框图

心形闪烁灯的参考电路如实验图 19-2 所示。同一颜色发光二极管电路导通电压相同，因此同一颜色的灯可以用一个 LED 灯代替一组 LED 灯，但是由于器件制作的差异性，三极管导通的先后顺序不同。

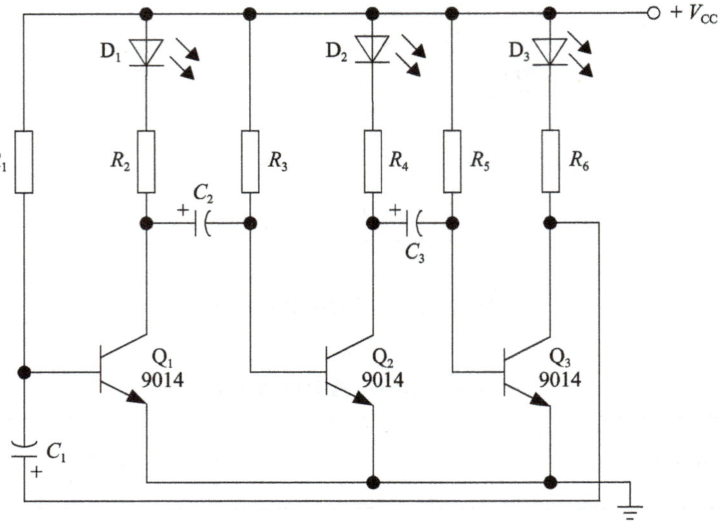

实验图 19-2　心形闪烁灯的参考电路

电源被接通时，3 只三极管会争先导通，但由于不同颜色发光二极管的导通电压不同，所以连接其中一种颜色的三极管先导通。假设 Q_1 最先导通，则 D_1 这一组点亮，由于 Q_1 导通，其集电极电压下降使得电容 C_2 左端电压下降，接近 0 V，由于电容两端的电压差不能突变，因此 Q_2 的基极也被拉到近似 0 V，Q_2 截止，故接在其集电极的 D_2 这一组熄灭。此时 Q_2 的集电极电压通过电容 C_3 使 Q_3 的基极电压升高，Q_3 也将迅速导通，D_3 这一组点亮。因此在这段时间里，Q_1、Q_3 的集电极均为低电平，D_1 和 D_3 这两组被点亮，D_2 这一组熄灭，但随着电源通过电阻 R_3 对 C_2 的充电，Q_2 的基极电压逐渐升高，当超过 0.7 V 时，Q_2 由截止状态变为导通状态，集电极电压下降，D_2 这一组点亮。与此同时，Q_2 的集电极下降的电压通过电容 C_3 使 Q_3 的基极电压也降低，Q_3 由导通变为截止，其集电极电压升高，D_3 这一组熄灭。接下来，电路按照上面叙述的过程循环。若做成心形图案，一组可以采用 6 个 LED 灯并联，3 组 18 只 LED 便会被轮流点亮，同一时刻有 2 组共 12 只 LED 被点亮。这些 LED 被交叉排列呈一个心形图案，不断的循环闪烁发光，达到流动显示的效果。

3. 需用的元件及仪器

面包板 1 块、直流稳压电源 1 台、万用表 1 个、双踪示波器 1 台、三极管 3 个、发光二极管(红、黄、绿)各 6 个、电阻 10 kΩ 3 个、电阻 100 Ω 3 个、电解电容 10 μF 3 个、导线若干。

4. 实验预习内容

(1)理解心形闪烁灯电路的工作原理。想一想，如果不同颜色的 LED 灯并联，可以吗?

(2)不同颜色的发光二极管工作电压分别为多少?

(3)电路中三极管工作在输出特性曲线的哪些区?

(4)每一组发光二极管的闪烁间隔时间由哪些元器件决定?

5. 仿真练习参考电路

仿真用到的元器件：电阻(Resistor)、可调电阻(Potentiometer)、电容(Capacitor)、三极管(Transistor)、电源(Power)，测量仪表采用示波器(Oscilloscope)和万用表(Multimeter)，仿真参考电路如实验图 19-3 所示。

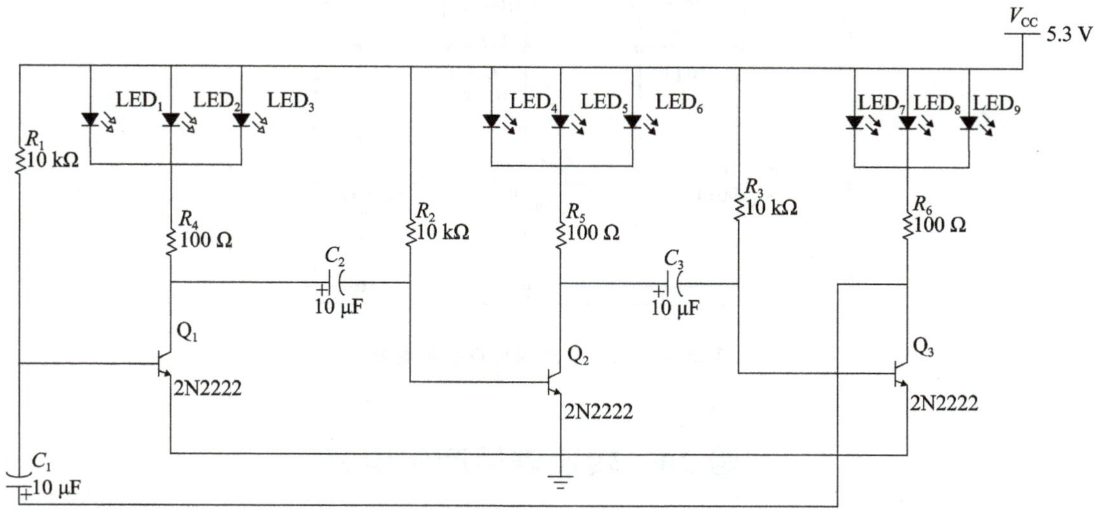

实验图 19-3　心形闪烁灯仿真参考电路

(1)发光二极管发光延时时间由哪些元器件决定？通过改变哪些元件改变延时时间，观察闪烁时间如何变化？让不同颜色的发光二极管并联，会出现什么现象？为什么？

(2)按照 Q_1、Q_2、Q_3 的顺序，测量三极管工作时基极电压 V_B、集电极电压 V_C 的波形图，并分析工作过程。

(3)电路中 R_1、R_2、R_3 和 C_1、C_2、C_3 的作用是什么？一般依据什么取值？

(4)电路中 R_4、R_5、R_6 的作用是什么？取值范围一般多大？

(5)任选一个三极管，通过示波器观察基极和集电极的电压波形。

二、实验部分

1. 实验电路

实验电路如实验图 19-4 所示，搭建实验电路时，注意电解电容的极性不要接反。D_1、D_2、D_3 分别采用红、黄、绿三种颜色发光二极管各 5～6 个，并行交替连接成心形形状。

2. 实验测试结果

(1)测试发光二极管闪烁的时间，并根据实验电路的元件参数计算，比较测量值与计算值之间的误差。

(2)将 10 kΩ 电阻变为 5.1 kΩ，分析电路的变化。

(3)将 10 μF 电容变为 20 μF，分析电路的变化。

(4)用示波器测试并画出图中三极管基极的电压波形图，并解释其原因。

(5)在心形灯的基础上，设计实现拓展其他形状显示流水闪光电路。

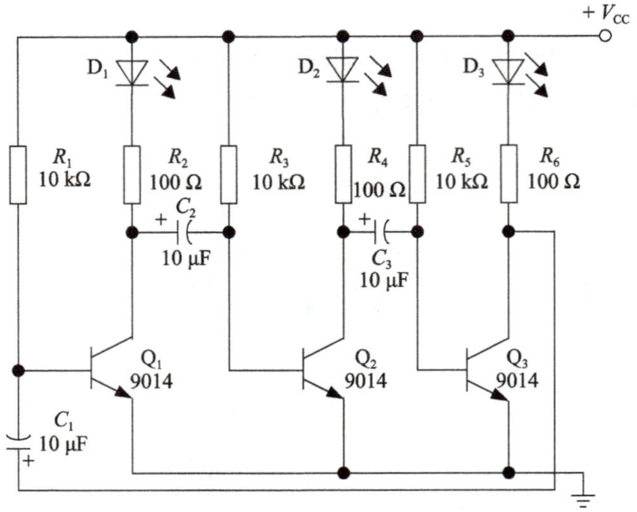

实验图 19-4　心形闪烁灯实验电路

实验 20　转速信号产生电路

一、预习部分

1. 实验目的和要求

(1)了解转速信号转换成电信号的方法。

(2)进一步理解射极输出器的特点。

(3)掌握非电信号到电信号转换及测试方法。

2. 实验原理

在日常生活和工农业生产中，经常用到转速测量电路，如风速测量、出租车计价器、机床主轴转速监控等场合，首先需要将旋转设备的转速信号转换为电信号，即由光电检测电路将轮子的转速转换成连续脉冲电信号，从而实现转速测量。它由电机驱动电路和光电检测电路组成，电路原理框图及信号产生参考电路如实验图 20-1、实验图 20-2 所示。

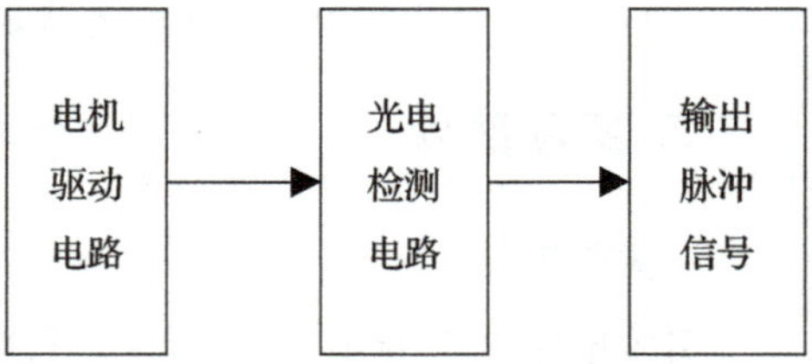

实验图 20-1　转速信号产生电路原理框图

其工作原理分析如下。

(1)电机驱动电路主要用于产生不同速度的转速信号。该电路由射极输出功率放大电路直接驱动电机转动。通过调节电位器 R_1 的大小，使射极输出器的输入电压发生变化，射极输出器输出电压也会随之变化，这样电机两端电压和电流均发生变化。当电阻滑动头向上滑动时，增大了电机的工作电压和电流，使供给电机的功率变大，电机转速变大；反之，电机转速变小。

(2)光电检测电路，电机飞轮安装在槽型光耦中，飞轮上开有小孔。当飞轮转动时，透光孔

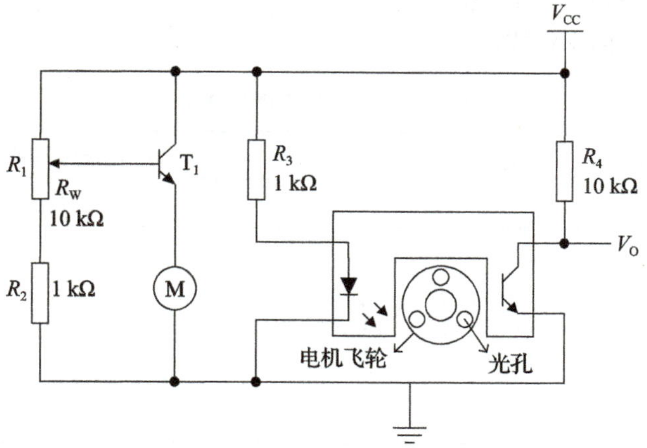

实验图 20-2　转速信号产生电路

转到光耦检测位置，发光二极管发出的光通过飞轮上的小孔被光电三极管接收，使得光电三极管导通，电路输出低电平；否则，光电三极管截止，电路输出高电平，随着轮子的旋转，从而输出一系列高低电平的连续脉冲信号，使电机转速信号变成了电信号，因而通过检测脉冲个数就可测得电机转速。

3. 需用的元件及仪器

面包板 1 块、直流稳压电源 1 台、万用表 1 块、示波器 1 台、功率三极管 8050 1 个、12 V 直流电机 1 个、电位器 10 kΩ 1 个、电阻 10 kΩ 1 个、槽型光耦 ST188 1 个、电阻 1 kΩ 2 个、导线若干。

4. 实验预习内容

(1)电路中电机转速的大小由哪些元件控制？如何实现？

(2)光电检测电路中电阻 R_3、R_4 的作用分别是什么？

(3)电路通过哪个元件将电机的转速转换成电信号？

(4)简述测量电机转速的原理。

5. 仿真练习参考电路

仿真用到的元器件：电源(Power)、电位器(POT-HG)、电阻(Resitor)、直流电动机(DC motor)、晶体管(Transistor)及光电耦合器(Photoelectric coupler)。

1)电机转速控制仿真电路

如实验图 20-3 所示电路是一个射极直接输出的功率放大电路。

调节电位器 R_{V1}，基极电压改变时，观察电机转速的变化，将仿真测试结果记录到实验表 20-1 中，并分析晶体管的工作状态。

2)光电转换信号仿真电路

电机带动轮子转动时，通过轮子上的孔将发光二极管的光传递到光电三极管的基极，轮子转动时光被遮挡或透

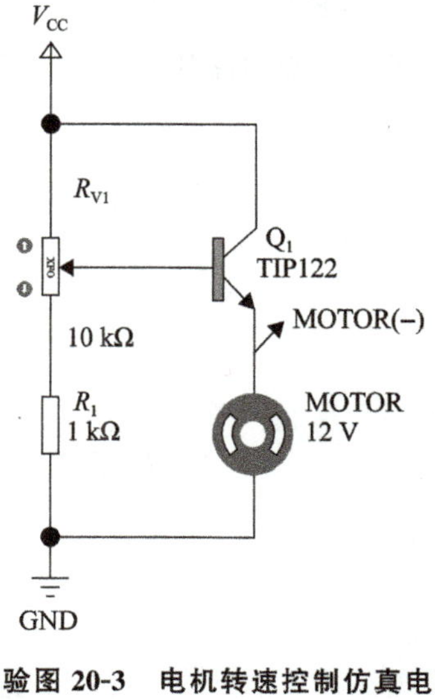

实验图 20-3　电机转速控制仿真电路

过光孔，用发光二极管暗和明两种状态模拟飞轮转动时槽型光耦不透光和透光的两种状态。其等效仿真电路如实验图 20-4 所示。

实验表 20-1　仿真测试结果

电位器 R_{V1} 分压电阻下半部分阻值/Ω	电机两端电压/V	晶体管各极对地电位/V		
		V_C	V_B	V_E
0				
1 k				
3 k				
5 k				
8 k				

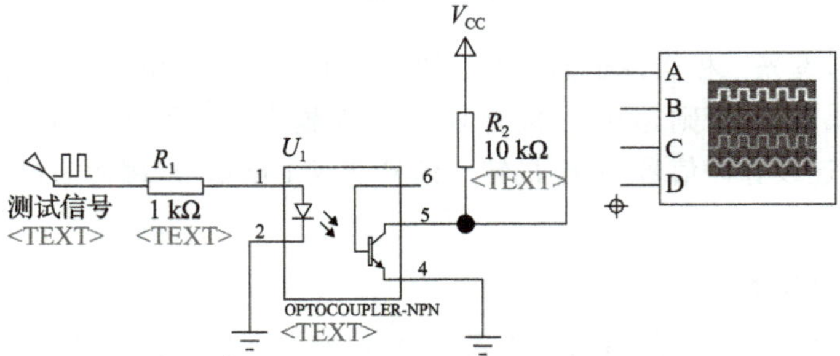

实验图 20-4　光电转换信号仿真电路

(1)采用示波器测试光耦输出信号，说明光电三极管的工作状态。

(2)用示波器双踪观察测试信号与光耦输出信号之间的关系，并说明原因。

二、实验部分

1. 实验电路

实验测试电路如实验图 20-5 所示，轮子上的光孔要尽可能对准槽型光耦的发射与接收部分。

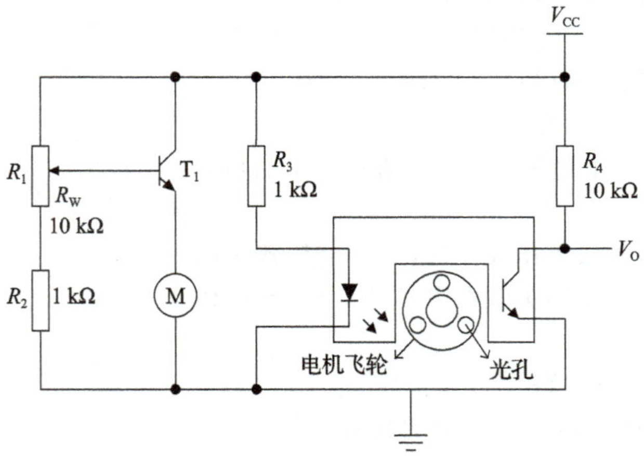

实验图 20-5　转速电信号产生实验电路

2. 实验测试结果

(1)按实验图 20-5 连接电路,检查无误后接通电源。调节电位器 R_W,观察电机转速的变化,并用万用表测量电机两端电压,晶体管 T_1 各极对地电位,同时用示波器测量光耦输出的频率,分析晶体管的工作状态。测量结果记录到实验表 20-2 中。

实验表 20-2　实验测量结果

电位器 R_W 分压电阻下半部分阻值/Ω	电机两端电压/V	光耦输出频率/Hz	功率晶体管 T_1 各极对地电位/V		
			V_C	V_B	V_E
0					
1 k					
3 k					
5 k					
10 k					

(2)采用示波器测量输出信号波形,读出波形参数填入实验表 20-3,并分析原因。

实验表 20-3　输出波形参数测量结果

输出信号 V_O 波形	幅值/V	频率/Hz

(3)写出调试过程中出现的问题及解决方法。

(4)根据以上实验内容,设计一个风速信号测试电路。

实验 21　电平变换电路

一、预习部分

1. 实验目的和要求

(1)掌握电平变换电路的工作原理。

(2)进一步加深对比例、求和运算电路的理解。

(3)熟悉电路的故障处理及调试方法。

2. 实验原理

电平变换电路是一种较为通用的调理电路,它可以放大或缩小输入信号的幅度,也可以抬高或降低信号的偏移位置,应用于传感器信号大小超出 A/D 转换范围的情况。其应用及电路组成如实验图 21-1(a)(b)所示。

它能将传感器产生的信号调理在 A/D 转换范围之内。一般由 3 个运放组成,分别构成电压跟随器、电平移位器和增益控制器。增益控制器用来调节信号输出幅度,电平移位器用于增加或减小输出信号的偏置。

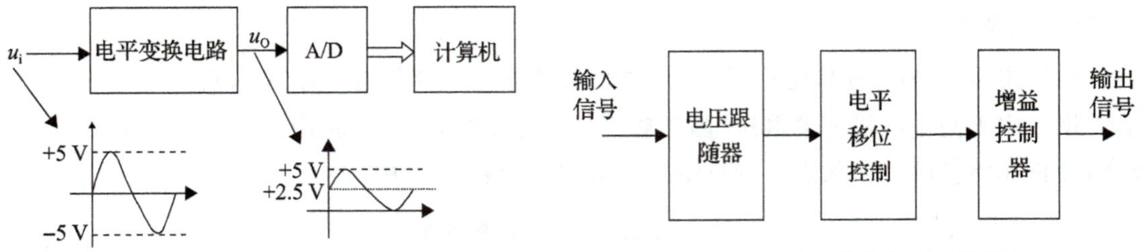

（a）电平变换电路应用　　　（b）电平变换电路组成框图

实验图 21-1　电平变换电路应用及组成

现有输入信号变化范围为−5～+5 V，通过电平变换电路，使其在 0～+5 V 范围变化。根据电平变换原理可知：$v_o=0.5v_i+2.5\ \text{V}=0.5\ (v_i+5)\ \text{V}$，参考电路如实验图 21-2 所示，其工作原理分析如下。

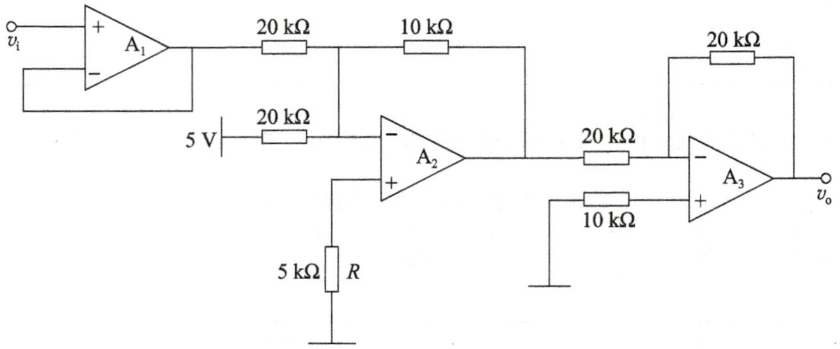

实验图 21-2　一种电平变换电路

1）电压跟随器

电压跟随器输出电压与输入电压基本相同，即电压放大倍数恒小于且接近于 1，具有输入阻抗高、输出阻抗低的特点，一般用作缓冲级或隔离级。在由运放组成的同相比例运算电路中，将反馈电阻 R_F 设为 0，或是反相端与接地端之间的电阻 R_1 为无穷大，使得放大倍数为 1，就成为电压跟随器。

$$A_v=1+\frac{R_F}{R_1} \tag{21-1}$$

2）电平移位器

电平移位器实际上是反相加法运算电路，它是在反相比例运算电路的基础上，在反相输入端增加了另外一路可以调节的输入信号，以达到输出信号偏置的目的。

3）增益控制器

增益控制器是在反相比例运算电路基础上来实现，根据任务要求，可以将反馈电阻换成电位器，即可调节信号的放大倍数。

3. 需用的元件及仪器

面包板 1 块、直流稳压电源 1 台、万用表 1 个、示波器 1 台、信号源 1 台、集成运算放大器 LM324 1 个、电位器 100 kΩ 2 个、电阻 10 kΩ 3 个、14 引脚芯片底座 1 个、导线若干。

4. 实验预习内容

根据电平转换电路原理和实验图 21-2，说明电路的组成及作用。

(1)第一级运放组成的是什么电路？在整个电路中起什么作用？

(2)第二级运放组成的是什么电路？在整个电路中起什么作用？

(3)第三级运放组成的是什么电路？在整个电路中起什么作用？

5. 仿真练习参考电路

输入信号电压幅度在－5～5 V，使其输出幅度在 0～5 V，以适合一般模数转换器的输入范围。仿真用到的元器件：信号源(Signal resource)、电源(Power)、电阻(Resistor)、运算放大器(OP-AMP)、示波器(Oscilloscope)。仿真参考电路如实验图 21-3 所示。

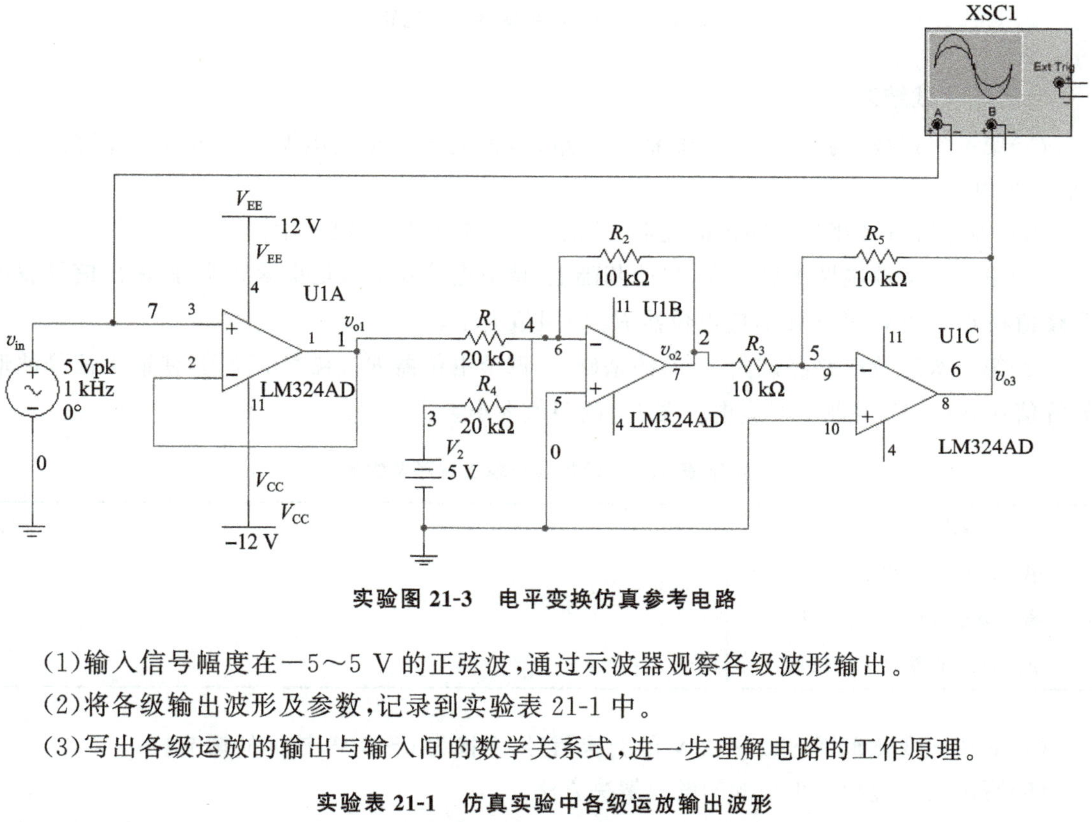

实验图 21-3　电平变换仿真参考电路

(1)输入信号幅度在－5～5 V 的正弦波，通过示波器观察各级波形输出。

(2)将各级输出波形及参数，记录到实验表 21-1 中。

(3)写出各级运放的输出与输入间的数学关系式，进一步理解电路的工作原理。

实验表 21-1　仿真实验中各级运放输出波形

v_{in} 波形	
v_{o1} 波形	
v_{o2} 波形	
v_{o3} 波形	

二、实验部分

1. 实验电路

运算放大器供电电源为±15 V。实验电路如实验图 21-4 所示，搭建电路时注意可调电阻滑动头的连接。

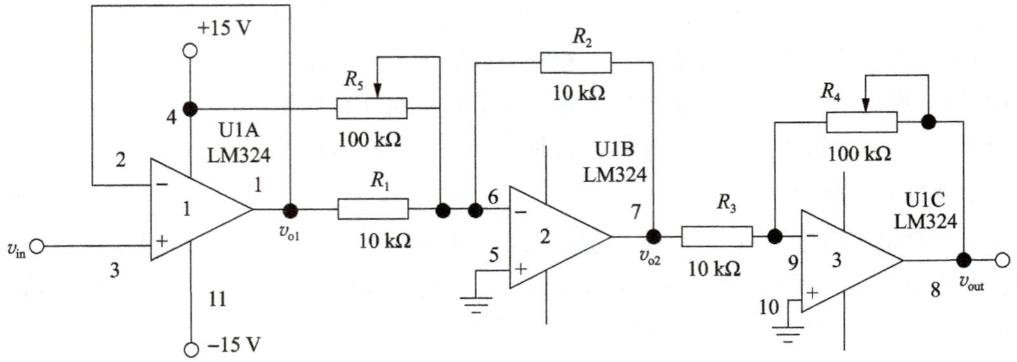

实验图 21-4　电平变换实验电路

2.实验测试结果

(1)第一级运放电路测试。按图搭建电路,检查无误后接通电源。输入峰-峰值在−5～5 V交流电压。

用示波器观察各级运放输出的波形,并记录结果到实验表21-2中。

(2)第二级运放电路测试。在(1)的基础上,调节电位器R_5,观察示波器,使输出信号波形峰-峰值在0～10 V,并测量对应电位器R_5的阻值大小。

(3)第三级运放电路测试。在(2)的基础上,调节电位器R_4,观察示波器,使输出信号波形峰-峰值在0～5 V,并测量对应电位器R_4的阻值大小。

实验表 21-2　运放各级输出波形及幅值

输入 v_{in} 波形	
第一级运放输出 v_{o1} 波形	
第二级运放输出 v_{o2} 波形	
第三级运放输出 v_{out} 波形	

(4)如要把变化范围−12～12 V的交流信号,变换为0～5 V,该如何调节?

(5)写出调试过程中出现的问题及解决方法。

实验22　循迹检测电路

一、预习部分

1.实验目的和要求

(1)掌握循迹检测电路的工作原理。

(2)深入学习光电传感器件、电压比较器相关知识及应用。

(3)熟悉循迹检测电路的调试方法。

2. 实验原理

循迹检测电路一般应用于无人驾驶的小车，根据光源射到白色物体和黑色物体上时反光率的不同，由光敏器件感知是否偏离预定路线并能使小车自动沿着导引路线行驶。循迹检测电路利用光电检测可以实现小车在预定黑色跑道上行驶。它由光电传感器电路和电压比较器电路组成，如实验图 22-1、实验图 22-2 所示。

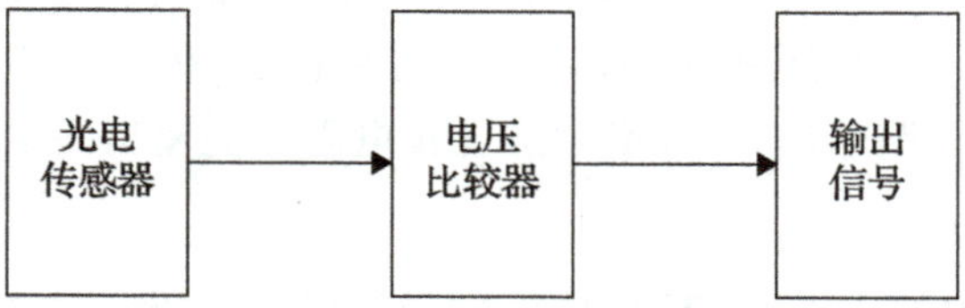

实验图 22-1　循迹检测电路组成框图

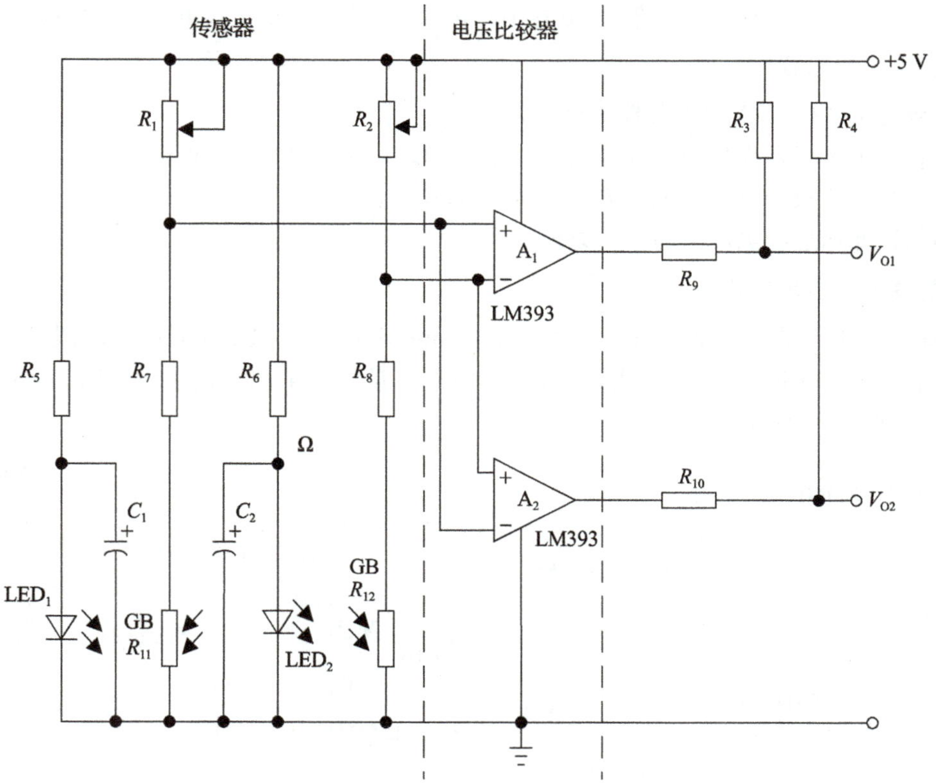

实验图 22-2　循迹检测电路

其工作原理如下。

1)光电传感器

光电传感器安装在小车的两边，其作用是检测两边车轮是否偏离跑道。循迹前需将黑色跑道贴在地面，它是根据光源射到白色物体和黑色物体上反光率的不同。采用红外 LED 作为光源，光线通过地面反射到光敏电阻上，通过检测光敏电阻阻值变化能判断小车是否偏离黑色通道。如果一边的光敏电阻阻值增大，说明检测到是黑色跑道，此时小车跑偏，这一侧的电机就会减速甚至停转，驱动小车调整行驶方向，这样小车就能始终沿着跑道行驶。

2)电压比较器

电压比较器的作用是将由光敏电阻的变化引起的高低电平变化，对两侧的检测结果进行比较，比较结果控制后续电机驱动电路，从而使小车在预定黑色跑道上行驶。即当电压比较器同相输入端电位高于反相输入端电位时，比较器输出高电平；反之，输出为低电平。整个过程是一个闭环控制，因此能快速灵敏地调整小车的行驶方向。

需要注意的是 LM393 是双路电压比较器集成电路，由两个独立的精密电压比较器构成。它的作用是比较两个输入端电压的大小，输出有两种状态：接近开路电压或者下拉接近低电平。LM393 采用集电极开路输出，所以必须加上拉电阻才能输出高电平。

3. 需用的元件及仪器

面包板 1 块、直流稳压电源 1 台、万用表 1 个、示波器 1 台、发光二极管 2 个、光敏电阻 2 个、集成运算放大器 LM393 1 片、电位器 500 kΩ 2 个、电阻 10 kΩ 3 个、电阻 3.3 kΩ 2 个、电阻 1 kΩ 2 个、电阻 51 Ω 2 个、电阻 10 Ω 2 个、电容 100 μF 2 个、8 引脚芯片底座 1 个、导线若干。

4. 实验预习内容

(1)查阅 LM393/LM324 引脚图及功能。

(2)在光电传感器模块中分别说出电位器 R_1 和 R_2、C_1 和 C_2 的作用。

(3)在电压比较器电路中说明 R_3、R_4 电阻的作用。

(4)简述此循迹检测电路的工作原理。

5. 仿真练习参考电路

仿真用到的元器件：电源(Power)、电位器(Potentiometer)、电阻(Resistor)、电容(Capacitor)、发光二极管(LED)、运算放大器(OP-AMP)，测量仪表采用万用表(Multimeter)。仿真电路如实验图 22-3 所示。

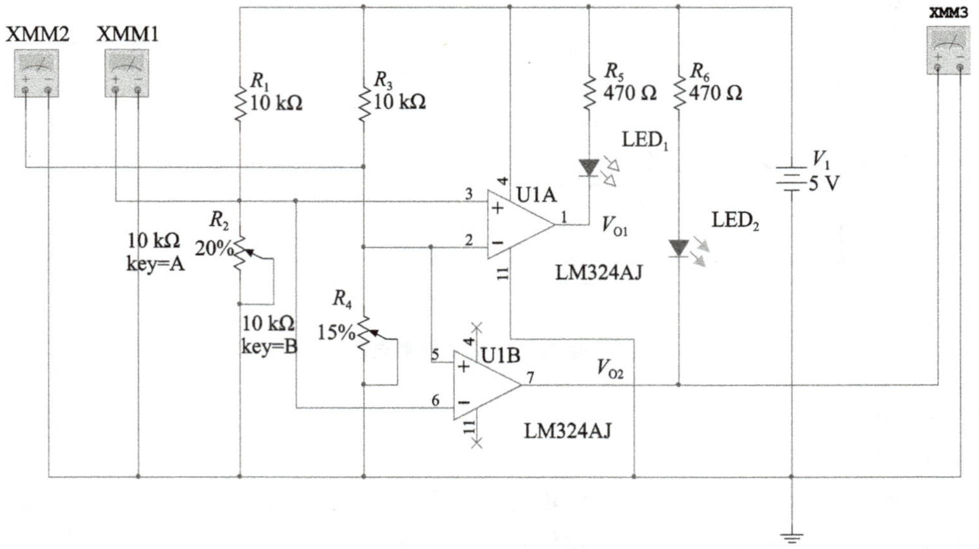

实验图 22-3　循迹检测仿真电路

在仿真参考电路中用可调电阻代替光敏电阻，通过调节可调电阻 R_2、R_4 模拟光敏电阻接收到的光线变化，同时观察运放输出端电平的变化。

(1)调节 R_2、R_4,使其电阻相同,将运放输出端情况记录到实验表 22-1 中。

实验表 22-1　调零时仿真测量结果

R_2/Ω	R_4/Ω	$V_{1A+}/V_{1B-}/V$	$V_{1A-}/V_{1B+}/V$	V_{O1}/V	V_{O2}/V	LED 情况

(2)固定 R_4,调节 R_2,将运放输出端情况记录到实验表 22-2 中。

实验表 22-2　向左偏离跑道时仿真测量结果

R_2/Ω	R_4/Ω	$V_{1A+}/V_{1B-}/V$	$V_{1A-}/V_{1B+}/V$	V_{O1}/V	V_{O2}/V	LED 情况

(3)固定 R_2,调节 R_4,将运放输出端情况记录到实验表 22-3 中。

实验表 22-3　向右偏离跑道时仿真测量结果

R_2/Ω	R_4/Ω	$V_{1A+}/V_{1B-}/V$	$V_{1A-}/V_{1B+}/V$	V_{O1}/V	V_{O2}/V	LED 情况

二、实验部分

1. 实验电路

循迹检测实验电路如实验图 22-4 所示,连接电路过程注意极性电容不要接反。

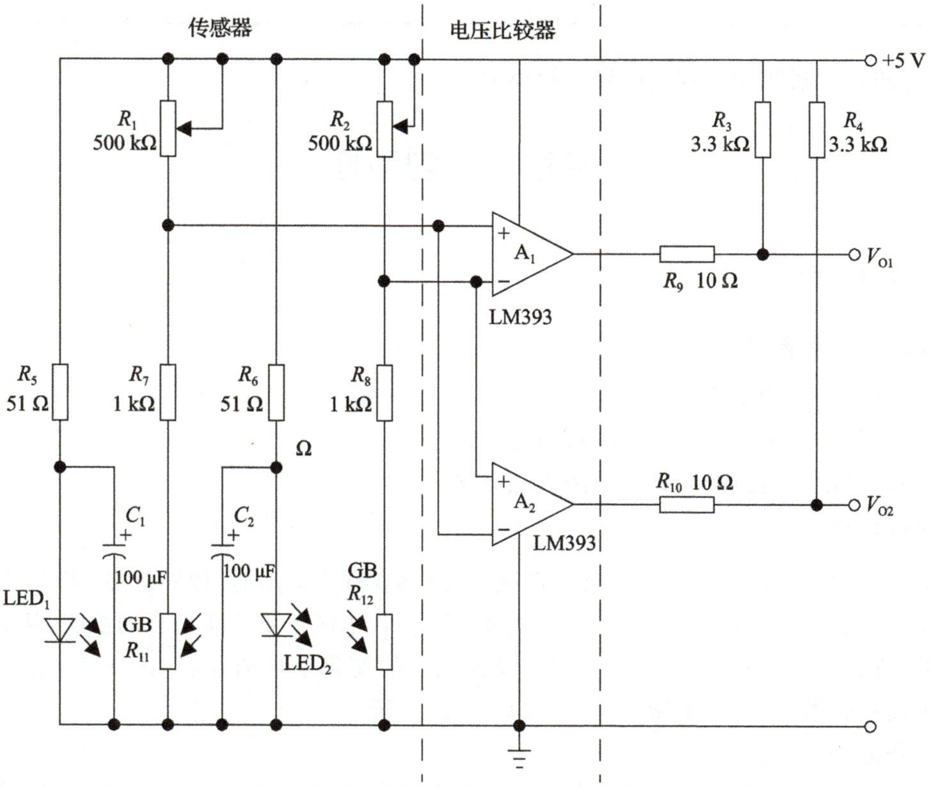

实验图 22-4　循迹检测实验电路

2. 实验测试结果

(1)用黑色胶带遮挡两光敏电阻，调节 R_1、R_2，根据现场情况设定光线变化比较的标准值，使比较器两输入端的电压相同(万用表测试相同，实际仍有微小的电压差)，测试比较器输出的状态，一个输出为高电平，一个输出为低电平，因比较器开环放大倍数比较大，哪一个输出高电平是随机的状态。调好后，将运放输出端情况记录到实验表 22-4 中。

实验表 22-4　调零时测量结果

R_1/Ω	R_2/Ω	$V_{1A+}/V_{1B-}/V$	$V_{1A-}/V_{1B+}/V$	V_{O1}/V	V_{O2}/V

(2)用黑色胶带遮挡左侧光敏电阻，将运放输出端情况记录到实验表 22-5 中。

实验表 22-5　向右偏离跑道时测量结果

R_1/Ω	R_2/Ω	$V_{1A+}/V_{1B-}/V$	$V_{1A-}/V_{1B+}/V$	V_{O1}/V	V_{O2}/V

(3)用黑色胶带遮挡右侧光敏电阻，将运放输出端情况记录到实验表 22-6 中。

实验表 22-6　向左偏离跑道时测量结果

R_1/Ω	R_2/Ω	$V_{1A+}/V_{1B-}/V$	$V_{1A-}/V_{1B+}/V$	V_{O1}/V	V_{O2}/V

(4)写出调试过程中出现的问题及解决方法。

实验 23　自动灯

一、预习部分

1. 实验目的和要求

(1)掌握自动灯的工作原理。

(2)深入学习光电器件、电压比较器相关知识。

(3)熟悉自动灯电路的调试及故障处理方法。

2. 实验原理

自动灯电路能自动识别周围环境光的亮度，能够实现光线暗时，照明灯亮，光线亮时，照明灯灭的功能。它广泛地运用在自动车灯、走廊、卫生间、小区等场合实现自动照明，从而达到节能降耗的目的。自动灯利用光敏电阻感知周围光线的变化来自动开启 LED 灯。它由传感器模块和电压比较器组成，如实验图 23-1、实验图 23-2 所示。

其工作原理如下。

(1)传感器模块。光敏电阻 R_1 感知环境光线的变化，当环境光线变化时，其阻值随着发

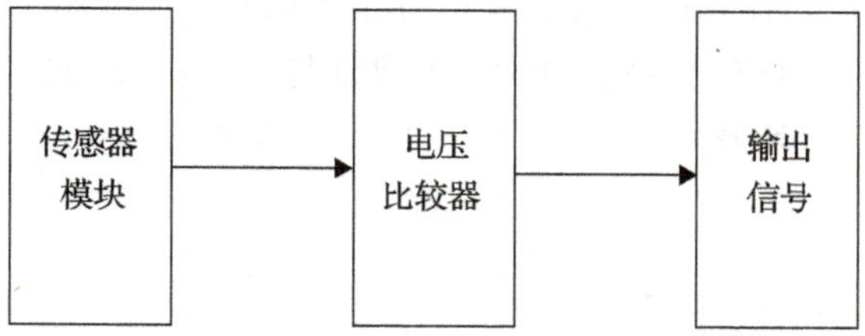

实验图 23-1 自动灯电路组成框图

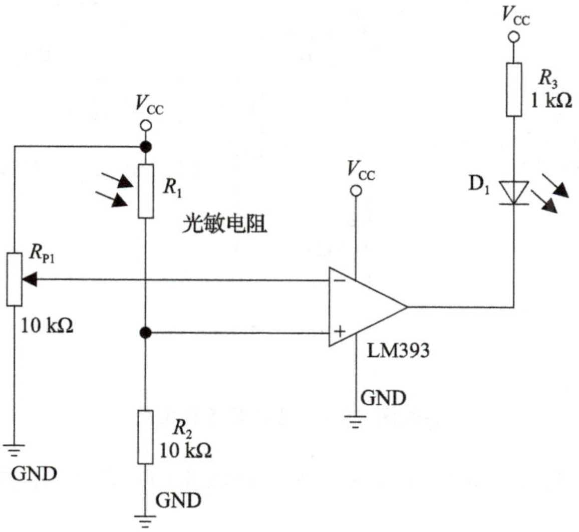

实验图 23-2 自动灯电路

生变化，由串联分压电路而引起比较器 LM393 的信号输入端电位发生变化。

(2)电压比较器。电压比较器采用 LM393，当环境光线变暗使得光敏电阻增大时，LM393 同相输入端 V_+ 电位随之降低，而反相输入端 V_- 电位由电位器根据实际需要来人为设定，根据比较器的工作原理，如果同相输入端电位低于反相输入端电位时，比较器输出端输出低电平，使得发光二极管点亮；反之，当环境光线变亮时，光敏电阻阻值变小，比较器同相输入端电压变大，输出端为高电平，发光二极管不亮。

3. 需用的元件及仪器

面包板 1 块、直流稳压电源 1 台、万用表 1 个、示波器 1 台、发光二极管 1 个、光敏电阻 1 个、集成运算放大器 LM393 1 片、电位器 10 kΩ 1 个、电阻 10 kΩ 1 个、电阻 1 kΩ 1 个、8 引脚芯片底座 1 个、导线若干。

4. 实验预习内容

(1)查阅 LM393 引脚图，了解各引脚的功能及应用。

(2)电位器 R_{P1} 的作用是什么？

(3)LM393 在电路中起什么作用？

5. 仿真练习参考电路

仿真用到的元器件：电源(Power)、电位器(Potentiometer)、电阻(Resistor)、发光二极管

(LED)、运算放大器(OP-AMP),测量仪表采用万用表(Multimeter)。仿真中用电位器 R_2 代替光敏电阻,设置好 R_3 的阻值,它决定何时开启自动灯,仿真电路如实验图 23-3 所示。

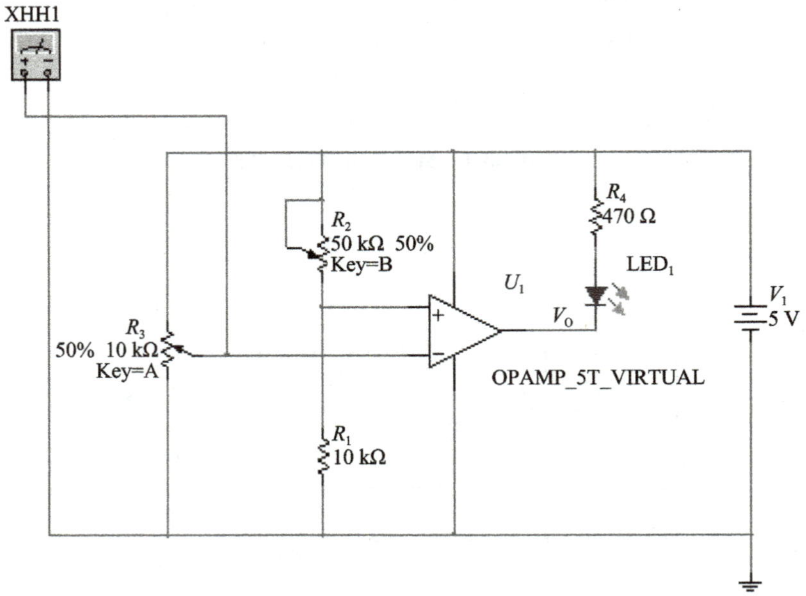

实验图 23-3 自动灯仿真电路

(1)固定电位器 R_3 阻值(如 50%),调节 R_2,观察 LED_1 的变化,并将万用表测量结果记录到实验表 23-1 中。

实验表 23-1 电位器 R_3 阻值调节为 50%仿真测量结果

V_{1+}/V	V_{1-}/V	V_O/V	LED_1 情况

(2)固定电位器 R_2 阻值(如 50%),调节 R_3,观察 LED_1 的变化,并将万用表测量结果记录到实验表 23-2 中。

实验表 23-2 电位器 R_2 阻值调节为 50%仿真测量结果

V_{1+}/V	V_{1-}/V	V_O/V	LED_1 情况

二、实验部分

1. 实验电路

按实验图 23-4 连接电路,检查无误后,通电实验。

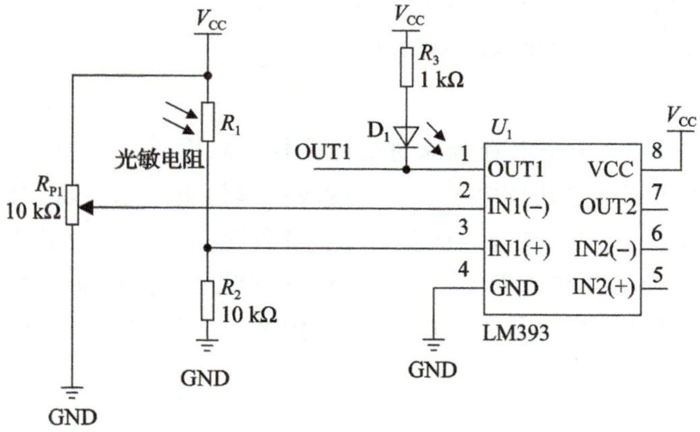

实验图 23-4　自动灯实验电路

搭建实验电路，对比较器进行单电源供电，其供电电压为+5 V，可调电阻的滑动头接入比较器的反相输入端。

2. 实验测试结果

(1)固定电位器 R_{P1} 阻值，通过遮挡改变光线强度来测试 R_1 的变化情况，观察 LED 的变化，并将测量结果记录到实验表 23-3 中。

实验表 23-3　电位器 R_{P1} 阻值固定时测量结果

R_{P1} 分压输入阻值/Ω	光线强度	V_{1+}/V	V_{1-}/V	V_{out1}/V	LED 情况
5 k	强				
	弱				

(2)调节电位器 R_{P1} 阻值，现场光线条件下，观察 LED 的变化，并将测量结果记录到实验表 23-4 中。

实验表 23-4　电位器 R_{P1} 阻值调节时测量结果

R_{P1} 分压输入阻值/Ω	V_{1+}/V	V_{1-}/V	V_{out1}/V	LED 情况
1 k				
9 k				

(3)总结光线强度测试与电位器 R_{P1} 阻值大小之间的关系，写出调试过程中出现的问题及解决方法。

实验 24　红外避障电路

一、预习部分

1. 实验目的和要求

(1)掌握红外避障电路的工作原理。

（2）深入学习光电器件、电压比较器相关知识。

（3）熟悉红外避障电路的调试及故障处理方法。

2. 实验原理

红外避障电路是以红外对管传感器来进行障碍物距离检测，一般采用反射式光电传感器。该传感器的探测距离可以通过比较电位器调节的对比阈值电压来实现，可以广泛应用于机器人避障、小车自动避障及黑白线循迹等众多场合。红外对管的位置一般放置在移动设备的前端或两侧，红外避障电路采用红外对管自动检测前方或周边是否有障碍物，从而达到避障的目的。它由红外检测电路和电压比较器组成，如实验图 24-1、实验图 24-2 所示。

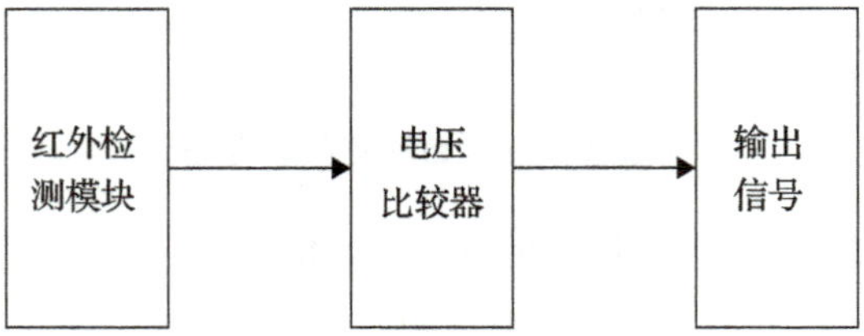

实验图 24-1 红外避障电路组成框图

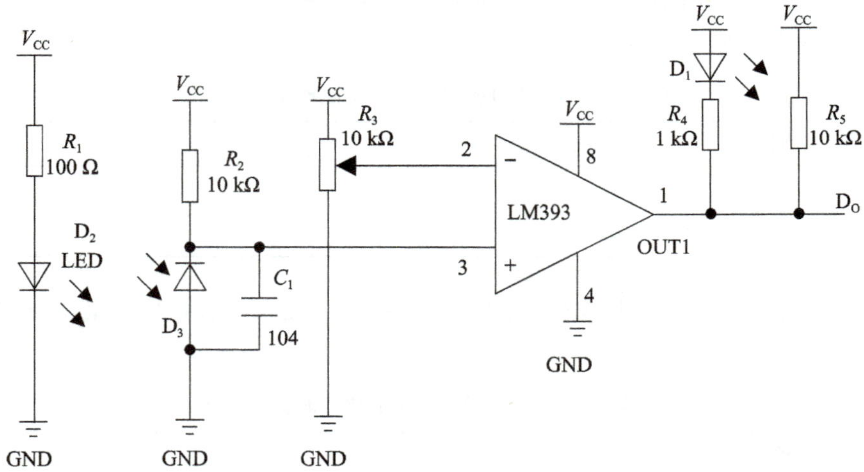

实验图 24-2 红外避障电路

其工作原理如下。

（1）红外检测模块。采用红外对管检测障碍物，当前方出现障碍物时，红外发射管 D_2 发出的光经障碍物反射回来，被红外接收管 D_3 接收，其电流增大。需要注意的是，和光敏二极管一样，红外接收管工作时加反向电压，它不受可见光的干扰，一般只对红外光有反应；无红外光照时，它只有很小的反向饱和电流，当有红外光照时，反向电流瞬间增大，形成光电流。

（2）电压比较器。电压比较器 LM393，如前所述，当红外对管检测到前方出现障碍物后，红外接收管电流增大，使 LM393 同相输入端的电位降低，而反相输入端电位大小由电位器来设置，根据比较器的工作原理，当同相输入端的电位低于反相输入端电位时，比较器输出端输出低电平，从而控制后续电路工作，实现避障目的。

3.需用的元件及仪器

面包板1块、直流稳压电源1台、万用表1块、示波器1台、红外对管1对、集成运算放大器LM393 1片、发光二极管1个、电位器10 kΩ 1个、电阻10 kΩ 2个、电阻1 kΩ 1个、电阻100 1个、电容0.1 μF 1个、8引脚芯片底座1个、导线若干。

4.实验预习内容

(1)查阅LM393引脚图及各引脚的作用。

(2)理解红外检测模块中电容 C_1 的作用。

(3)比较器电路中电位器 R_3 的作用是什么?

(4)发光二极管 D_1 和电阻 R_4 在电路中的作用分别是什么?

(5)观察周围环境可见光线是否会对检测电路带来影响。

5.仿真练习参考电路

仿真用到的元器件:电源(Power)、电位器(Potentiometer)、电阻(Resistor)、发光二极管(LED)、运算放大器(OP-AMP)。

当遇到障碍物时,光电二极管接收到反射回来光的情况由电位器 R_6 阻值的变化来模拟,通过电位器 R_3 为电路设定参考阈值电压,实际使用时根据需要设定,电路如实验图24-3所示。

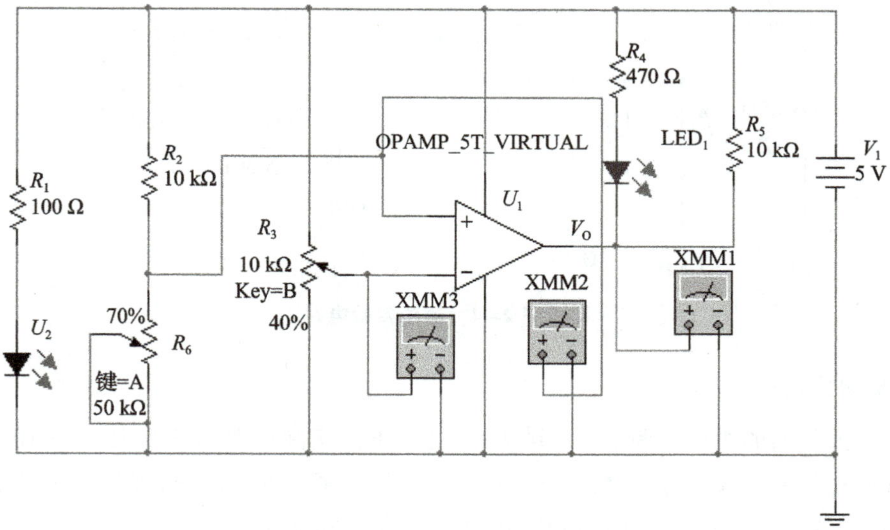

实验图24-3 避障参考仿真电路

(1)固定电位器 R_3 阻值(如40%),调节电位器 R_6,观察 LED_1 的变化,并将测量结果记录到实验表24-1中。

实验表24-1 电位器 R_3 阻值调节为40%仿真测量结果

调节 R_6/%	V_{1+}/V	V_{1-}/V	V_O/V	LED_1 情况
10				
20				
70				

(2)固定电位器 R_3 阻值(如 60%),调节电位器 R_6,观察 LED_1 的变化,并将测量结果记录到实验表 24-2 中。

实验表 24-2　电位器 R_3 阻值调节为 60%仿真测量结果

调节 R_6/%	V_{1+}/V	V_{1-}/V	V_O/V	LED_1 情况
10				
20				
70				

二、实验部分

1. 实验电路

按图搭建电路,检查无误后,通电实验,电路如实验图 24-4 所示。

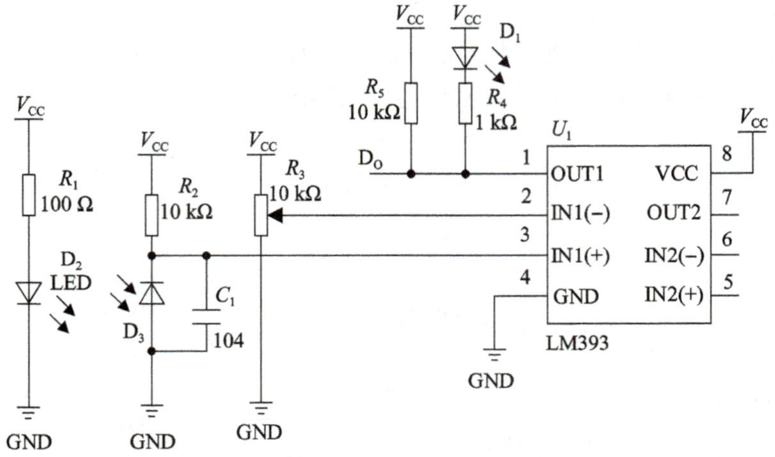

实验图 24-4　避障实验电路

2. 实验测试结果

(1)改变障碍物的距离。调节 R_3 到某一位置(根据实际需要),使障碍物在 10 cm 左右,D_1 亮。用手或纸作为障碍物,放在光电二极管 D_2 前方,通过改变距离,观察发光二极管 D_1 的状态,并测量 LM393 引脚 2、3、1 的电位,记录到实验表 24-3 中。

实验表 24-3　固定参考电压测量结果

障碍物距离/cm	R_3 下部分分压电阻大小/kΩ	2 引脚电位 V_{1-}/V	3 引脚电位 V_{1+}/V	1 引脚电位 V_O/V	D_1 状态
5					
10					
20					

(2)调节 R_3 大小。障碍物对红外对管的距离固定,在 R_3 为 5 kΩ 时,探测到障碍物的距

离大小，随着 R_3 阻值的变化，观察发光二极管 D_1 的状态，并测量 LM393 引脚 2、3、1 的电位，记录到实验表 24-4 中。

实验表 24-4　固定障碍物距离测量结果

障碍物距离/cm	R_3 下部分分压电阻大小/kΩ	2 引脚电位 V_{1-}/V	3 引脚电位 V_{1+}/V	1 引脚电位 V_O/V	D_1 状态
	1				
	5				
	9				

(3)比较(1)和(2)的测量结果，说明 R_3 的改变，会影响什么参数？

第4篇　数字电子技术基础实验

实验25　门电路逻辑功能的测试

一、预习部分

1.实验目的和要求

(1)掌握常用数字门电路的逻辑功能。

(2)熟悉门电路的外形、引脚排列规则及识别方法。

(3)掌握门电路的使用方法。

2.实验原理

集成逻辑门电路是最简单、最基本的数字集成元件,任何复杂的组合逻辑电路和时序逻辑电路都可以用逻辑门通过适当的组合连接而成。门电路有一个输出端,以及一个或几个输入端,输出端与输入端都有一定的逻辑关系,最基本的逻辑关系有与、或、非三种,相应的逻辑门分别为与门、或门、非门电路。在实际使用的门电路中,除了三种基本的门电路外,还有一些复合逻辑运算关系的门电路,如与非门、或非门、同或门和异或门等。

注意事项:

(1)实验采用的是双列直插集成芯片,其插入方法要正确,一般将集成芯片的型号正对自己,有凹口或小圆点标记的在左边。

(2)TTL门电路的电源电压为4.5~5.5 V,器件和连线都要插牢不能松动。

(3)一般TTL门的输入端悬空相当于输入高电平,但悬空的输入端容易受外界干扰影响,所以多输入逻辑门没有使用的输入端要按照门电路的功能特点输入相应的逻辑电平。

(4)一般的TTL门电路输出端不允许直接连接到一起,只有能够实现线与功能的集电极开路门电路和三态输出门电路才可以。

(5)集成门电路的输出端不允许直接接地或电源,有时为了使后级电路获得稳定的输出电平,允许输出端通过上拉电阻接电源。

3.实验内容

(1)测试集成逻辑非门、与非门、或非门和异或门电路的逻辑功能。

(2)用与非门实现与或非逻辑功能。

(3)选做内容。设计一款逻辑笔,逻辑笔是采用不同颜色的指示灯来表示数字逻辑电平高低的指示器。要求:仅用逻辑非门实现发光二极管的工作控制,即电路输入端接入低电平时,红色发光二极管亮;当输入端接入高电平时,绿色发光二极管亮。

4. 需用的元件及仪器

面包板 1 块、反相器 74LS04 芯片 1 片、四 2 输入与非门 74LS00 芯片 1 片、四 2 输入或非门 74LS02 芯片 1 片、四 2 输入异或门 74LS86 芯片 1 片、万用表 1 块、直流稳压电源 1 台、发光二极管和连线若干。

5. 实验预习内容

(1)写出非门、与非门、或非门、异或门电路实现逻辑运算的表达式及真值表。

(2)TTL 逻辑门的高、低电平范围各是多少伏?

(3)如何判断门电路逻辑功能是否正常?

(4)TTL 逻辑门多余输入端应如何处理?

(5)查找相关器件手册,熟悉所用集成电路芯片引脚排列图及相应的引脚功能。

6. 仿真练习

1)分立元件组成非门电路功能测试仿真

在 Multisim 12 中搭建实验图 25-1 中的非门电路。

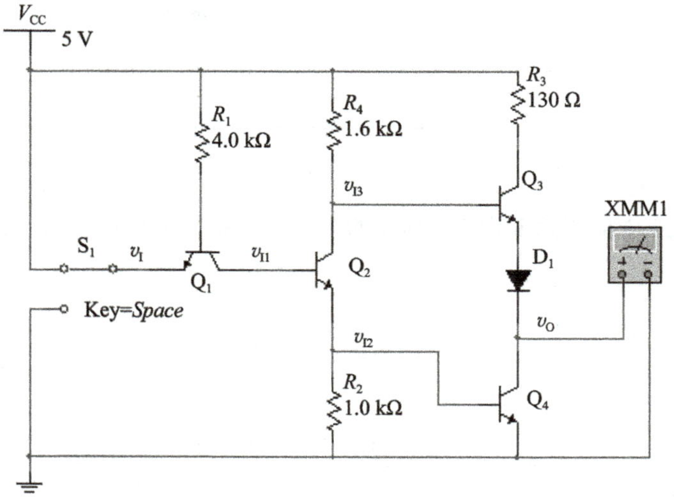

实验图 25-1　分立元件组成非门电路仿真电路

改变电路的输入状态进行测试,实验结果填入实验表 25-1。

实验表 25-1　非门电路的逻辑功能测试表

输入端/V	测试端电压/V			输出端电压/V
v_I	v_{I1}	v_{I2}	v_{I3}	v_O
0				
5				

2)集成非门电路测试仿真

在 Multisim 12 中应用六非门 74LS04 中的一个非门搭建实验图 25-2 中的电路。

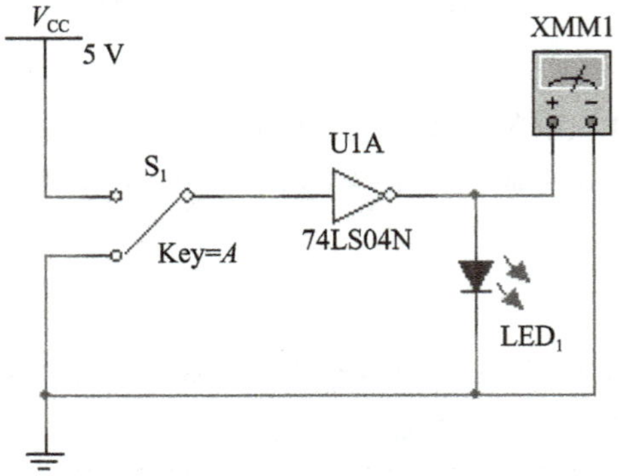

实验图 25-2　集成非门电路仿真电路

在电路的输入端通过改变开关 A 的状态，分别输入高低电平进行测试，实验结果填入实验表 25-2。

实验表 25-2　集成非门电路的逻辑功能测试表

输入端	输出端(Y)		
A	指示灯状态(亮/灭)	逻辑状态(1/0)	电位/V
0			
1			

3)逻辑笔电路仿真

在 Multisim 12 中应用六非门 74LS04 的三个非门搭建实验图 25-3 的电路。

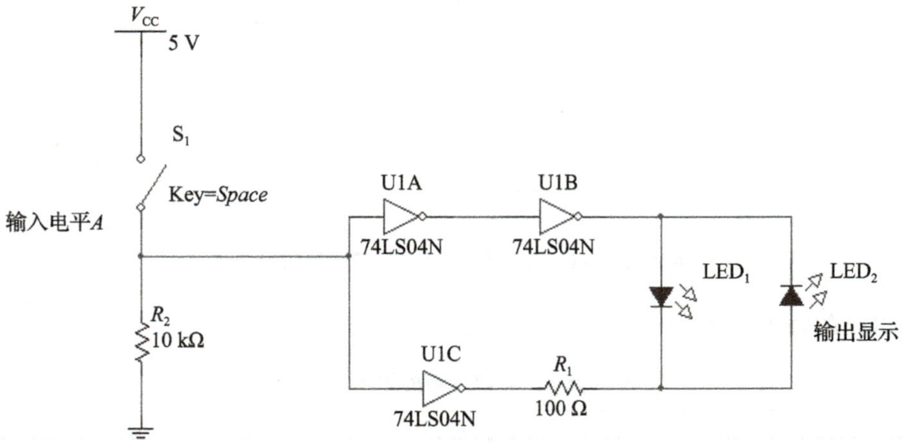

实验图 25-3　逻辑笔仿真电路

改变电路的输入状态进行测试，实验结果填入实验表 25-3。

实验表 25-3　逻辑笔功能测试表

输入端	输出端(Y)			
A	U1B 输出逻辑状态(1/0)	U1C 输出逻辑状态(1/0)	LED_1 状态(亮/灭)	LED_2 状态(亮/灭)
0				
1				

4)用与非门实现与或非逻辑电路仿真

(1)把与或非逻辑表达式 $Y=\overline{AB+CD}$ 转换成与非-与非形式：Y=____________。

(2)画出对应(1)的逻辑电路图。

对 2)的逻辑电路图进行仿真，并用 3)中的逻辑笔和万用表测试输出端 Y 的逻辑状态，实验结果填入实验表 25-4。

实验表 25-4　表达式 Y 的逻辑功能测试表

输入端				输出端(Y)		
A	B	C	D	指示灯状态(亮/灭)	逻辑状态(1/0)	电位/V
0	0	0	0			
0	0	0	1			
0	0	1	0			
0	0	1	1			
0	1	0	0			
0	1	0	1			
0	1	1	0			
	……					
1	1	0	0			
1	1	0	1			
1	1	1	0			
1	1	1	1			

二、实验部分

1. 测试非门的逻辑功能

(1)选择 74LS04 芯片中的任意一个非门进行实验。

(2)用发光二极管(即 LED)显示门的输出状态。当 LED 亮时，门输出状态为"1"，或称高电平，用"H"表示；当 LED 灭时，门输出状态为"0"，或称低电平，用"L"表示。门的输出状态对应的电压值也可用电压表测试。

(3)应用下面芯片搭建测试电路。

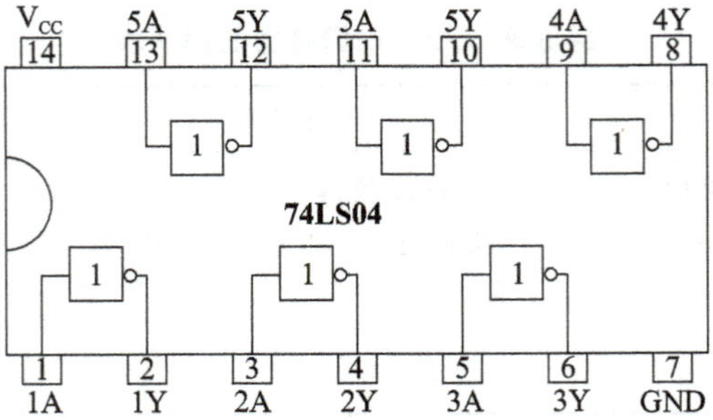

(4)门的输入端接逻辑开关 A。改变输入状态的高、低电平，将 A 输入端依次接成 0、1 状态，进行电路测试，观察输出端 Y 电平指示灯显示状态（亮为“1”，灭为“0”），实验结果填入实验表 25-5，并判断功能是否正确，写出逻辑表达式 $Y=$____________。

实验表 25-5　非门的逻辑功能测试表

输入端	输出端(Y)		
A	指示灯状态(亮/灭)	逻辑状态(1/0)	电位/V
0			
1			

2. 测试与非门的逻辑功能

(1)应用下面芯片搭建测试电路。

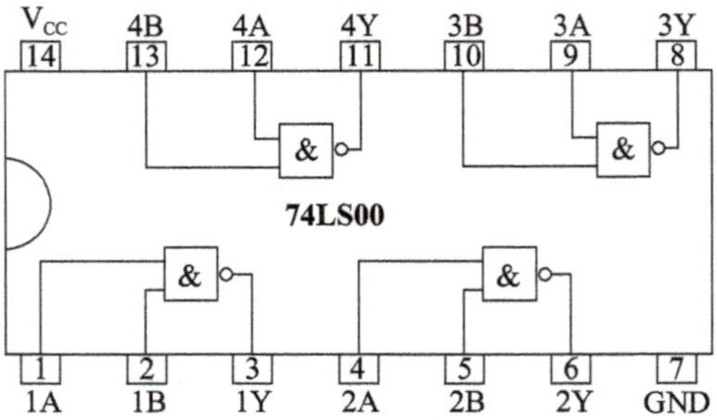

(2)任意选择 74LS00 的一个与非门进行实验，方法同上。将输入端 A、B 依次接成 0—0、0—1、1—0、1—1 状态，进行电路测试，结果填入实验表 25-6，并判断功能是否正确，写出逻辑表达式 $Y=$____________。

实验表 25-6　与非门的逻辑功能测试表

输入端		输出端(Y)		
A	B	指示灯状态(亮/灭)	逻辑状态(1/0)	电位/V
0	0			
0	1			
1	0			
1	1			

3. 测试或非门的逻辑功能

(1)任意选择 74LS02 的一个或非门进行实验,方法同上。将结果填入实验表 25-7,并判断功能是否正确,写出逻辑表达式 $Y=$ ________。

(2)应用下面芯片搭建测试电路。

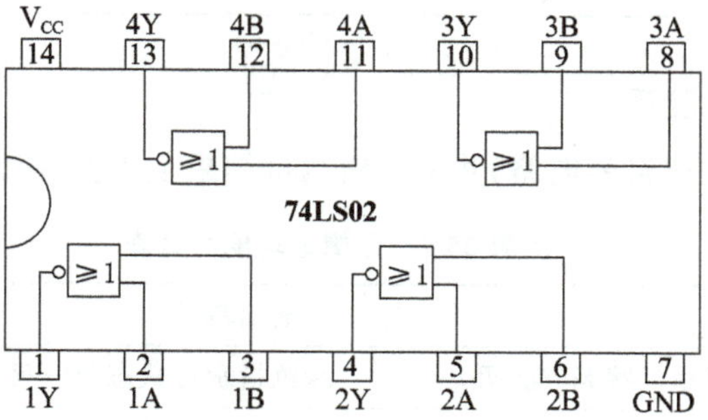

实验表 25-7　或非门逻辑功能测试表

输入端		输出端(Y)		
A	B	指示灯状态(亮/灭)	逻辑状态(1/0)	电位/V
0	0			
0	1			
1	0			
1	1			

4. 测试异或门的逻辑功能

(1)任意选择 74LS86 的一个异或门进行实验,方法同上。将测试结果填入实验表 25-8,并判断功能是否正确,写出逻辑表达式 $Y=$ ________。

(2)应用下面芯片搭建测试电路。

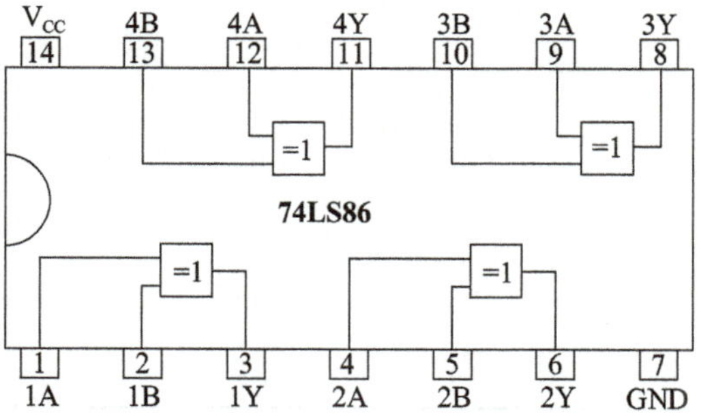

实验表 25-8　异或门逻辑功能测试表

输入端		输出端(Y)		
A	B	指示灯状态(亮/灭)	逻辑状态(1/0)	电位/V
0	0			
0	1			

续实验表 25-8

输入端		输出端(Y)		
A	B	指示灯状态(亮/灭)	逻辑状态(1/0)	电位/V
1	0			
1	1			

5. 逻辑笔设计与功能验证

根据设计的内容搭建逻辑笔电路，并将逻辑测试结果填入实验表 25-9。

实验表 25-9　逻辑笔功能测试表

输入端	输出端(Y)		
A	红色指示灯状态(亮/灭)	绿色指示灯状态(亮/灭)	逻辑状态(1/0)
0			
1			

6. 用与非门实现与或非逻辑功能

用 74LS00 实现与或非逻辑 $Y=\overline{AB+CD}$ 。按照预习部分中的逻辑图搭建电路进行实验。改变输入信号 A、B、C、D 的输入状态，观察输出状态，填写实验表 25-10。

实验表 25-10　逻辑功能测试表

输入端				输出端(Y)		
A	B	C	D	指示灯状态(亮/灭)	逻辑状态(1/0)	电位/V
0	0	0	0			
0	0	0	1			
0	0	1	0			
0	0	1	1			
0	1	0	0			
0	1	0	1			
0	1	1	0			
……						
1	1	0	0			
1	1	0	1			
1	1	1	0			
1	1	1	1			

7. 思考题

将 2 输入与非门的一个输入端作为使能端，另外一个输入端接入不同频率的 TTL 波形，输出 Y 驱动扬声器进行报警，其电路如实验图 25-4 所示，观察使能端分别是 0、1 状态时逻辑门的输出 Y？如果是采用或非门呢？说明输出结果。

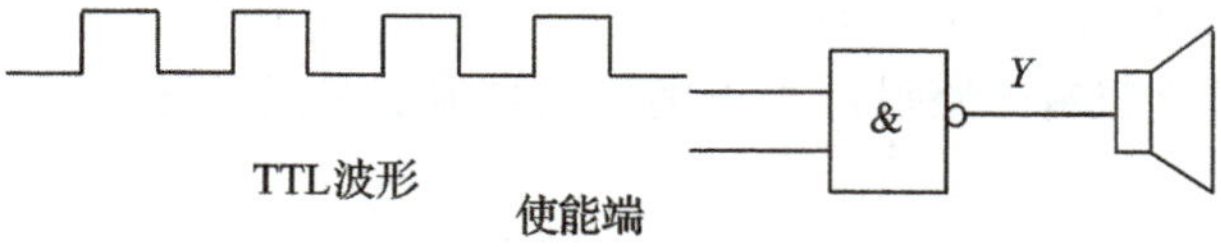

实验图 25-4 与非门驱动扬声器电路

实验 26 组合逻辑电路

一、预习部分

1. 实验目的和要求

(1)掌握组合逻辑电路的测试与设计方法。

(2)验证半加器、全加器的功能。

(3)加深理解组合逻辑电路的特点和功能。

2. 实验原理

组合逻辑电路是数字系统的一个重要组成部分之一,其输出状态在任何时候只取决于同一时刻的输入状态,而与电路原来的状态无关。组合逻辑电路分析是对给定的逻辑电路确定其逻辑功能,其一般步骤如实验图 26-1 所示。组合逻辑设计与分析过程相反,对于提出的实际逻辑问题即逻辑功能,得出满足其逻辑要求的逻辑电路,选用合适的逻辑门可以实现符合设计要求的电路,如半加器和全加器、表决电路、报警电路、逻辑控制电路、信号产生电路等。

实验图 26-1 组合逻辑电路分析的一般步骤

3. 实验内容

(1)测试半加器和全加器的逻辑功能。半加器和全加器是算术运算电路的基本单元,是计算机基本运算部件之一。半加器是能完成两个 1 位二进制数相加运算的逻辑电路;全加器是能完成两个 1 位二进制数相加,并考虑低位来的进位,即相当于将三个 1 位二进制数相加的逻辑电路。

(2)选用合适的逻辑门,设计一个四人无弃权表决电路,要求三人及三人以上同意则通过,通过用高电平表示。

4. 需用的元件及仪器

面包板 1 块、四 2 输入与门 74LS08 芯片 1 片、四 2 输入或门 74LS32 芯片 1 片、反相器 74LS04 芯片 1 片、四 2 输入与非门 74LS00 芯片 1 片、四 2 输入或非门 74LS02 芯片 1 片、四 2 输入异或门 74LS86 芯片 1 片、万用表 1 块、直流稳压电源 1 台、发光二极管和连线若干。

5. 实验预习内容

(1)组合逻辑电路的特点是什么?

(2)半加器与全加器的区别是什么?

(3)如何分析一个组合逻辑电路的功能?

(4)为什么说在组合逻辑电路设计中正确列出真值表是最关键的一步?

6. 仿真练习

1)半加器功能设计与仿真

半加器仿真电路如实验图 26-2 所示。

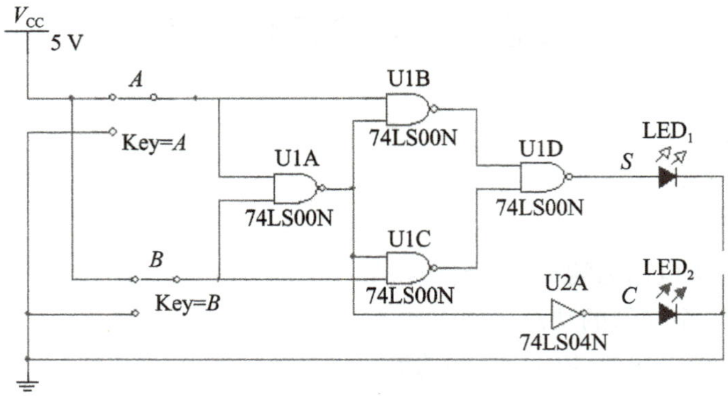

实验图 26-2 半加器仿真电路

在 Multisim 12 中搭建电路如实验图 26-2,记录电路输入端 A、B 电平变化时,本位和输出端 S、进位输出端 C 指示灯的状态,并填实验表 26-1。

实验表 26-1 半加器的逻辑功能测试表

A	B	S	C
0	0		
0	1		
1	0		
1	1		

写逻辑表达式 $S=$ ____________________ ;$C=$ ____________________ 。

2)全加器功能设计与仿真

全加器仿真电路如实验图 26-3 所示。

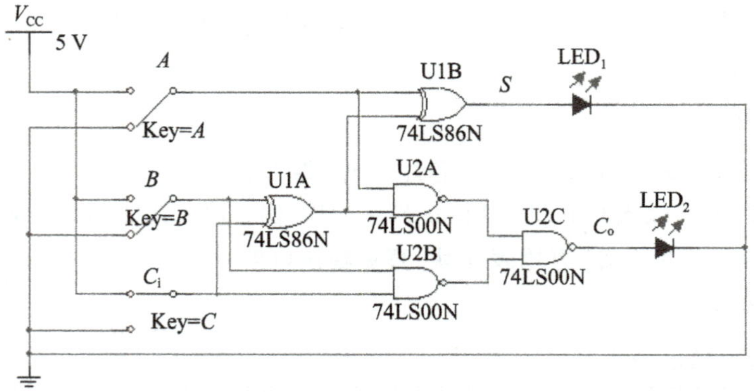

实验图 26-3 全加器仿真电路

记录电路输入端 A、B、C_i 电平变化时，两个输出端本位和输出 S、进位输出 C_o 的状态，并填实验表 26-2。

实验表 26-2　全加器的逻辑功能测试表

A	B	C_i	S	C_o	A	B	C_i	S	C_o
0	0	0			0	0	1		
0	1	0			0	1	1		
1	0	0			1	0	1		
1	1	0			1	1	1		

写逻辑表达式 $S=$________________；

$C_o=$________________。

3)表决电路设计与仿真

(1)设输入变量为 A、B、C、D，输出变量为 Y，逻辑"1"表示同意，"0"表示不同意；

(2)根据四人无弃权表决电路设计要求，建立真值表并填写实验表 26-3；

实验表 26-3　四人无弃权表决电路真值表

A	B	C	D	Y

(3)根据实验表 26-3 的内容写出输出变量 Y 的逻辑表达式并化简；

(4)根据化简后的逻辑表达式设计逻辑电路，并画出逻辑电路图；

(5)根据逻辑电路，在 Multisim 12 中搭建仿真电路，并将仿真测试结果填入实验表 26-4，参考仿真电路如实验图 26-4 所示。

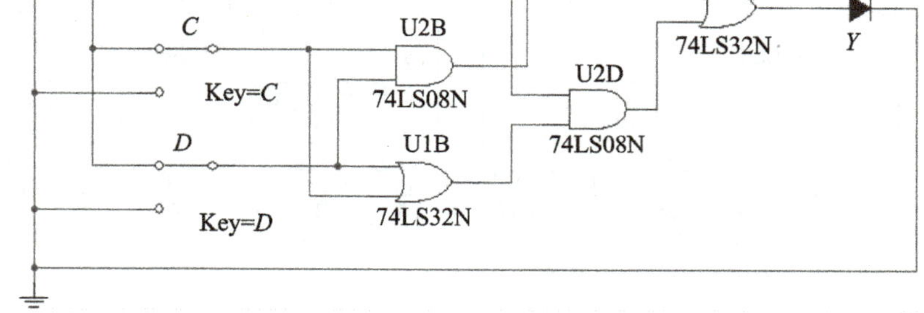

实验图 26-4　四人无弃权表决参考仿真电路

实验表 26-4　四人无弃权表决电路测试表

A	*B*	*C*	*D*	*Y*	*A*	*B*	*C*	*D*	*Y*
0	0	0	0		1	0	0	0	
0	0	0	1		1	0	0	1	
0	0	1	0		1	0	1	0	
0	0	1	1		1	0	1	1	
0	1	0	0		1	1	0	0	
0	1	0	1		1	1	0	1	
0	1	1	0		1	1	1	0	
0	1	1	1		1	1	1	1	

二、实验部分

1. 实验电路搭建

根据设计方案选择所需集成芯片，搭建要求实现的电路。注意在应用集成芯片时需提前检查其功能是否正常。

2. 实验过程

1)半加器功能测试

半加器逻辑电路如实验图 26-5，搭建测试电路，记录电路输入端 *A*、*B* 电平变化时，观察本位和输出端 *S*、进位输出端 *C* 指示灯的状态(亮为“1”，灭为“0”)，实验结果填入实验表 26-5。

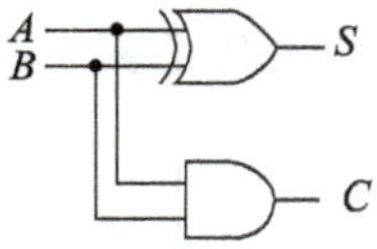

实验图 26-5　由异或门和与门组成的半加器逻辑电路

应用下面芯片搭建测试电路。

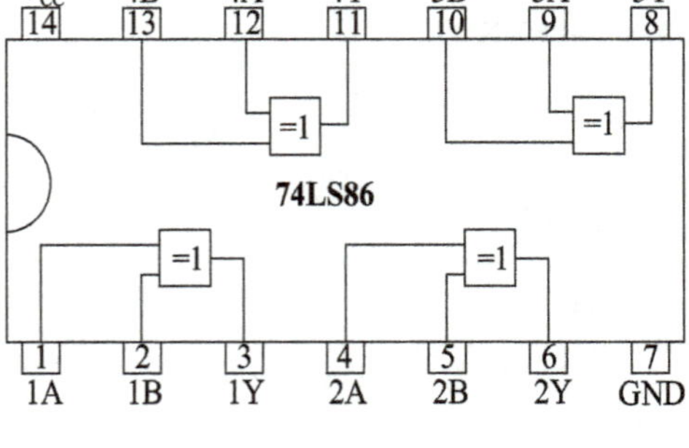

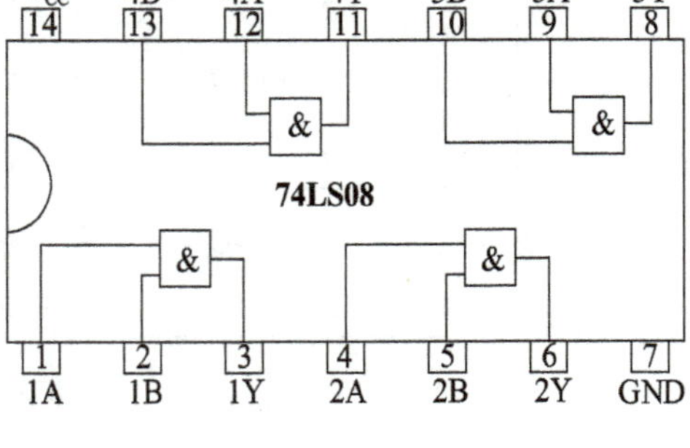

实验表 26-5　半加器的逻辑功能测试表

A	B	S	C
0	0		
0	1		
1	0		
1	1		

写逻辑表达式 $S=$______________；$C=$______________。

2)全加器功能测试

全加器逻辑电路如实验图 26-6 所示。

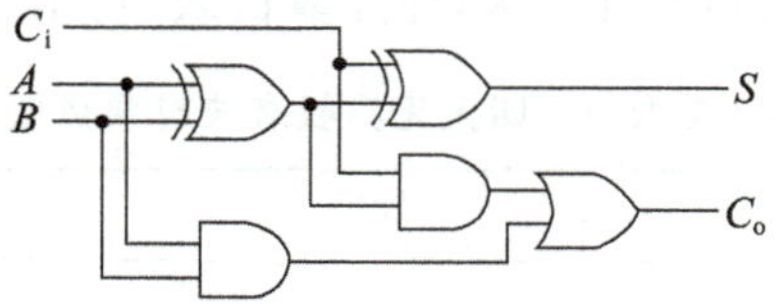

实验图 26-6　由异或门、或门、与门组成的全加器电路

搭建测试电路，记录电路输入端 A、B、C_i 电平变化时，观察两个输出端本位和输出 S、进位输出 C_o 指示灯的状态(亮为“1”，灭为“0”)，实验结果填入实验表 26-6。

应用下面芯片搭建测试电路。

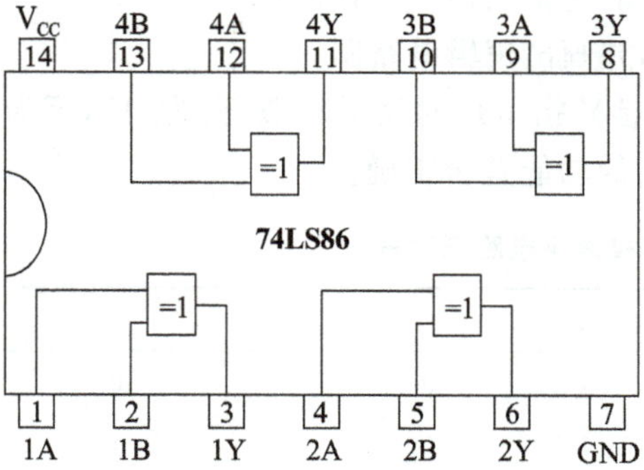

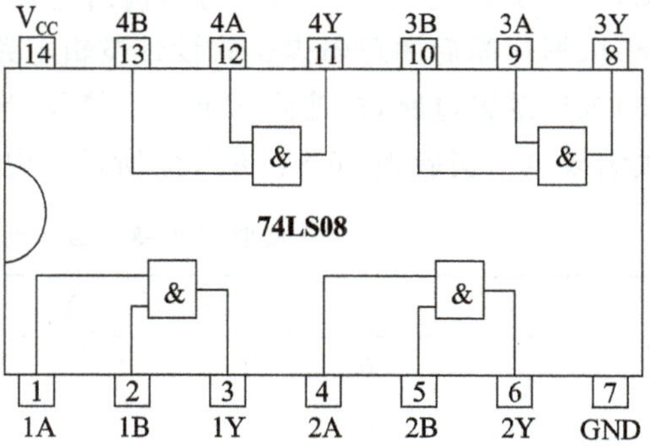

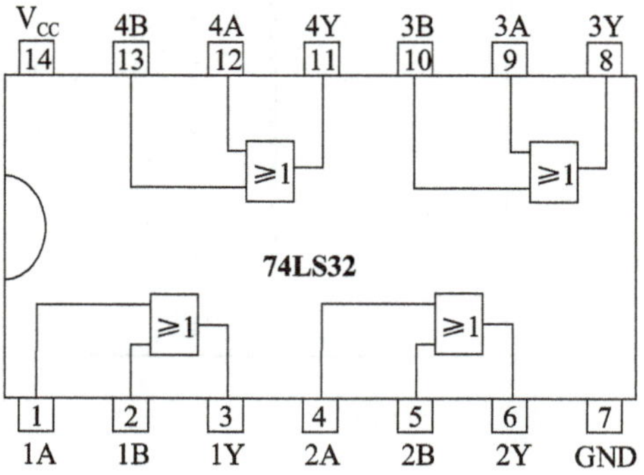

实验表 26-6　全加器的逻辑功能测试表

A	B	C_i	S	C_o	A	B	C_i	S	C_o
0	0	0			0	0	1		
0	1	0			0	1	1		
1	0	0			1	0	1		
1	1	0			1	1	1		

写逻辑表达式 $S=$________；$C_o=$________。

3)表决电路设计与测试

(1)设输入变量为 A、B、C、D，输出变量为 Y，逻辑“1”表示同意，“0”表示不同意；

(2)根据四人无弃权表决电路设计要求，建立真值表，将结果填入实验表 26-7；

实验表 26-7　四人无弃权表决电路真值表

A	B	C	D	Y

(3)根据实验表 26-7 的内容写出输出变量 Y 的逻辑表达式并化简；

(4)根据化简后的逻辑表达式设计逻辑电路，并画出逻辑电路图；

(5)根据逻辑电路，搭建测试电路，观察输出端 Y 指示灯的显示状态(亮为“1”，灭为“0”)，将测试结果填入实验表 26-8。并判断所设计电路的功能是否正确。

实验表 26-8　四人无弃权表决电路测试表

A	B	C	D	Y	A	B	C	D	Y
0	0	0	0		1	0	0	0	
0	0	0	1		1	0	0	1	
0	0	1	0		1	0	1	0	
0	0	1	1		1	0	1	1	
0	1	0	0		1	1	0	0	
0	1	0	1		1	1	0	1	
0	1	1	0		1	1	1	0	
0	1	1	1		1	1	1	1	

3. 思考题

如何采用 4 个全加器实现 2 个 4 位二进制数 $A_3A_2A_1A_0$ 和 $B_3B_2B_1B_0$ 的相加？

实验 27　二进制译码器

一、预习部分

1. 实验目的和要求

(1)掌握译码器电路的功能、特点及其测试方法。

(2)掌握译码器的级联扩展方法及相关测试。

(3)掌握译码器的应用方法及电路测试。

2. 实验原理

译码器是一个多输入、多输出的组合逻辑电路,其逻辑功能是将具有特定含义的二进制码转换成对应的输出信号。二进制译码器是将每个输入的二进制代码译成对应的高、低电平信号输出,在同一时刻,只有一个输出端为有效电平,其余输出端则为相反电平;输出信号可以是高电平有效,也可以是低电平有效。常用的译码器有 74××139、74××138,它们均为输出信号低电平有效,可应用于组合逻辑电路的实现、半导体存储器字位的扩展、微机接口电路中的 I/O 端口或存储器单元的地址译码,也可以构成数据分配器将计算机的数据分送到外部设备中。

3. 实验内容

(1)2 线-4 线译码器 74LS139 功能测试。

(2)译码器的级联扩展应用。应用一片双 2 线-4 线译码器 74LS139 和逻辑门组成 3 线-8 线译码器。

(3)选做内容:译码器实现三变量逻辑函数。应用一片 3 线-8 线译码器 74LS138 和逻辑门构成一位全加器。

4. 需用的元件及仪器

面包板 1 块、四 2 输入与门 74LS08 芯片 1 片、反相器 74LS04 芯片 1 片、四 2 输入与非门 74LS00 芯片 1 片、双 2 线-4 线译码器 74LS139 芯片 1 片、3 线-8 线译码器 74LS138 芯片 1 片、万用表 1 块、直流稳压电源 1 台、发光二极管和连线苦干。

5. 实验预习内容

(1)画出译码器 74LS139、74LS138 的逻辑符号,并写出二者的功能表。

(2)为芯片功能的扩展提供方便,译码器 74LS138 具有 3 个使能输入端,若要译码器处于译码工作状态,3 个使能输入端应如何设置?

(3)若应用 74LS139 和 74LS138 构成 5 线-32 线译码器,各需要几片芯片?

(4)写出译码器 74LS139 处于工作状态时,输出端 $\overline{Y_i}$ 的逻辑表达式。

6. 仿真练习

1)译码器功能测试仿真

在 Multisim 12 中应用双 2 线-4 线译码器 74LS139 中的一个译码器搭建电路(实验图 27-1)。

改变输入信号 D_1、D_0 及使能端 $\overline{E}$ 的状态,观察输出结果并填入实验表 27-1,写出输出表达式。

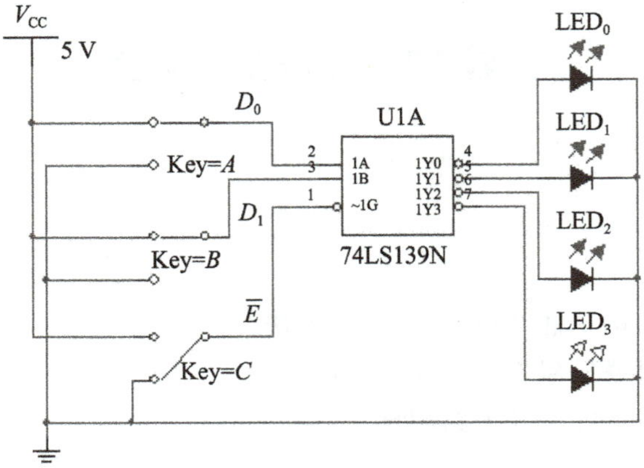

实验图 27-1　2 线-4 线译码器 74LS139 功能测试仿真电路

实验表 27-1　译码器 74LS139 功能测试表

输入端			输出端			
$\overline{E}$	D_1	D_0	$\overline{Y_3}$	$\overline{Y_2}$	$\overline{Y_1}$	$\overline{Y_0}$
1	×	×				
0	0	0				
0	0	1				
0	1	0				
0	1	1				

$\overline{Y_3}$ = ________________　　$\overline{Y_2}$ = ________________

$\overline{Y_1}$ = ________________　　$\overline{Y_0}$ = ________________

2)译码器级联扩展测试的仿真

用双 2 线-4 线译码器 74LS139 组成 3 线-8 线译码器仿真电路如实验图 27-2 所示。

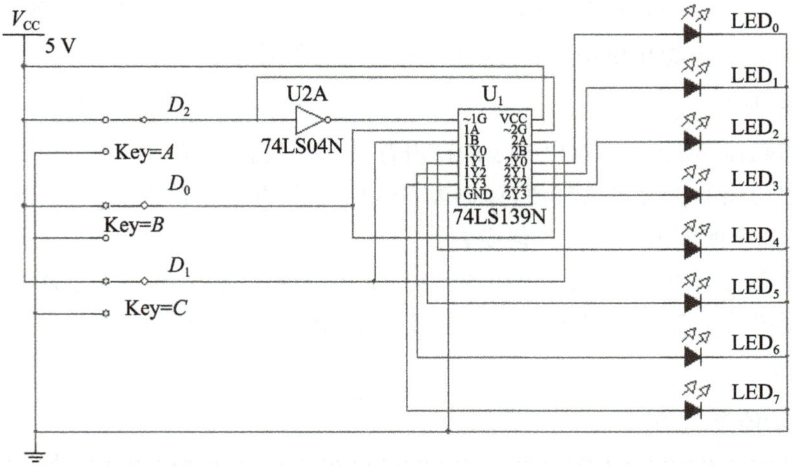

实验图 27-2　译码器级联扩展测试仿真电路

改变输入信号 $D_0 \sim D_2$ 的状态，观察输出结果并填入实验表 27-2，写出输出表达式。

实验表 27-2 译码器级联扩展测试表

D_2	D_1	D_0	$\overline{Y_7}$	$\overline{Y_6}$	$\overline{Y_5}$	$\overline{Y_4}$	$\overline{Y_3}$	$\overline{Y_2}$	$\overline{Y_1}$	$\overline{Y_0}$
0	0	0								
0	0	1								
0	1	0								
0	1	1								
1	0	0								
1	0	1								
1	1	0								
1	1	1								

$\overline{Y_7}=$ ______________　　$\overline{Y_6}=$ ______________

$\overline{Y_5}=$ ______________　　$\overline{Y_4}=$ ______________

$\overline{Y_3}=$ ______________　　$\overline{Y_2}=$ ______________

$\overline{Y_1}=$ ______________　　$\overline{Y_0}=$ ______________

3)3 线-8 线译码器实现全加器的应用仿真

(1)设全加器的输入变量为 A、B、C_i，输出变量为 S、C_o，A 和 B 分别表示被加数和加数，C_i 表示低位的进位数；S 表示本位的和数，C_o 表示本位向高位的进位数；

(2)根据全加器的概念，建立真值表(实验表 27-3)；

实验表 27-3 全加器真值表

A	B	C_i	C_o	S
0	0	0		
0	0	1		
0	1	0		
0	1	1		
1	0	0		
1	0	1		
1	1	0		
1	1	1		

(3)根据实验表 27-3 分别写出 S、C_o 的最小项逻辑表达式；

(4)应用一片 74LS138 和门电路实现逻辑函数 S、C_o，并画出相应的逻辑电路图；

(5)根据(4)中所设计的逻辑电路图进行仿真，并将测试结果记录在实验表 27-4 中，参考仿真电路如实验图 27-3 所示。

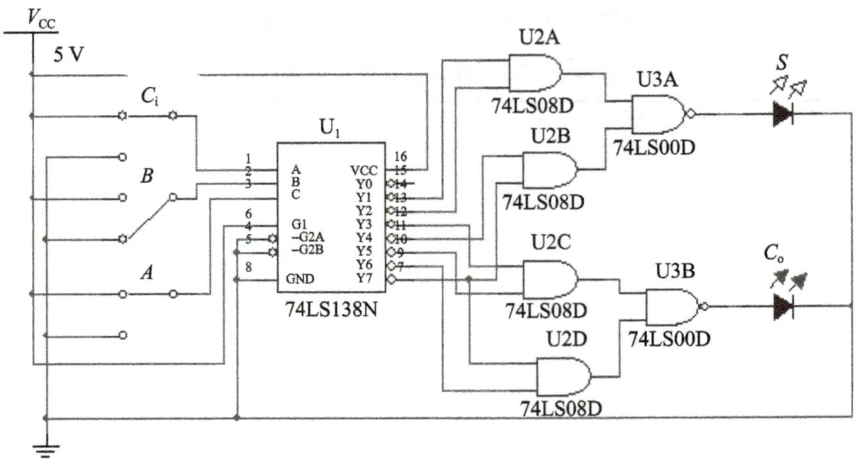

实验图 27-3　应用译码器实现全加器的仿真电路

实验表 27-4　全加器功能测试表

A	B	C_i	C_o	S
0	0	0		
0	0	1		
0	1	0		
0	1	1		
1	0	0		
1	0	1		
1	1	0		
1	1	1		

二、实验部分

1. 2 线-4 线译码器 74LS139 功能测试

应用 2 线-4 线译码器 74LS139 中的一个译码器搭建实验图 27-4 中的电路，改变输入信号 D_1、D_0 及使能端 $\overline{E}$ 的状态，观察输出结果并填入实验表 27-5，写出输出表达式。

实验表 27-5　译码器 74LS139 功能测试表

输入端			输出端			
$\overline{E}$	D_1	D_0	$\overline{Y_3}$	$\overline{Y_2}$	$\overline{Y_1}$	$\overline{Y_0}$
1	×	×				
0	0	0				
0	0	1				
0	1	0				
0	1	1				

$\overline{Y_3}$ = ______________　　$\overline{Y_2}$ = ______________

$\overline{Y_1}$ = ______________　　$\overline{Y_0}$ = ______________

实验图 27-4　2 线-4 线译码器 74LS139 功能测试电路

2. 译码器级联扩展的应用

(1)用 2 线-4 线译码器 74LS139 组成 3 线-8 线译码器，设输入信号 D_2、D_1、D_0，输出信号 $\overline{Y_7} \sim \overline{Y_0}$，并画出相应的逻辑电路图。

(2)根据(1)所设计的逻辑电路图搭建测试电路，改变输入信号 D_2、D_1、D_0 的状态，观察输出结果并填入实验表 27-6，写出输出逻辑表达式。

应用下面芯片搭建实验电路。

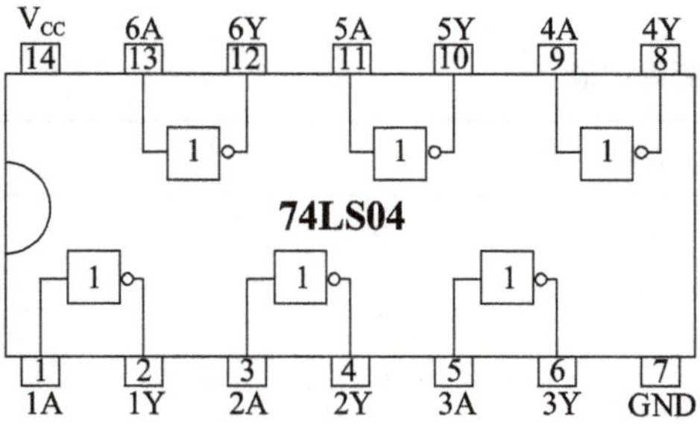

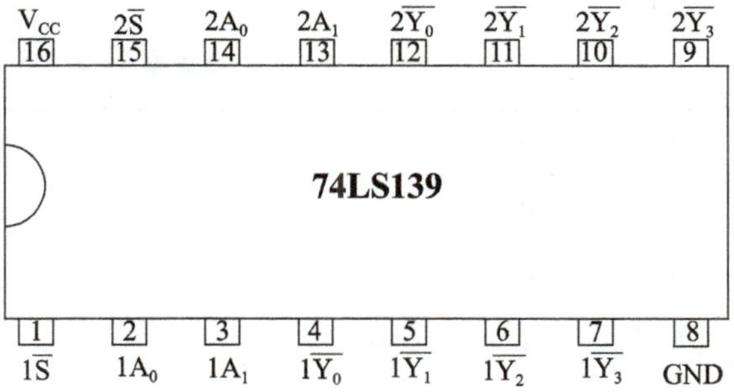

实验表 27-6　译码器级联扩展测试表

D_2	D_1	D_0	$\overline{Y_7}$	$\overline{Y_6}$	$\overline{Y_5}$	$\overline{Y_4}$	$\overline{Y_3}$	$\overline{Y_2}$	$\overline{Y_1}$	$\overline{Y_0}$
0	0	0								
0	0	1								
0	1	0								
0	1	1								
1	0	0								
1	0	1								
1	1	0								
1	1	1								

$\overline{Y_7}=$____________ $\overline{Y_6}=$____________

$\overline{Y_5}=$____________ $\overline{Y_4}=$____________

$\overline{Y_3}=$____________ $\overline{Y_2}=$____________

$\overline{Y_1}=$____________ $\overline{Y_0}=$____________

3.选做内容:3线-8线译码器实现全加器的应用测试

(1)设全加器的输入变量为 A、B、C_i,输出变量为 S、C_o,A 和 B 分别表示被加数和加数,C_i 表示低位的进位数;S 表示本位的和数,C_o 表示本位向高位的进位数;

(2)根据全加器的概念,建立真值表(实验表 27-7);

实验表 27-7 全加器真值表

A	B	C_i	C_o	S	A	B	C_i	C_o	S
0	0	0			1	0	0		
0	0	1			1	0	1		
0	1	0			1	1	0		
0	1	1			1	1	1		

(3)根据实验表 27-7 分别写出 S、C_o 的最小项逻辑表达式;

(4)应用一片 74LS138 和门电路实现逻辑函数 S、C_o,并画出相应的逻辑电路图;

(5)根据(4)中所设计的逻辑电路图搭建测试电路,并将测试结果记录在实验表 27-8 中。

实验表 27-8 全加器功能测试表

A	B	C_i	C_o	S	A	B	C_i	C_o	S
0	0	0			1	0	0		
0	0	1			1	0	1		
0	1	0			1	1	0		
0	1	1			1	1	1		

实验 28 七段译码、显示

一、预习部分

1.实验目的和要求

(1)掌握共阳极、共阴极数码管的工作原理。

(2)掌握集成编码器的特点和应用方法。

(3)掌握集成七段显示译码器的特点和应用方法。

2. 实验原理

七段数码管是目前最常用的数字显示器，是将 7 个发光二极管按一定的方式排列起来，如实验图 28-1(a)，七段 a、b、c、d、e、f、g 各对应一个发光二极管，利用不同发光段的组合，显示 0～9 阿拉伯数字，如实验图 28-1(b)，有些数码管增加了一段 dp，作为小数点。七段数码管分为共阴极和共阳极两类，如实验图 28-2 所示，共阴极数码管各段发光二极管的阴极连在一起接低电平，需要某一段发光时，就将相应段发光二极管的阳极接高电平，构成不同的组合，则显示不同的数字；共阳极的驱动电平则刚好相反。为了使数码管能显示十进制数，必须将十进制数的代码通过译码器译出，然后经驱动器点亮数码管对应的段，常用的集成七段显示译码器不仅有译码功能，还具有一定的驱动能力，如 CD4511(共阴)、74LS47(共阳)、74LS48(共阴)等，七段数码显示广泛应用于交通灯、计数器、计分器、电子表显示等。

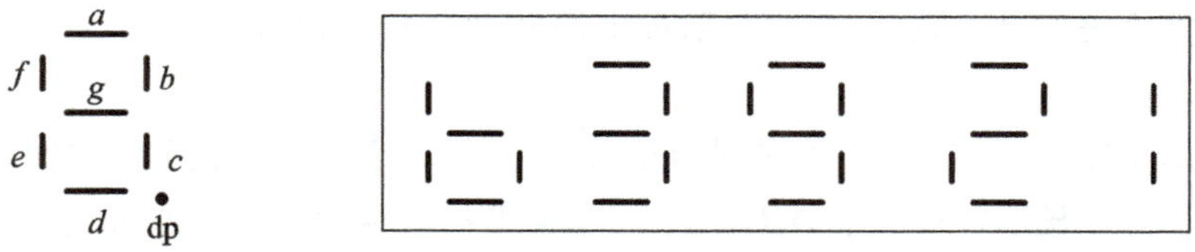

(a) 分段布置图　　(b) 段组合图

实验图 28-1　七段数码管组合图

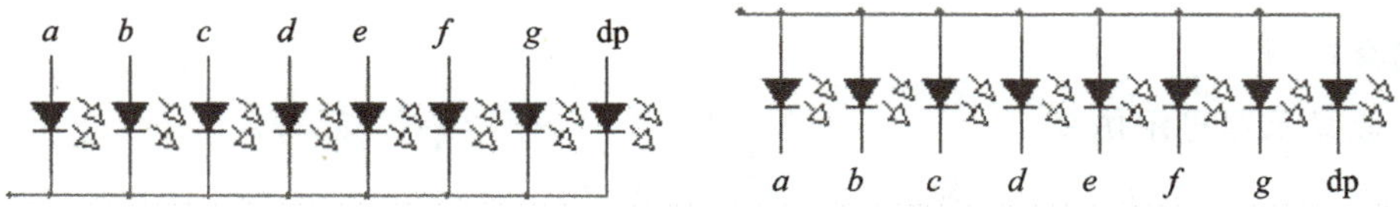

(a) 共阴极电路　　(b) 共阳极电路

实验图 28-2　七段数码管电路连接图

常用的集成七段显示译码器有两类，一类译码器输出高电平有效信号，用来驱动共阴极数码管；另一类输出低电平有效信号，以驱动共阳极数码管。显示译码器 CD4511 输入为 8421BCD 码时，输出高电平有效，用以驱动共阴极 LED 数码管，此外，该集成显示译码器还设有三个辅助控制端 $\overline{LT}$ (灯测试输入端)、$\overline{BL}$ (灭灯输入端)、LE (锁存使能输入端)，以增强器件的功能。

编码器是实现编码操作的电路，实际上是译码的逆过程。常用的二进制编码器有普通编码器和优先编码器。8 线-3 线优先编码器 CD4532 可以将 8 个输入信号分别编成 8 个 3 位二进制数码输出。

3. 实验内容

设计一个显示十进制数 0～7 的按键显示电路。要求某一时刻只有一个按键按下，此时 LED 数码管显示按下按键对应的十进制数字，当没有按键按下时，LED 数码管全部熄灭。原理框图如实验图 28-3 所示，当某一按键按下时，对应的十进制数被编为 8421BCD 码，并输入给显示译码器 CD4511，然后通过共阴极七段 LED 数码管显示。此外，电路还需要控制电路来判定是否有按键按下以确定 LED 数码显示还是熄灭。

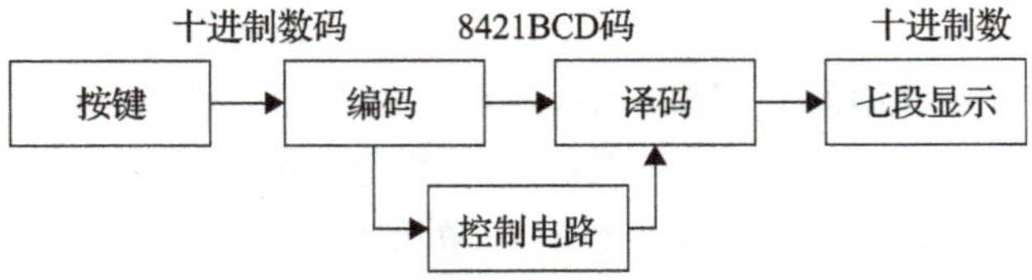

实验图 28-3　按键显示电路原理框图

4. 需用的元件及仪器

面包板 1 块、8 线-3 线优先编码器 CD4532 1 片、LED 数码管芯片 1 片、七段显示译码器 CD4511 芯片 1 片、万用表 1 块、直流稳压电源 1 台、连线若干。

5. 实验预习内容

(1)若七段数码管显示数字 3，则共阳极电路和共阴极电路 a、b、c、d、e、f、g 的输入电平状态各是什么？

(2)显示译码器 CD4511 的三个辅助控制端 $\overline{LT}$、$\overline{BL}$ 和 LE 的优先级如何？

(3)电路若处于显示译码状态，CD4511 三个辅助控制端的输入电平如何？

(4)显示译码器 CD4511 的输入端均为 0，试确定其输出端 a、b、c、d、e、f、g 的状态。

(5)8 线-3 线优先编码器 CD4532 的输入使能端 $EI=0$ 时，试确定输出端 $Y_2Y_1Y_0$ 的状态；输入使能端 $EI=1$，编码输入端 $I_1=I_3=I_5=1$，其他输入端为 0 时，输出端 $Y_2Y_1Y_0$ 的状态。

6. 仿真练习

1)七段显示器显示仿真

在 Multisim 12 中搭建如实验图 28-4 所示的电路。

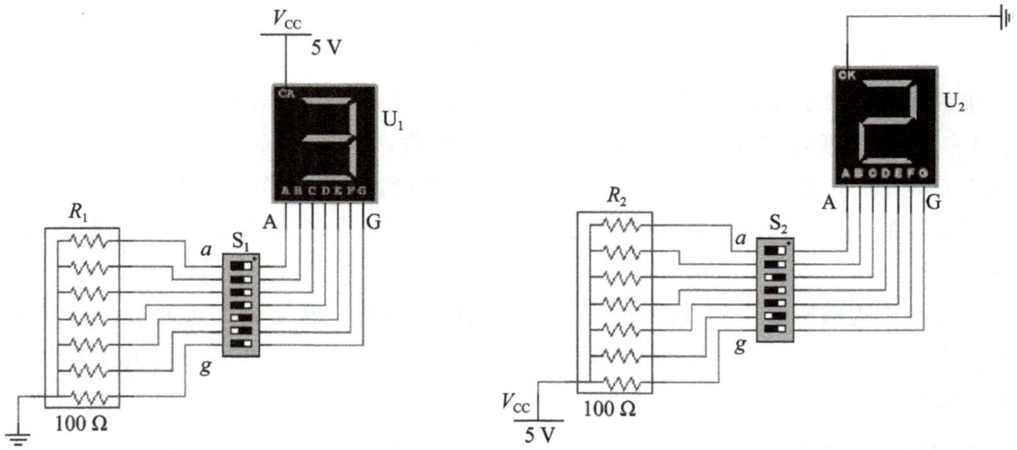

(a) 共阳极电路仿真　　　(b) 共阴极电路仿真

实验图 28-4　七段显示器显示仿真电路

改变电路中 S_1、S_2 开关状态进行测试，将共阳极数码管 U_1 和共阴极数码管 U_2 的显示结果填入实验表 28-1。

实验表 28-1　七段数码管仿真数据

输入(高电平——1,低电平——0)								输出(亮——1,灭——0)							
开关	*a*	*b*	*c*	*d*	*e*	*f*	*g*	LED	*A*	*B*	*C*	*D*	*E*	*F*	*G*
	1	1	1	1	1	1	0								
	0	1	1	0	0	0	0								
	1	1	0	1	1	0	1								
	1	1	1	1	0	0	1								
	0	1	1	0	0	1	1								
S_1	1	0	1	1	0	1	1	U_1							
	0	0	1	1	1	1	1								
	1	1	1	0	0	0	0								
	1	1	1	1	1	1	1								
	1	1	1	1	0	1	1								
	0	0	0	0	0	0	0								
	0	0	0	0	0	0	1								
S_2	1	0	0	1	1	1	1	U_2							
	…	…	…	…	…	…	…								

2)译码显示器功能测试仿真

改变电路的输入状态进行测试电路如实验图 28-5 所示,实验结果填入实验表 28-2。

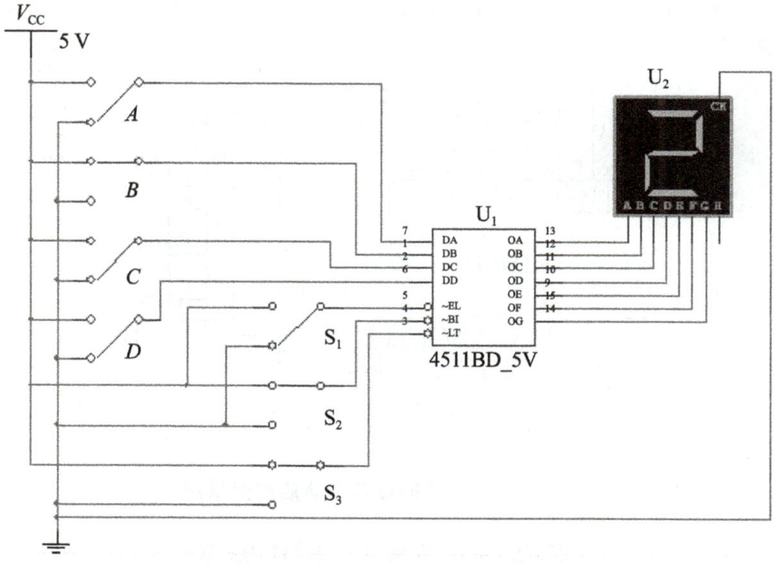

实验图 28-5　译码显示器功能测试仿真电路

实验表 28-2　译码显示器功能测试表

输入							输出	功能
$\overline{LT}$	$\overline{BI}$	$\overline{EL}$	D	C	B	A	字形	
0	×	0	×	×	×	×		
0	×	1	×	×	×	×		
1	0	×	×	×	×	×		
1	1	0	0	0	0	0		
1	1	0	0	0	0	1		
1	1	0	0	0	1	0		
1	1	0	0	0	1	1		
1	1	0	1	1	1	0		
1	1	0	1	1	1	1		
1	1	1	×	×	×	×		

3)根据实验图 28-3 原理设计一个显示十进制数 0～7 的按键显示电路，并进行仿真。

二、实验部分

1. 实验电路

根据设计方案选择所需集成芯片，搭建十进制数 0～7 的按键显示电路。

2. 实验过程

(1)译码显示器功能测试。改变电路的输入状态进行测试电路如实验图 28-6 所示，实验结果填入实验表 28-3。

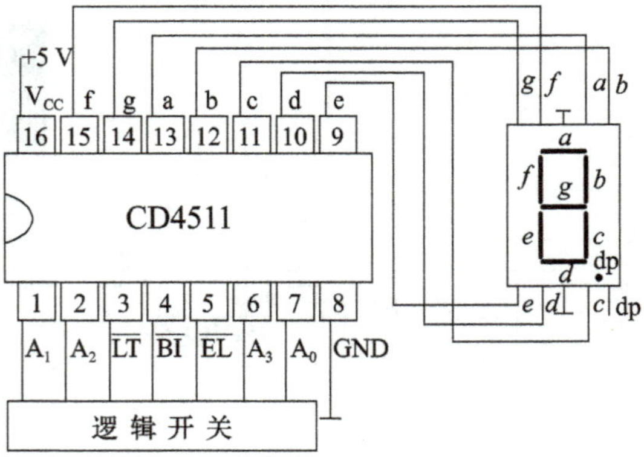

实验图 28-6　译码显示器功能测试电路

实验表 28-3　译码显示器功能测试表

输入							输出	功能
$\overline{LT}$	$\overline{BI}$	$\overline{EL}$	A_3	A_2	A_1	A_0	字形	
0	×	×	×	×	×	×		

续实验表 28-3

输入							输出	功能
$\overline{LT}$	$\overline{BI}$	$\overline{EL}$	A_3	A_2	A_1	A_0	字形	
1	0	×	×	×	×	×		
1	1	0	0	0	0	0		
1	1	0	0	0	0	1		
1	1	0	0	0	1	0		
1	1	0	0	0	1	1		
1	1	0	0	1	0	0		
1	1	0	0	1	0	1		
1	1	0	0	1	1	0		
1	1	0	0	1	1	1		
1	1	0	1	1	1	0		
1	1	0	1	1	1	1		
1	1	1	×	×	×	×		

(2)设计一个显示十进制数 0～7 的按键显示电路，并进行测试。

①设按键 S_0、S_1、…、S_7 为编码电路的输入端，分别对应十进制数 0、1、…、7，1 表示按键按下，0 表示按键没有按下；Y_2、Y_1、Y_0 为编码电路的输出，经过译码显示电路显示，GS 表示是否有按键按下，0 表示没有按键按下，1 表示有按键按下，即 S_0、S_1、…、S_7 均为 0 时，GS 才为 0，此时 LED 数码熄灭，否则显示按下的按键号，电路如实验图 28-7 所示。

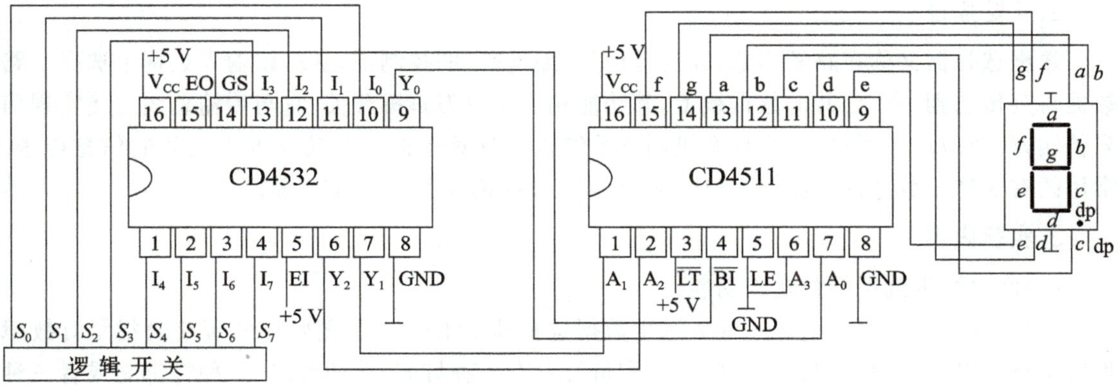

实验图 28-7　按键显示电路

②搭建十进制数 0～7 的按键电路，按下任何一个按键，要求某一时刻只有一个按键按下，观察电路的七段数码管显示状态，实验结果填入实验表 28-4。

实验表 28-4　按键显示电路测试表

按键（“1”按下，“0”未按下）								显示字形
S_0	S_1	S_2	S_3	S_4	S_5	S_6	S_7	
0	0	0	0	0	0	0	0	
1	0	0	0	0	0	0	0	
0	1	0	0	0	0	0	0	
0	0	1	0	0	0	0	0	
0	0	0	1	0	0	0	0	
0	0	0	0	1	0	0	0	
0	0	0	0	0	1	0	0	
0	0	0	0	0	0	1	0	
0	0	0	0	0	0	0	1	

实验 29　数据选择器

一、预习部分

1. 实验目的和要求

(1)掌握数据选择器的逻辑功能、特点及其测试方法。

(2)掌握数据选择器的级联扩展方法及相关测试。

(3)掌握数据选择器的应用方法及电路测试。

2. 实验原理

数据选择器又称多路复用器，在选择信号(地址码)的控制下，从多路输入数据中选择一路数据将其传送到一个公共的数据线上，其功能相当于单刀多掷开关，它与传输总线连接实现信号传输，广泛应用于通信系统、计算机网络系统以及计算机内部各功能部件之间的信息传送。常用的有 8 选 1 数据选择器 74LS151 和 4 选 1 数据选择器 74LS153 等。

3. 实验内容

(1)测试数据选择器的逻辑功能。

(2)实现逻辑函数。应用一片 8 选 1 数据选择器 74LS151 和逻辑门实现交通指示灯故障报警电路。要求：任意一时刻红灯、绿灯和黄灯只有一种灯亮，若两种灯、三种灯都亮或者三种灯都不亮均为故障状态。

(3)选做内容：8 位数据传输电路设计。应用数据选择器 74LS151 和译码器 74LS138 设计一个 8 位数据传输电路，要求在 3 位通道选择信号的控制下，将 8 个输入数据中的任何一个传送到 8 个输出端中相对应的一个输出端，原理框图如实验图 29-1 所示，将 74LS138 的一个低电平有效使能端作为数据输入端，3 个数据输入端作为选择通道的地址输入，从而实现 1 个数据信号分配到 8 个不同的通道上去。

4. 需用的元件及仪器

面包板 1 块、反相器 74LS04 芯片 1 片、四 2 输入或门 74LS32 芯片 1 片、双 4 选 1 数据选择器 74LS153 芯片 1 片、8 选 1 数据选择器 74LS151 芯片 1 片、3 线-8 线译码器 74LS138 芯片 1 片、万用表 1 块、直流稳压电源 1 台、发光二极管和连线若干。

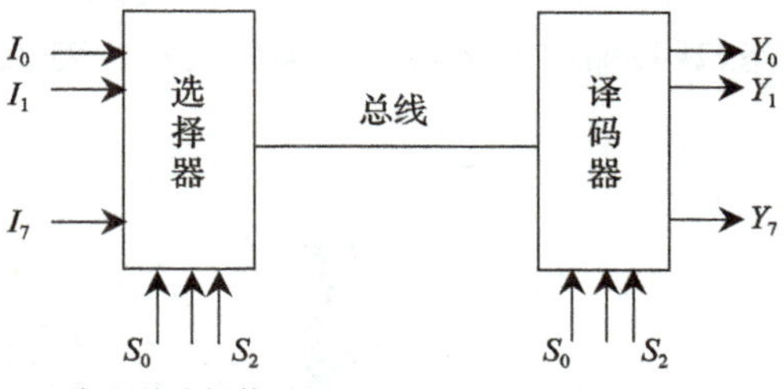

实验图 29-1　八位数据传输原理框图

5. 实验预习内容

(1)若 4 选 1 数据选择器的选择信号输入端 $S_1S_0=01$，则输出数据为 D_3、D_2、D_1 和 D_0 中的哪一路数据？

(2)数据选择器的选择信号输入端为 n 个，则可选择的数据通道数是多少？

(3)写出 8 选 1 数据选择器 74LS151 处于工作状态时，输出端 Y 的逻辑表达式。

6. 仿真练习

1)选择器功能测试仿真

改变 4 选 1 数据选择器电路的输入状态进行测试，电路如实验图 29-2 所示，实验结果填入实验表 29-1。

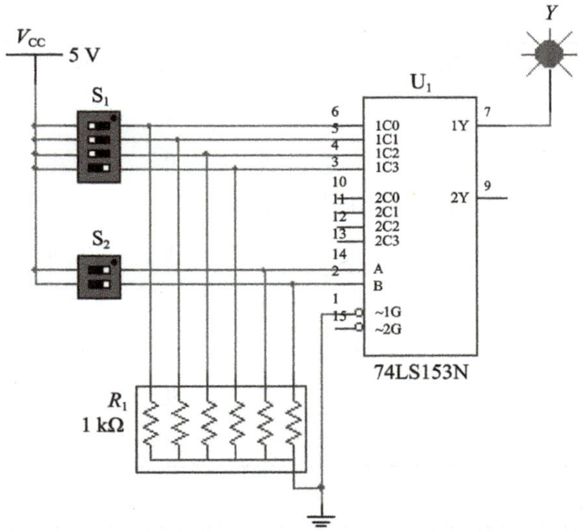

实验图 29-2　选择器功能测试仿真电路

实验表 29-1　数据选择器功能测试表

输入							输出
$\overline{G}$	B	A	C_3	C_2	C_1	C_0	Y
1	×	×	×	×	×	×	
0	0	0	0	0	0	1	
0	0	1	0	0	1	0	
0	1	0	0	1	0	0	
0	1	1	1	0	0	0	

2)选择器扩展测试仿真

用双4选1选择器扩展为8选1选择器仿真电路如实验图29-3所示，改变输入信号的状态，观察输出并将输出结果填入实验表29-2。

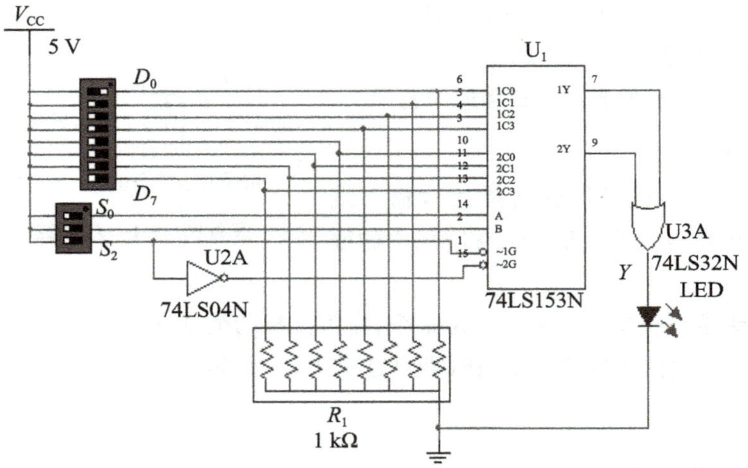

实验图 29-3　选择器扩展测试仿真电路

实验表 29-2　选择器扩展功能测试表

输入											输出
S_2	S_1	S_0	D_7	D_6	D_5	D_4	D_3	D_2	D_1	D_0	Y
0	0	0	0	0	0	0	0	0	0	1	
0	0	1	0	0	0	0	0	0	1	0	
0	1	0	0	0	0	0	0	1	0	0	
0	1	1	0	0	0	0	1	0	0	0	
1	0	0	0	0	0	1	0	0	0	0	
1	0	1	0	0	1	0	0	0	0	0	
1	1	0	0	1	0	0	0	0	0	0	
1	1	1	1	0	0	0	0	0	0	0	

3)交通指示灯故障报警电路仿真

(1)设输入变量为R(红灯)、Y(黄灯)、G(绿灯)，“1”表示灯亮，“0”表示灯不亮；输出变量为L，“1”表示故障报警，“0”表示无故障；

(2)根据交通指示灯故障报警电路设计要求，建立真值表，将结果填入实验表29-3；

实验表 29-3　交通指示灯故障报警电路真值表

R	Y	G	L
0	0	0	
0	0	1	
0	1	0	

续实验表 29-3

R	Y	G	L
0	1	1	
1	0	0	
1	0	1	
1	1	0	
1	1	1	

(3)根据实验表 29-3 写出输出变量 L 最小项和的形式；

(4)应用 8 选 1 数据选择器 74LS151 实现(3)中的逻辑表达式，并画出逻辑电路图；

(5)根据逻辑电路，在 Multisim 12 中搭建仿真电路，并将仿真测试结果填入实验表 29-4，参考仿真电路如实验图 29-4 所示。

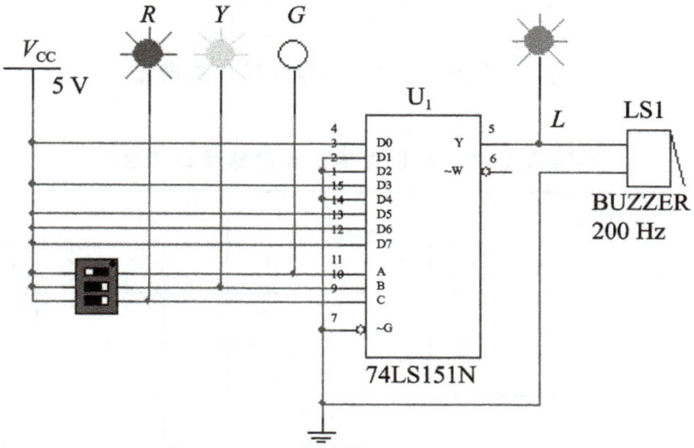

实验图 29-4　交通指示灯故障报警仿真电路

实验表 29-4　交通指示灯故障报警电路测试表

R	Y	G	L
0	0	0	
0	0	1	
0	1	0	
0	1	1	
1	0	0	
1	0	1	
1	1	0	
1	1	1	

4)8 位数据传输电路仿真

改变电路数据输入及通道选择信号的状态进行测试，电路如实验图 29-5 所示，实验结果填入实验表 29-5。若选择的输入数据是 I_6，对应的地址码是多少？

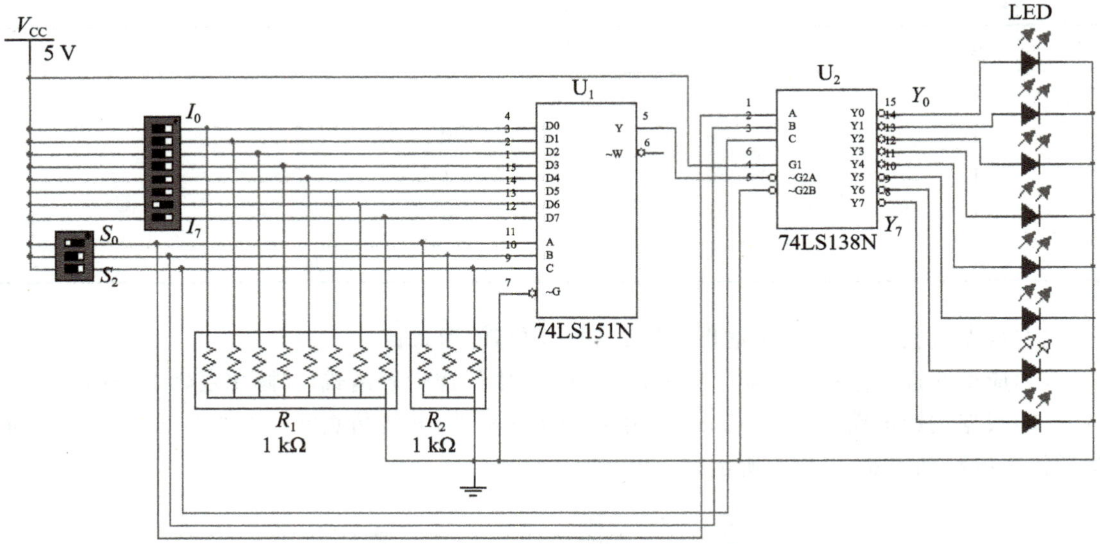

实验图 29-5 八位数据传输仿真电路

实验表 29-5 八位数据传输电路功能测试表

输入											输出							
S_2	S_1	S_0	I_7	I_6	I_5	I_4	I_3	I_2	I_1	I_0	Y_7	Y_6	Y_5	Y_4	Y_3	Y_2	Y_1	Y_0
0	0	0	1	1	1	1	1	1	1	0								
										1								
0	0	1	1	1	1	1	1	1	0	1								
									1									
0	1	0	1	1	1	1	1	0	1	1								
								1										
0	1	1	1	1	1	1	0	1	1	1								
							1											
1	0	0	1	1	1	0	1	1	1	1								
						1												
1	0	1	1	1	0	1	1	1	1	1								
					1													
1	1	0	1	0	1	1	1	1	1	1								
				1														
1	1	1	0	1	1	1	1	1	1	1								
			1															

二、实验部分

1.选择器功能测试

改变8选1选择器电路的输入状态进行测试，电路如实验图29-6所示，实验结果填入实验表29-6。

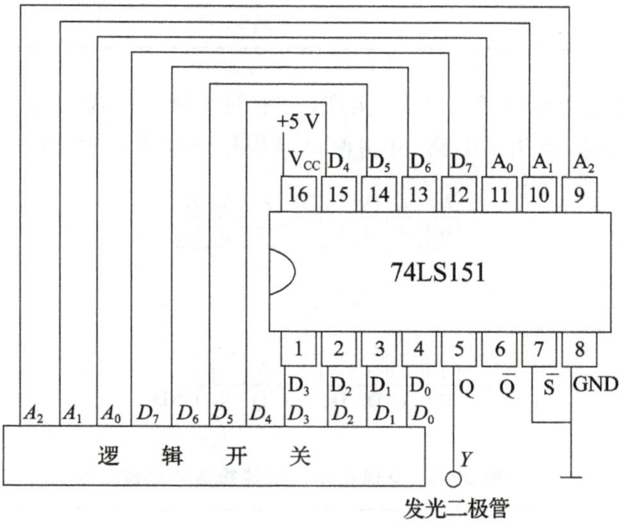

实验图29-6　选择器功能测试电路

实验表29-6　选择器功能测试表

输入											输出
A_2	A_1	A_0	D_7	D_6	D_5	D_4	D_3	D_2	D_1	D_0	Y
0	0	0	0	0	0	0	0	0	0	1	
0	0	1	0	0	0	0	0	0	1	0	
0	1	0	0	0	0	0	0	1	0	0	
0	1	1	0	0	0	0	1	0	0	0	
1	0	0	0	0	0	1	0	0	0	0	
1	0	1	0	0	1	0	0	0	0	0	
1	1	0	0	1	0	0	0	0	0	0	
1	1	1	1	0	0	0	0	0	0	0	

2.交通指示灯故障报警电路

(1)设输入变量为R(红灯)、Y(黄灯)、G(绿灯)，“1”表示灯亮，“0”表示灯不亮；输出变量为L，“1”表示故障报警，“0”表示无故障。

(2)根据交通指示灯故障报警电路设计要求，建立真值表。

(3)根据实验表29-7写出输出变量L最小项和的形式。

实验表 29-7　交通指示灯故障报警电路状态表

R	Y	G	L	R	Y	G	L
0	0	0		1	0	0	
0	0	1		1	0	1	
0	1	0		1	1	0	
0	1	1		1	1	1	

(4)应用 8 选 1 数据选择器 74LS151 实现(3)中的逻辑表达式,并画出逻辑电路图。

(5)根据逻辑电路,搭建测试电路,并将测试结果记录在实验表 29-8 中。

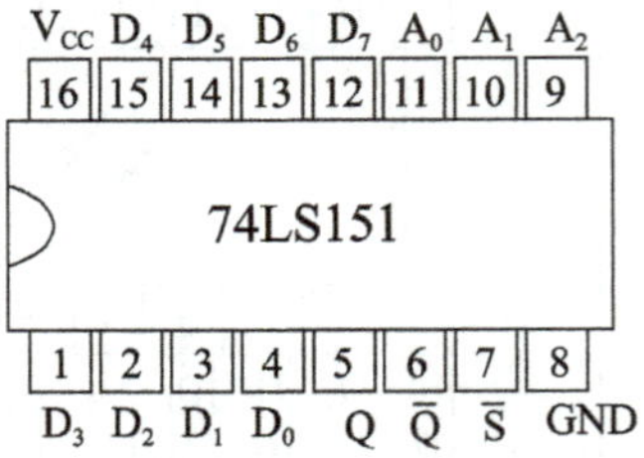

实验表 29-8　交通指示灯故障报警电路测试表

R	Y	G	L	R	Y	G	L
0	0	0		1	0	0	
0	0	1		1	0	1	
0	1	0		1	1	0	
0	1	1		1	1	1	

实验 30　集成加法器

一、预习部分

1. 实验目的和要求

(1)掌握集成加法器的功能、特点和应用方法。

(2)熟悉数制、码制和加法器的结合应用。

2. 实验原理

全加器是中规模组合逻辑器件,可实现二进制数据的加法运算。一位全加器有 3 个输入端,即加数、被加数和低一位向本位的进位,有 2 个输出端,即相加的本位和以及本位向高一位的进位。74LS283 是一种典型的快速进位集成 4 位加法器,可实现两个 4 位二进制数相加运算,同时产生进位。74LS283 除了可以用于加法运算外,还有很多用途,如用作数码转换、全减器等。

3. 实验内容

(1)设计一个 4 位二进制码/8421BCD 码的转换电路。电路原理框图如实验图 30-1 所示，二进制数码作为加法器的一个加数，当其小于等于 9 时，加法器的另一个加数输入端为 0000，大于 9 时，加数输入端为 0110，可通过门电路实现。加法器的本位和作为 8421BCD 码的个位，进位作为 8421BCD 码十位的最末位，高三位均为 0。

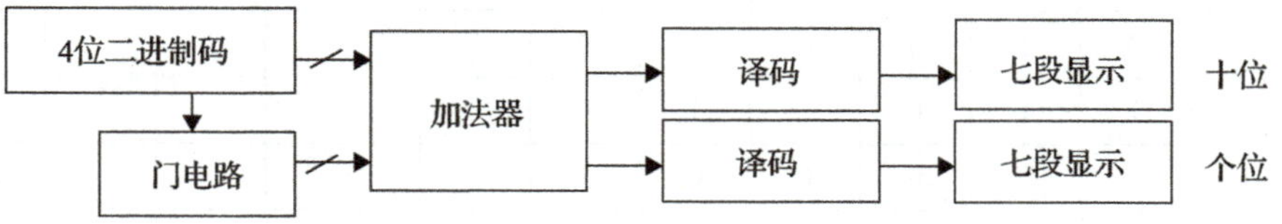

实验图 30-1　二进制码/8421BCD 码转换电路原理框图

(2)设计 4 位二进制数求和电路，要求两个 4 位二进制数相加的和小于等于 19，运算结果通过十进制七段数码管显示。

提示：两个 4 位二进制数分别作为加法器被加数、加数的输入端，加法器的本位和、进位输出端经数码转换后分别作为 8421BCD 码的个位和十位。数码变换部分可通过二进制码/8421BCD 码的转换电路实现。

4. 需用的元件及仪器

面包板 1 个、四 2 输入与门 74LS08 芯片 1 片、四 2 输入或门 74LS32 芯片 1 片、LED 数码管芯片 2 片、七段显示译码器 CD4511 芯片 2 片、集成 4 位加法器 74LS283 2 片、万用表 1 块、直流稳压电源 1 台、发光二极管和连线若干。

5. 实验预习内容

(1)如何将 4 位二进制数码转换为 8421BCD 码？

(2)集成 4 位加法器 74LS283 在应用时若作为低片位使用，其进位输入端应如何处理？

6. 仿真练习

1)四位加法器功能测试仿真

在 Multisim 12 中，搭建如实验图 30-2 所示的电路，改变电路的输入状态进行测试，电路如实验图 30-3 所示，实验结果填入实验表 30-1。

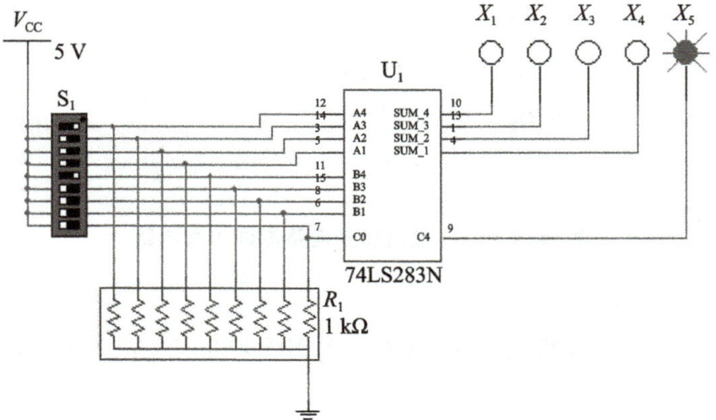

实验图 30-2　四位加法器功能测试仿真电路

实验表 30-1　加法器功能测试表

输入									输出				
进位 C_o	被加数 $A_4A_3A_2A_1$				加数 $B_4B_3B_2B_1$				进位 X_5	和 $X_4X_3X_2X_1$			
0	0	0	0	1	1	1	1	1					
0	1	0	1	0	0	1	0	1					
0	0	1	1	0	1	1	0	0					
0	1	0	0	0	0	0	1	1					
0	1	0	0	0	0	1	1	0					
1	1	0	0	0	1	0	0	0					
1	1	0	0	0	1	1	0	0					
1	1	0	0	1	0	0	0	0					
1	1	0	0	1	0	1	0	0					
1	1	1	1	1	1	1	1	1					
…	…	…	…	…	…	…	…	…					

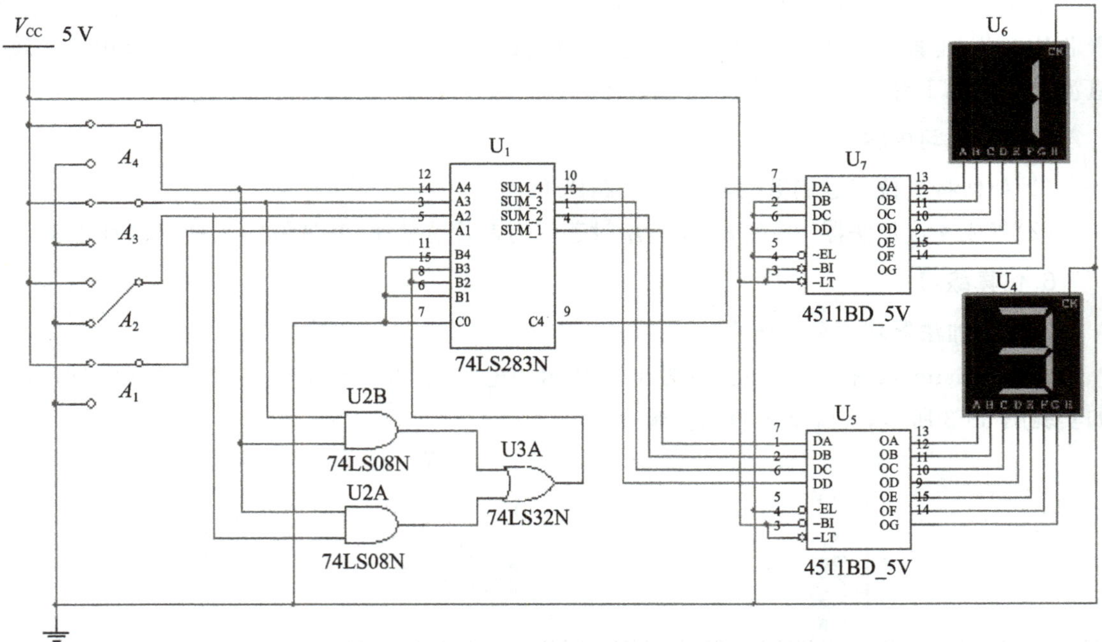

实验图 30-3　数码转换电路测试仿真电路

2)数码转换电路测试仿真

改变电路的输入状态进行测试,实验结果填入实验表 30-2,并说明电路所实现的功能。

实验表 30-2　数码转换电路测试表

A_4	A_3	A_2	A_1	U_4(字形)	U_6(字形)
0	0	0	0		
0	0	0	1		
0	0	1	0		
0	0	1	1		
0	1	0	0		
0	1	0	1		
0	1	1	0		
0	1	1	1		
1	0	0	0		
1	0	0	1		
1	0	1	0		
1	0	1	1		
1	1	0	0		
1	1	0	1		
1	1	1	0		
1	1	1	1		

3)设计完成和小于等于 19 的 4 位二进制数求和电路,并进行仿真。参考仿真电路如实验图 30-4 所示。

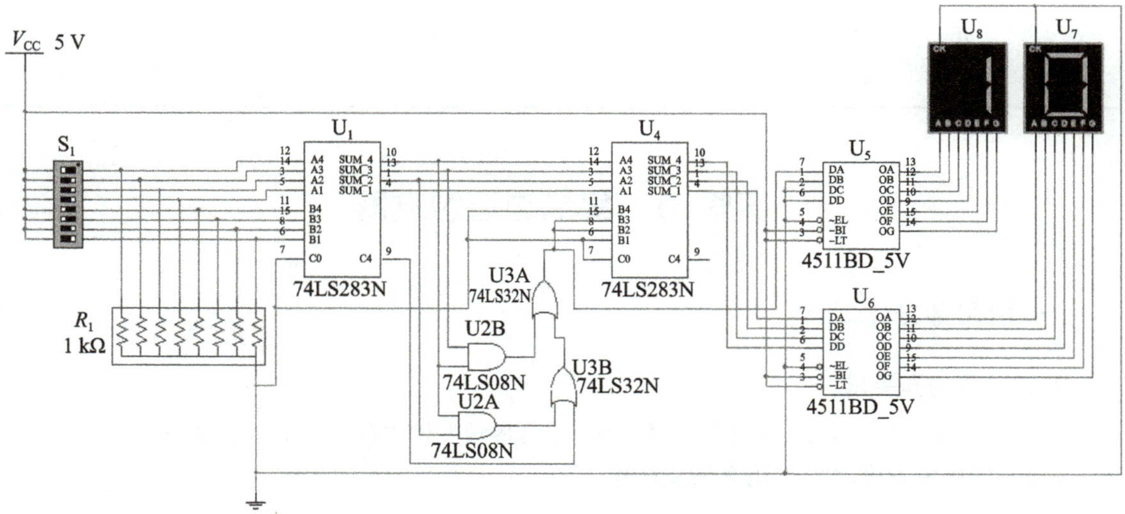

实验图 30-4　4 位二进制数求和仿真电路

改变电路的输入状态进行测试,实验结果填入实验表 30-3。

实验表 30-3　4 位二进制数求和电路测试表

输入								输出	
被加数				加数				十位	个位
1	1	1	1	0	0	0	1		
1	0	0	0	0	1	0	1		
0	1	1	0	1	1	0	0		
1	0	0	0	0	0	1	1		
…	…	…	…	…	…	…	…		

二、实验部分

1. 实验电路

根据设计方案选择所需集成芯片，搭建和小于等于 19 的两个 4 位二进制数求和电路。

2. 实验测试结果

改变被加数、加数的大小，观察电路的显示结果，填入实验表 30-4，并判断所设计电路的功能是否正确。

实验表 30-4　4 位二进制数求和电路测试表

输入								输出	
被加数				加数				十位	个位
1	1	1	1	0	0	0	1		
1	0	0	0	0	1	0	1		
0	1	1	0	1	1	0	0		
1	0	0	0	0	0	1	1		
…	…	…	…	…	…	…	…		

实验 31　集成边沿触发器

一、预习部分

1. 实验目的和要求

(1)掌握 JK 触发器、D 触发器的逻辑功能，熟悉触发器之间相互转换的方法。

(2)掌握集成触发器的使用方法及应用。

2. 实验原理

触发器是计算机记忆装置的基本单元，可以组成寄存器、存储器，是对脉冲边沿敏感的双稳态电路，即具有 0 和 1 两种稳定状态，一旦状态被确定就能自行保持，长期存储 1 位二进制码，直到有外部时钟脉冲触发信号作用时状态才有可能改变，它是构成各种时序电路的最基本逻辑单元。电路结构不同的触发器对时钟脉冲的敏感边沿不同，有上升沿触发和下降沿触发。常用的触发器有 JK 触发器、D 触发器、T 触发器等。

3. 实验内容

(1)利用 D 触发器或 JK 触发器设计一个二分频电路，要求电路输出的脉冲波形频率是时钟信号 CP 频率的二分之一。

(2)应用双 D 触发器 74LS74 和 2 线-4 线译码器 74LS139 设计一个四位流水灯电路，要求随着时钟信号 CP 的输入，译码器的输出信号依次循环点亮 4 个流水灯。原理结构如实验图 31-1，两个 D 触发器级联依次得到时钟信号的二分频、四分频信号，分频信号作为译码器的数据输入信号，随着 CP 信号的输入，译码器的 4 个输出端信号依次有效，即循环点亮 4 个流水灯。

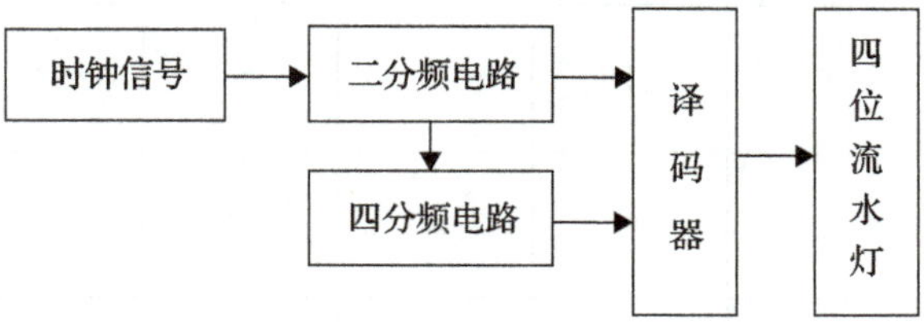

实验图 31-1　四位流水灯电路原理框图

4. 需用的元件及仪器

面包板 1 块、四 2 输入与门 74LS08 芯片 1 片、2 线-4 线译码器 74LS139 1 片、双 D 触发器 74LS74 芯片 2 片、双 JK 触发器 74LS76 芯片 1 片、万用表 1 块、信号发生器 1 台、双踪示波器 1 台、直流稳压电源 1 台、发光二极管和连线若干。

5. 实验预习内容

(1)触发器的逻辑功能和电路结构之间有什么关系？

(2)何为触发器的现态和次态？

(3)写出 JK、D 和 T 触发器的特征方程。

(4)采用 JK 触发器、D 触发器如何构成 T' 触发器，实现翻转功能（时钟信号的二分频）。

6. 仿真练习

1) JK 触发器逻辑功能测试仿真

在 Multisim 12 中搭建如实验图 31-2 所示的电路，在时钟脉冲 CP 作用下改变电路的输入状态进行测试，实验结果填入实验表 31-1。

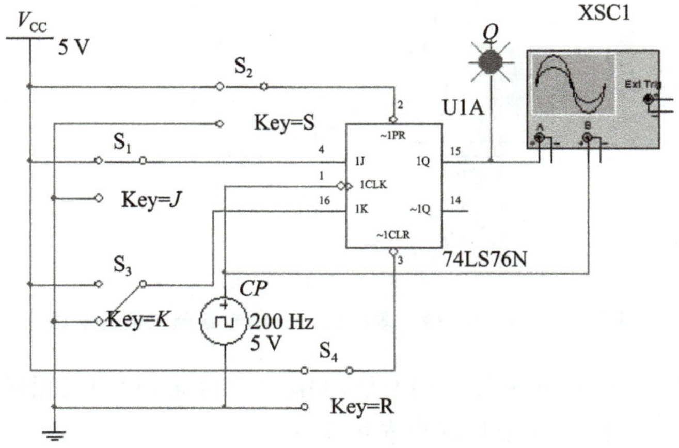

实验图 31-2　JK 触发器功能测试仿真电路

实验表 31-1　*JK* 触发器功能测试表

输入					输出		功能总结
$\overline{PR}$	$\overline{CLR}$	$\overline{CLK}$	J	K	Q^n	Q^{n+1}	
0	0	×	×	×	0		
					1		
0	1	×	×	×	0		
					1		
1	0	×	×	×	0		
					1		
1	1	↓	0	0	0		
					1		
1	1	↓	0	1	0		
					1		
1	1	↓	1	0	0		
					1		
1	1	↓	1	1	0		
					1		

2)二分频电路测试仿真

分频就是将同一个时钟信号通过一定的电路转变成不同频率的时钟信号。二分频就是通过有分频作用的电路结构，在时钟每触发 2 个周期时，电路输出 1 个周期信号，*JK* 触发器构成二分频电路测试仿真电路如实验图 31-3 所示。

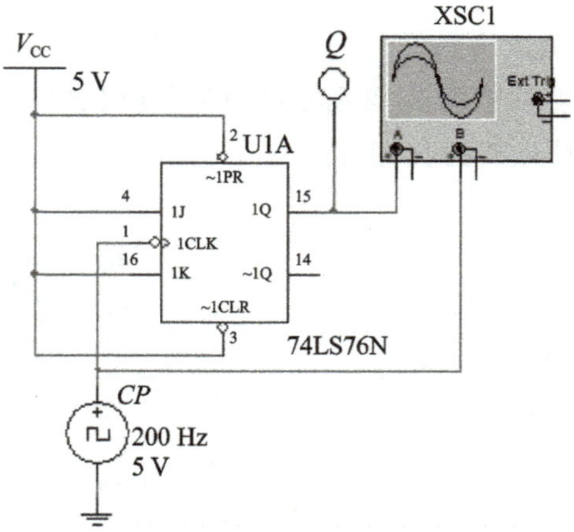

实验图 31-3　*JK* 触发器构成二分频电路测试仿真电路

(1)观察电路在 *CP* 作用下输出 *Q* 的波形，并画出其波形，说明所用触发器是上升沿触发还是下降沿触发，分频后输出 *Q* 波形的频率是多少？

波形图：

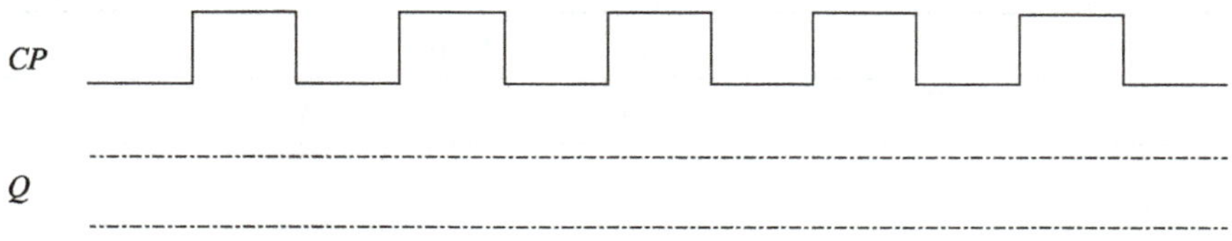

(2)依据上述方法应用 D 触发器 74LS74 完成二分频电路的设计仿真，电路如实验图 31-4 所示。

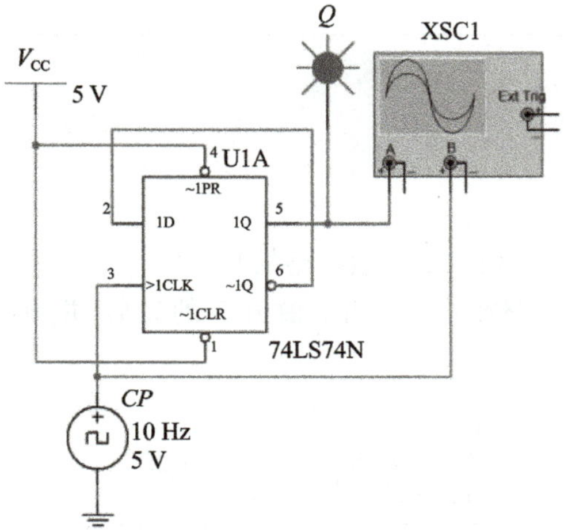

实验图 31-4　D 触发器构成二分频电路测试仿真电路

3)四位流水灯电路测试仿真

在 Multisim 12 中搭建如实验图 31-5 所示的电路，在 CP 作用下测试电路，实验结果填入实验表 31-2。

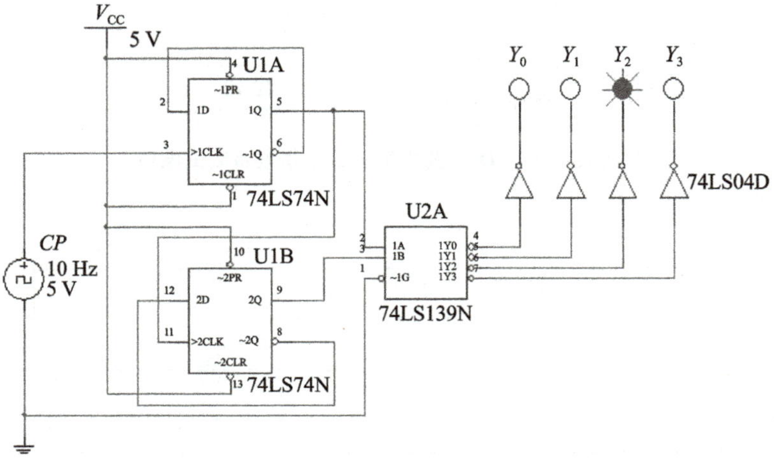

实验图 31-5　四位流水灯电路测试仿真电路

实验表 31-2　四位流水灯电路测试表

输入	输出			
CP	$\overline{Y_3}$	$\overline{Y_2}$	$\overline{Y_1}$	$\overline{Y_0}$
↑				
↑				
↑				
↑				
↑				

二、实验部分

1. 二分频电路设计

1)应用 D 触发器 74LS74 构成二分频电路的测试

根据实验图 31-6 观察电路在 CP 作用下输出 Q 的波形，并画出其波形，说明所用触发器是上升沿触发还是下降沿触发。

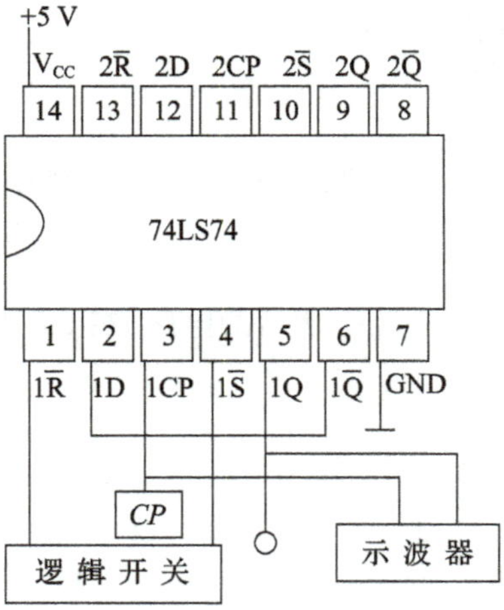

实验图 31-6　D 触发器构成二分频电路测试电路

波形图：

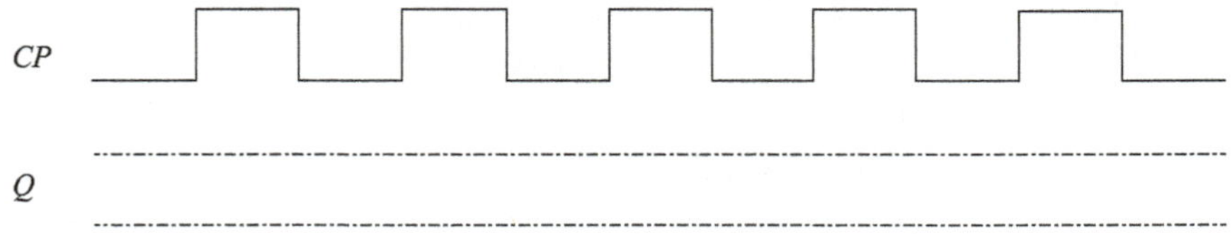

2)应用 D 触发器 74LS74 构成四分频电路的测试

根据实验图 31-7 观察电路在 CP 时钟信号作用下输出 Q_2Q_1 的波形，并画出其波形，设 Q_2Q_1 初态为 00。

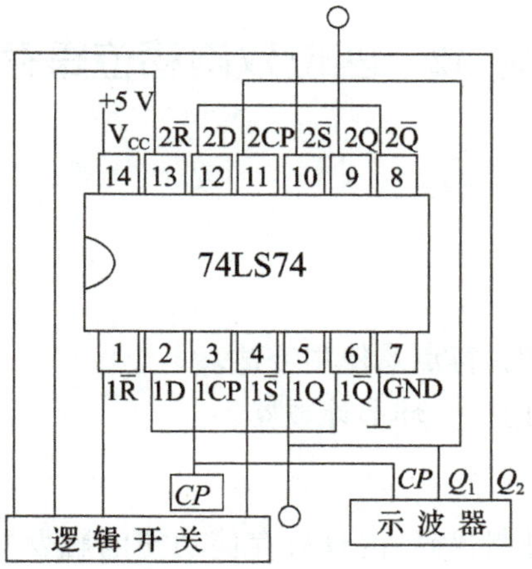

实验图 31-7　*D* 触发器构成四分频电路测试电路

波形图：

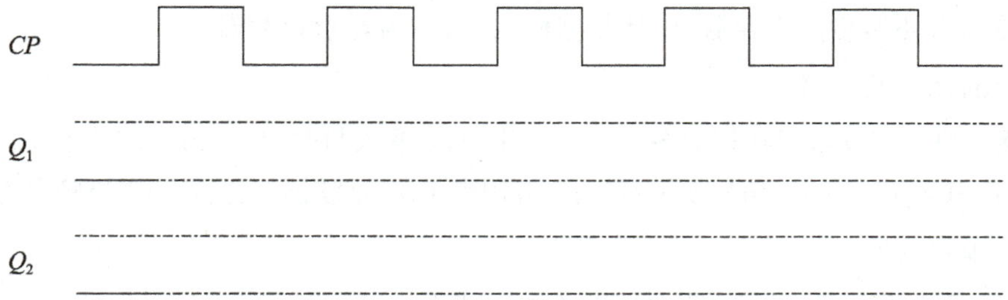

2. 四位流水灯电路搭建与测试

搭建四位流水灯电路，在 CP 作用下测试电路，观察流水灯电路输出状态 $\overline{Y_0}$ ～$\overline{Y_3}$，实验结果填入实验表 31-3，电路所用芯片引脚图如下。

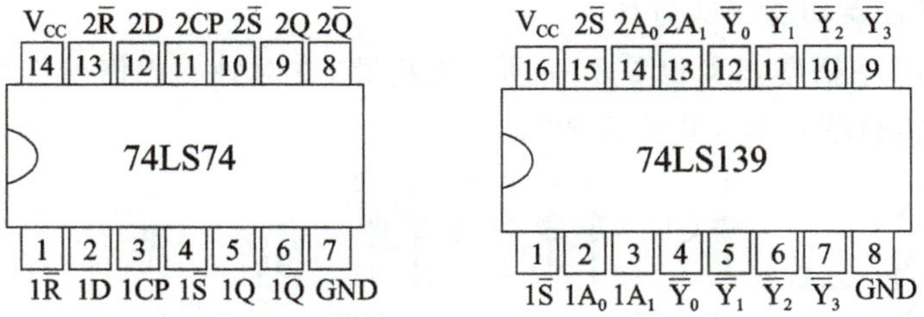

实验表 31-3　四位流水灯电路测试表

输入	输出			
CP	$\overline{Y_3}$	$\overline{Y_2}$	$\overline{Y_1}$	$\overline{Y_0}$
↑				
↑				
↑				
↑				
↑				

实验32　四位双向移位寄存器

一、预习部分

1. 实验目的和要求

(1)掌握移位寄存器的功能、特点及使用方法。

(2)熟悉移位寄存器的应用——环形计数器。

2. 实验原理与内容

寄存器的功能是存储二进制代码,由具有存储功能的触发器组合起来构成的。双向移位寄存器具有数据保持、右移、左移、并行输入和并行输出的功能。

环形计数器设计。为了实现在移位过程中,数据仍保持在寄存器中不丢失,将移位寄存器最高位的输出接至最低位的输入,或将移位寄存器最低位的输出接至最高位的输入,实现这一功能的电路称为环形移位寄存器,作计数器使用时,称为环形计数器。

3. 需用的元件及仪器

面包板1块、四2输入与门74LS08芯片1片、四2输入与非门74LS00芯片1片、四位双向移位寄存器74LS194芯片1片、信号发生器1台、万用表1块、示波器1台、发光二极管和连线若干。

4. 实验预习内容

(1)理解四位双向移位寄存器74LS194的功能表。

(2)锁存器与寄存器的主要区别是什么?

(3)何为移位寄存器的左移、右移?

5. 仿真练习

1)双向移位寄存器功能测试仿真

在Multisim 12中搭建如实验图32-1所示的电路,在时钟CP信号作用下改变电路的输入状态进行测试,实验结果填入实验表32-1。

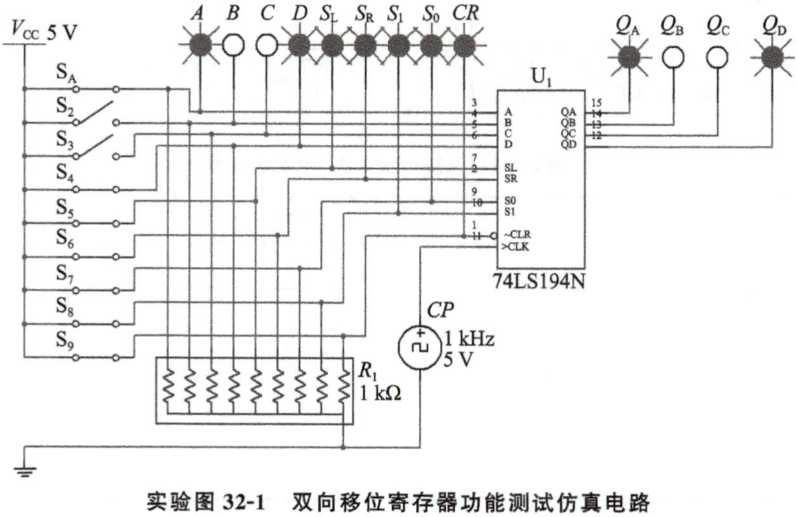

实验图32-1　双向移位寄存器功能测试仿真电路

实验表 32-1　双向移位寄存器功能测试表

清除	模式		串行		输入	输出		功能总结
						$Q_AQ_BQ_CQ_D$		
$\overline{CLR}$	S_1	S_0	S_L	S_R	$ABCD$	未加脉冲	加单脉冲	
0	×	×	×	×	××××			
1	1	1	×	×				
1	0	1	×	1				
1	0	1	×	0				
1	1	0	1	×				
1	1	0	0	×				
1	0	0	×	×				

2)环形移位寄存器测试仿真

仿真电路如实验图 32-2 所示，当开关 S 置“1”时，电路处于“并入并出”状态，将电路的初始状态设置为 0111；当开关 S 置“0”时，电路处于“循环右移”状态，观察此时电路在时钟 CP 信号作用下，输出 $Q_AQ_BQ_CQ_D$ 的状态，并画出其状态转换图。

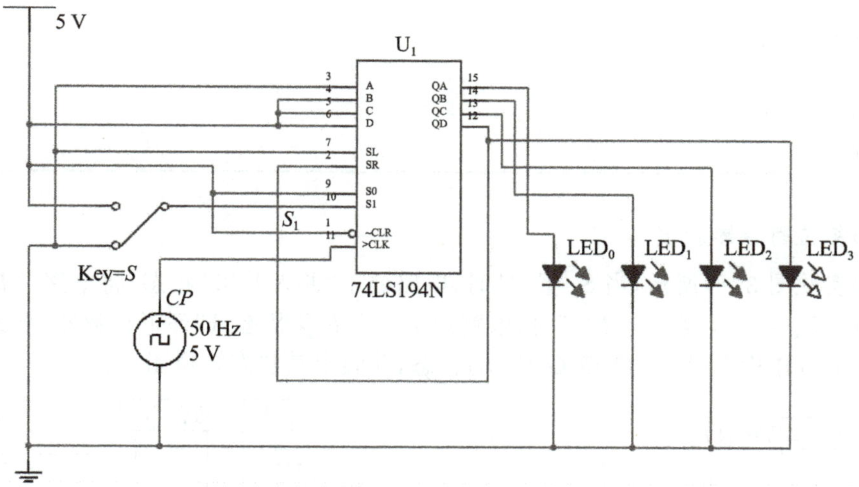

实验图 32-2　环形右移寄存器测试仿真电路

依据上述方法完成环形左移寄存器的电路设计并仿真，仿真参考电路如实验图 32-3 所示。

二、实验部分

1. 双向移位寄存器功能测试

搭建如实验图 32-4 所示的电路，在时钟 CP 信号作用下改变电路的输入状态进行测试，实验结果填入实验表 32-2。

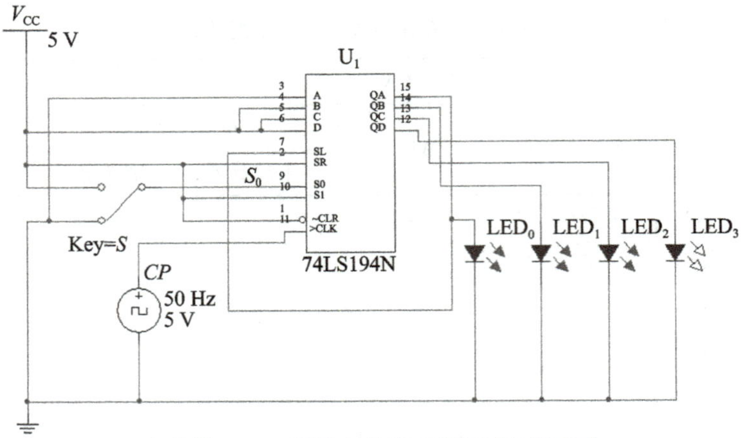

实验图 32-3　环形左移寄存器测试仿真电路

实验表 32-2　双向移位寄存器功能测试表

清除	模式		串行		输入	输出		功能总结
						$Q_0Q_1Q_2Q_3$		
$\overline{CR}$	S_1	S_0	D_{SL}	D_{SR}	$D_0D_1D_2D_3$	未加脉冲	加单脉冲	
0	×	×	×	×	××××			
1	1	1	×	×				
1	0	1	×	1				
1	0	1	×	0				
1	1	0	1	×				
1	1	0	0	×				
1	0	0	×	×				

2. 环形移位寄存器测试

电路如实验图 32-5 所示，当 S_1 置“1”时，电路处于“并入并出”状态，将电路的初始状态设置为 $Q_0Q_1Q_2Q_3=0111$；当 S_1 置“0”时，电路处于环形右移状态，即环形计数器，观察此时电路在时钟 CP 信号作用下，输出 $Q_0Q_1Q_2Q_3$ 的状态，并画出其状态转换图。

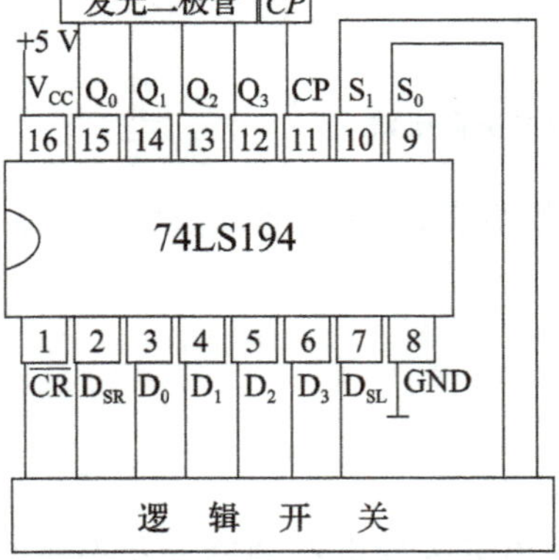

实验图 32-4　双向移位寄存器功能测试电路

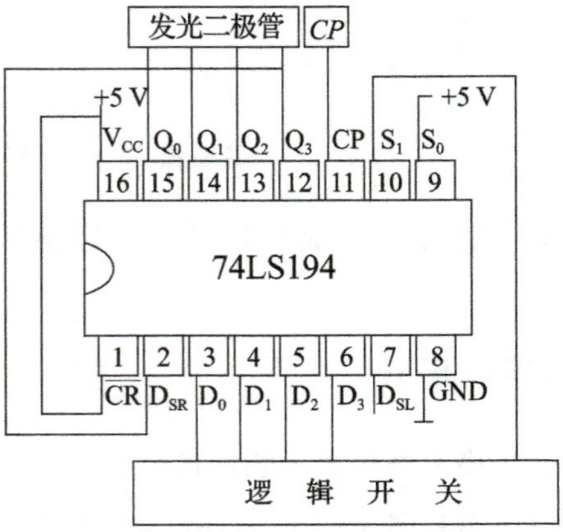

实验图 32-5　环形右移寄存器功能测试电路

3. 环形左移寄存器的电路设计

搭建环形左移电路，电路输出端接发光二极管或示波器作为显示端。观察在时钟 CP 信号的作用下，输出端 $Q_0Q_1Q_2Q_3$ 的状态，并画出时序图。

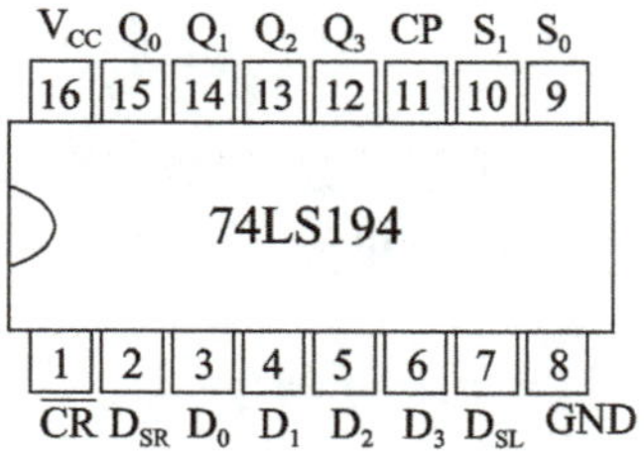

$Q_0Q_1Q_2Q_3$ 的时序图：

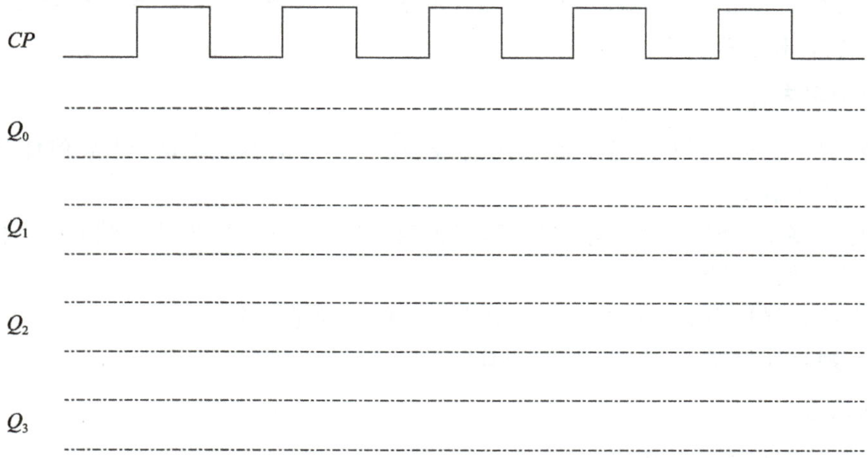

实验 33　集成计数器

一、预习部分

1. 实验目的和要求

(1)掌握集成计数器电路的逻辑功能和特点。

(2)掌握集成计数器的反馈清零、反馈置数法，学会用集成计数器实现任意进制计数器。

2. 实验原理

计数器是最常用的时序电路之一，它不仅可以用于对脉冲进行计数，还可以用于分频、定时、产生节拍脉冲、控制时序等。计数器 74LS161 除同步二进制计数功能外，还具有并行数据的同步预置、异步清零功能。

异步清零功能：计数器 74LS161 在计数过程中，不管输出处于哪一状态，只要在异步清零输入端加一低电平电压，计数器的输出会立即从那个状态回到 0000 状态。清零信号(低电平电压)消失后，计数器便从 0000 状态开始重新计数，因此异步清零功能不显示计数器的最后一个状态。

同步置数功能：计数器 74LS161 在计数过程中，可以将其输出的任何一个状态通过译码产生一个预置控制信号反馈至置数控制端，在下一个时钟 CP 脉冲作用后，计数器就会把预置数据输入端的状态置入。预置控制信号消失后，计数器就从被置入的状态开始重新计数，因此同步置数功能显示计数器的最后一个状态。

3. 实验内容

(1)测试集成计数器 74LS161 的二进制计数、置数、清零功能。

(2)采用反馈清零法和反馈置数法应用集成计数器 74LS161 设计十进制计数器，并使用七段译码显示器显示计数结果。

4. 需用的元件及仪器

面包板 1 块、四 2 输入与门 74LS08 芯片 1 片、四 2 输入与非门 74LS00 芯片 1 片、四位同步二进制加计数器 74LS161 芯片 2 片、七段译码芯片及数码管 2 片、信号发生器 1 台、万用表 1 块、发光二极管和连线若干。

5. 实验预习内容

(1)计数器 74LS161 具有同步置数使能端 $\overline{PE}$ 、异步清零端 $\overline{CR}$ 、计数使能端 CET 和 CEP，它们的优先级如何？

(2)若计数器 74LS161 处于计数状态，其置数使能端 $\overline{PE}$ 、异步清零端 $\overline{CR}$ 、计数使能端 CET 和 CEP 应如何设置？

(3)集成计数器异步清零功能与同步清零功能的差异是什么？

(4)如何理解计数器 74LS161 的同步置数功能。

6. 仿真练习

1)二进制计数功能测试仿真

在实验图 33-1 中，时钟 CP 接连续脉冲信号，观察在 CP 作用下，输出端的状态。注意在应用逻辑分析仪时，其时钟来源设置为"Internal"，选择频率和外电路时钟频率一致。

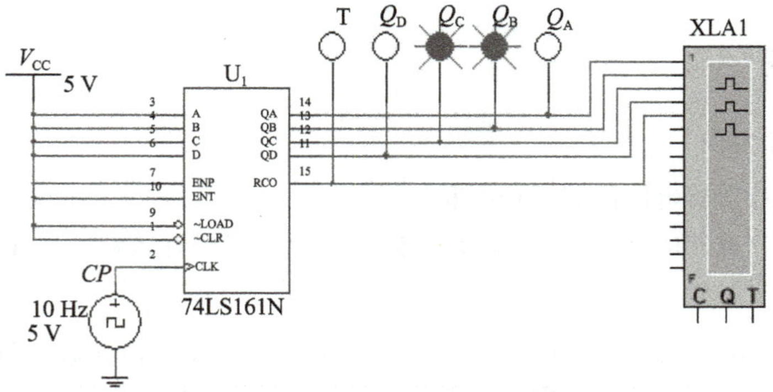

实验图 33-1　二进制计数功能测试仿真电路图

2)反馈置数功能测试仿真

如实验图 33-2 所示，观察在时钟信号 CP 作用下，输出 Q 的状态，画出与 CP 对应的 Q 的状态转换图，并说明其功能。

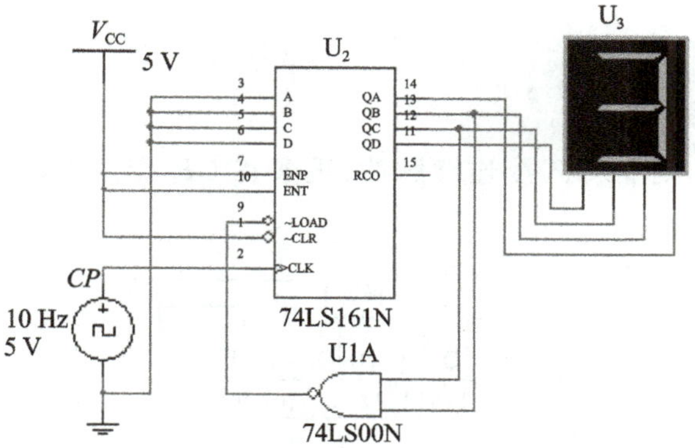

实验图 33-2　反馈置数功能测试仿真电路

3)反馈清零功能测试仿真

如实验图 33-3 所示，观察在时钟 CP 作用下，输出 Q 的状态，画出与 CP 对应输出 Q 的状态转换图，并说明其功能。

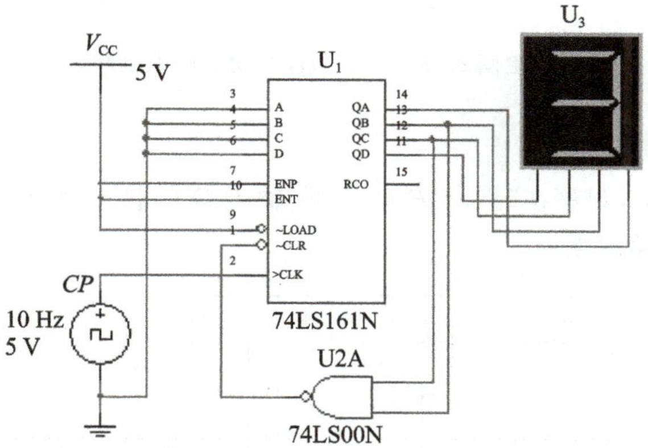

实验图 33-3　反馈清零功能测试仿真电路

4)应用计数器 74LS161 设计十进制计数器

画出逻辑电路图，并应用 Multisim 12 软件对所设计的电路进行仿真。仿真电路如实验图 33-4 所示。

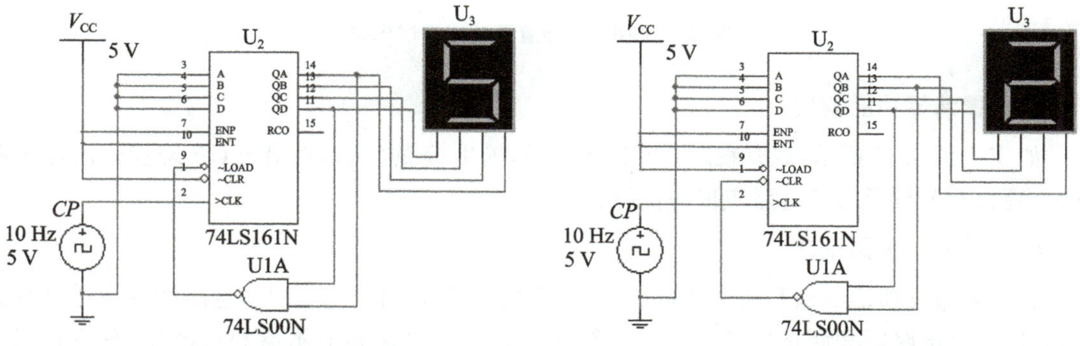

(a) 反馈置数法仿真电路图　　(b) 反馈清零法仿真电路图

实验图 33-4　十进制计数器仿真电路

二、实验部分

1. 二进制计数功能测试

在实验图 33-5 中，时钟 CP 接连续脉冲，观察在 CP 作用下，输出端接发光二极管的状态。

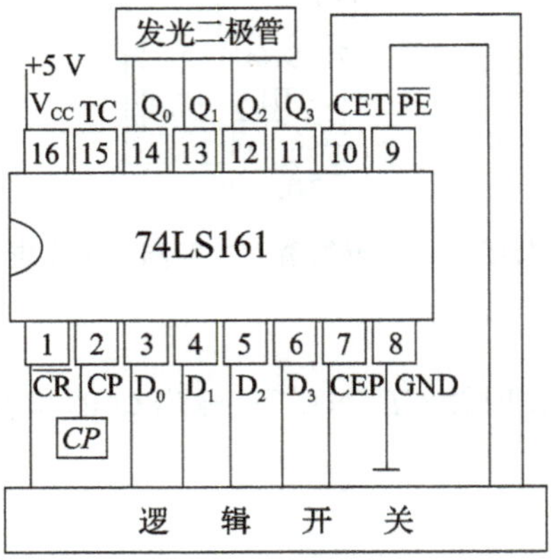

实验图 33-5 二进制计数功能测试电路

2. 反馈置数功能测试

如实验图 33-6 所示，观察在时钟 CP 作用下，输出 Q 的状态，画出与 CP 对应的 Q 的状态转换图，分析说明该电路的功能。

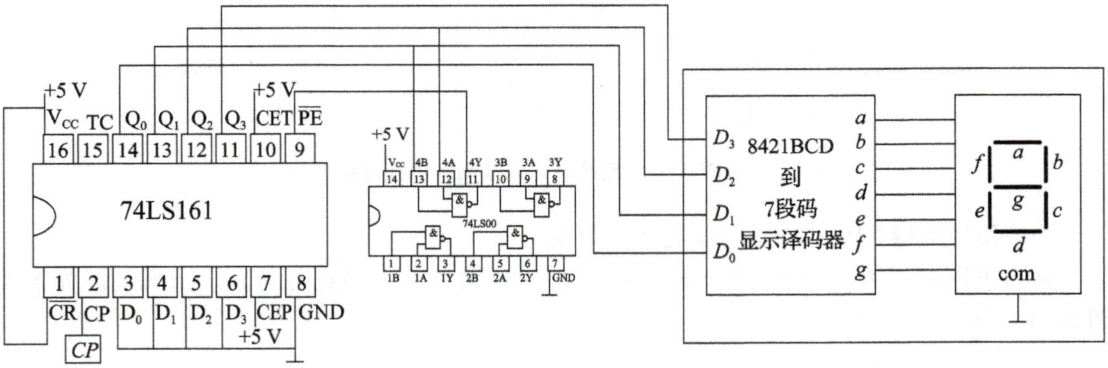

实验图 33-6 反馈置数功能测试电路

3. 反馈清零功能测试

如实验图 33-7 所示，观察在时钟 CP 作用下，输出 Q 的状态，画出与 CP 对应输出 Q 的状态转换图，并分析说明该电路实现的功能。

4. 十进制计数器设计

分别采用反馈清零法和反馈置数法，应用集成计数器 74LS161 和门电路构成十进制计数器，画出逻辑电路图和测试电路。要求电路输出端接七段译码显示器和示波器，观察在时钟 CP 信号作用下，输出端的状态，并画出电路的状态转换图。

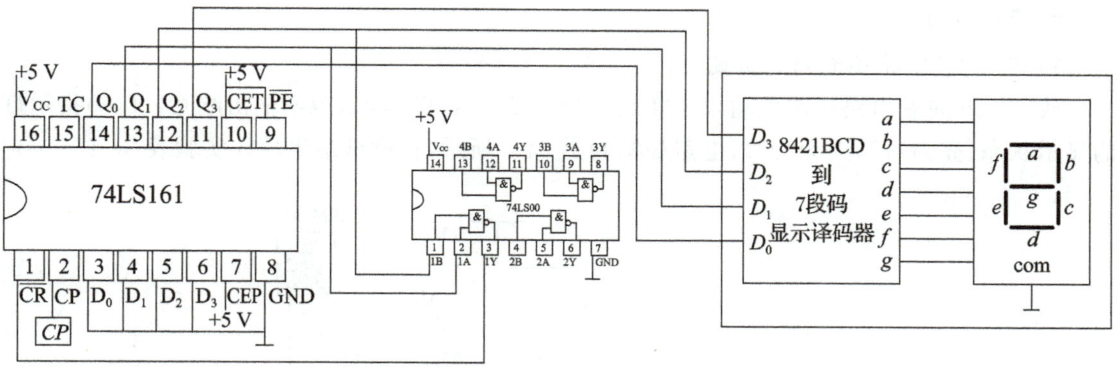

实验图 33-7　反馈清零功能测试电路

实验 34　555 时基电路

一、预习部分

1. 实验目的和要求

(1)熟悉 555 时基电路结构、工作原理及其特点。

(2)掌握 555 时基电路构成多谐振荡器、占空比可调多谐振荡器的方法及其应用。

2. 实验原理

555 时基电路是一种常见的集模拟与数字功能于一体的集成电路。只要适当配接少量的元件,即可构成施密特触发器、单稳态触发器和多谐振荡器等电路。它不仅用于定时器、信号的产生和变换,还常用于控制与检测电路中。

3. 实验内容

(1)测试 555 时基电路的功能,即改变 555 时基电路阈值输入 THR(6)和触发输入 TRI(2)端的电压,观察电路输出端 OUT(3)的状态。

(2)设计一个脉冲信号源。要求用 555 时基电路组成一个多谐振荡器,产生周期 T 为 1 ms 的矩形波信号,要求占空比在 8%～80%间可调。

4. 需用的元件及仪器

面包板 1 块,555 芯片 1 片,二极管、电阻、电容、连线若干,信号发生器、直流稳压电源、双踪示波器各 1 台,万用表 1 块。

5. 实验预习内容

(1)熟悉 555 时基电路的功能表。

(2)555 时基电路典型应用电路有哪几种?

(3)画出应用 555 时基电路组成多谐振荡器(脉冲信号源)的电路图,并写出输出信号的频率、占空比的计算公式。

6. 仿真练习

1)555 时基电路功能测试仿真

改变 555 时基电路的阈值输入 THR(6)和触发输入 TRI(2)，观察输出端 OUT(3)指示灯的显示状态(亮为“1”，灭为“0”)，电路如实验图 34-1 所示，将测试结果填入实验表 34-1。

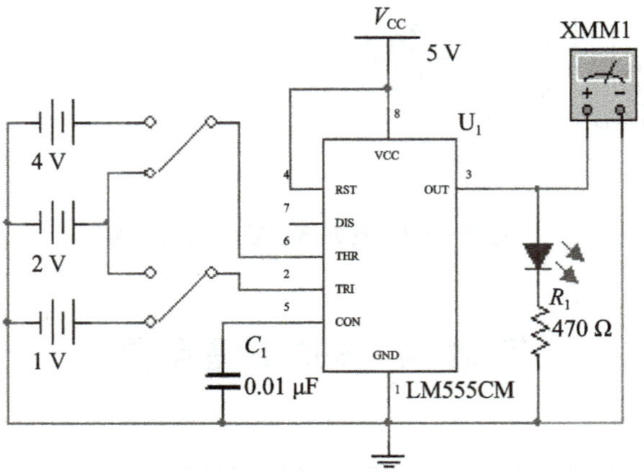

实验图 34-1　555 时基电路功能测试仿真电路

实验表 34-1　555 时基电路功能测试表

输入		输出
THR(6)	TRI(2)	OUT(3)
2 V	1 V	
4 V	2 V	
2 V	2 V	

2)多谐振荡器仿真电路

如实验图 34-2 所示，观察示波器测试的波形，测量脉冲参数 t_{pH}、t_{pL}、V_{OH}、V_{OL}，并与理论值进行比较，计算输出脉冲波形的周期 T、频率 f 和占空比 q，将结果填入实验表 34-2。

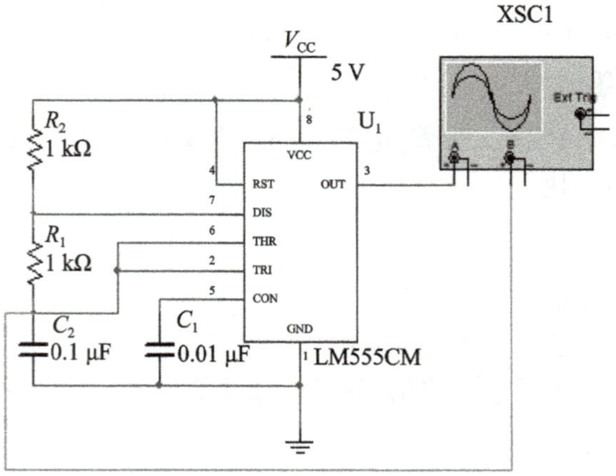

实验图 34-2　多谐振荡器仿真电路

实验表 34-2 多谐振荡器参数表

参数	t_{pH}	t_{pL}	V_{OH}	V_{OL}	T	f	q
测量值							
理论值							

3)占空比可调的多谐振荡器仿真电路

(1)调节实验图 34-3 中电位器的百分比,观察输出脉冲波形占空比 q 和频率 f 的变化,将结果填入实验表 34-3。

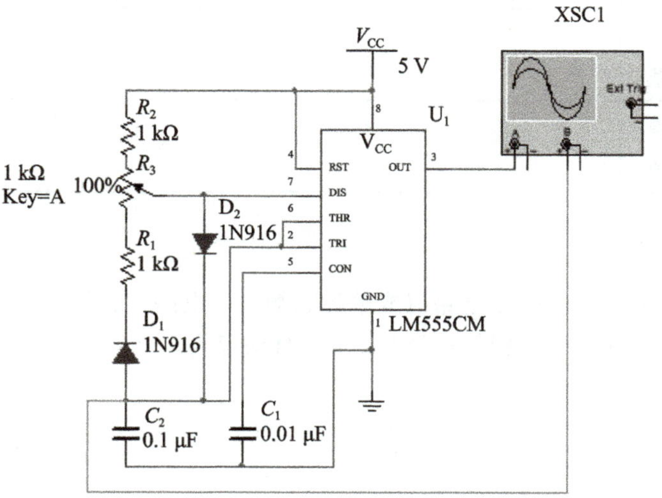

实验图 34-3 占空比可调的多谐振荡器仿真电路

实验表 34-3 占空比可调的多谐振荡器参数表

参数	测量值
电位器/%	
占空比/%	
频率/Hz	

(2)若使输出脉冲波形的频率约为 1 kHz,占空比在 8%~80%可调,电路中的电阻 R_1、R_2、电容 C_2 以及电位器大小应如何设定?

二、实验部分

1. 实验电路

根据设计方案选择所需芯片、电阻和电容,测试器件正常后依据仿真电路图搭建脉冲信号源电路。555 的封装分为高可靠性的金属封装(T)和低成本的环氧树脂封装(V)。

2. 实验测试结果

电路输出端接示波器。调节电位器使输出脉冲波形的周期 T 为 1 ms，占空比在 8%～80%可调，将结果填入实验表 34-4。

实验表 34-4　脉冲信号源数据表

参数		电位器/%							
		0	10	20	40	60	80	90	100
脉宽 t_W	测量值								
	计算值								
周期 T	测量值								
	计算值								
占空比	测量值								
	计算值								

3. 思考题

定时电路设计，应用 555 时基电路组成单稳态触发器电路，实现一个触发二极管发光的定时电路，要求每触发一次发光二极管持续亮 5 s 后自动熄灭。

第5篇　数字电子技术综合应用

实验35　秒脉冲信号发生器

1.实验目的

(1)学会应用计数器实现任意分频的方法。

(2)学会应用振荡器和分频器构成秒脉冲信号发生器的方法。

2.实验内容和原理

(1)秒脉冲信号发生器设计。要求采用555定时器构成多谐振荡器,然后与计数器构成分频器,实现一个秒脉冲信号发生器。

(2)秒脉冲信号发生器的功能是产生标准秒脉冲信号。电路主要由振荡器和分频器组成,广泛应用于计数、定时等场合。振荡器是秒脉冲信号发生器的核心,其稳定度和频率精准度决定了秒脉冲信号发生器的准确度,可用高精度的石英晶体振荡电路或555定时器组成的多谐振荡器构成。采用555定时器构成的多谐振荡器组成秒脉冲信号发生器,原理框图如实验图35-1所示。首先由NE555定时器组成多谐振荡器产生频率为1 kHz的脉冲信号,然后经计数器构成的十分频器三次分频,最终得到1 Hz基准秒脉冲信号,其中十分频信号可以利用十进制计数器的进位输出实现。

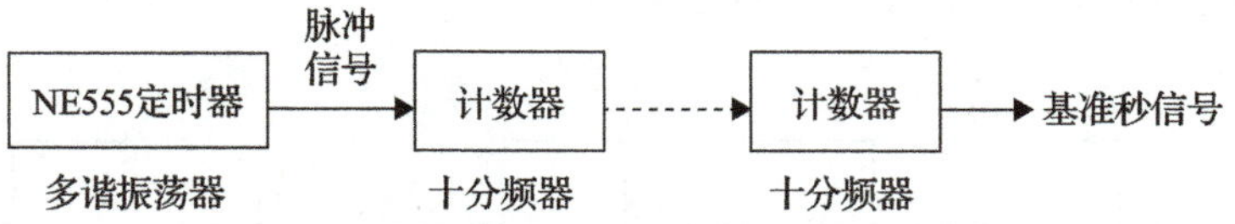

实验图35-1　秒脉冲信号发生器原理框图

3.需用的元件及仪器

面包板1块、十进制加计数器74LS160 3片、NE555定时器1片、信号发生器1台、万用表1块、直流稳压电源1台、双踪示波器1台、发光二极管和连线若干。

4.实验流程

(1)写出实验图35-2中555定时器构成多谐振荡器的振荡周期及频率。

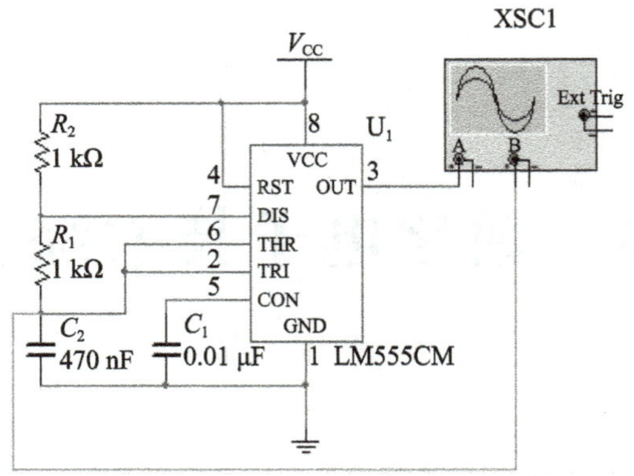

实验图 35-2　555 定时器构成多谐振荡器仿真电路

(2)实验图 35-3 为两级 74LS160 构成的分频器,写出分频器输出信号 R_{CO} 的频率。

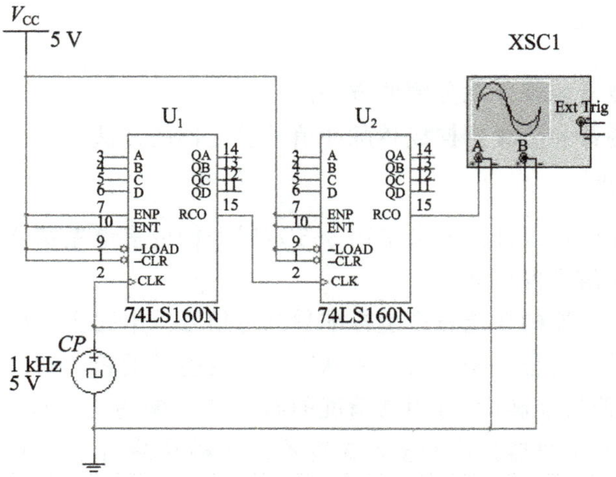

实验图 35-3　两级 74LS160 构成分频器仿真电路

(3)用实验图 35-2 电路取代实验图 35-3 中的 1kHz 时钟脉冲信号进行仿真,画出 CP、R_{CO} 的波形,算出分频器输出信号 R_{CO} 的频率。

R_{CO} 的波形:

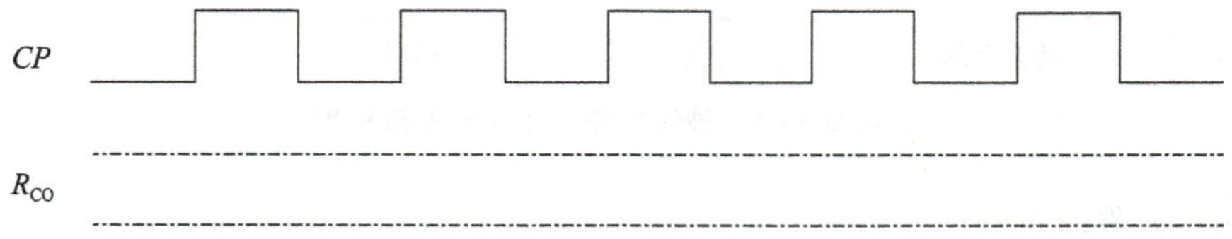

(4)若电路输出信号频率为 1 Hz,应设计几级十分频电路,并应用 Multisim 12 软件对所设计的电路进行仿真。

5.电路搭建与测试

(1)根据设计方案选择所需芯片、电阻和电容,测试器件正常后依据仿真电路图搭建秒信号发生器电路。

(2)电路输出端接示波器,记录输出波形,并计算输出信号的频率。

实验 36　倒计时定时器

1. 实验目的

(1)学会应用可逆计数器构成任意进制计数器，并直接驱动七段数码管进行显示。

(2)掌握倒计时定时器设计的方法。

2. 实验内容和原理

设计两位十进制倒计时定时器。要求倒计时时间可以在 1～99 s 预先设定，倒计时结束时，蜂鸣器发声，并开始重新倒计时，定时器设置启动和停止开关。

倒计时定时器不仅应用在交通、比赛、演讲等定时场合，而且在一些数字化、智能化设备上也得到了很好的应用，原理结构如实验图 36-1 所示，主要由秒脉冲信号发生器、减计数器、译码显示电路、控制电路和报警电路组成。在电路工作过程中，秒脉冲信号发生器向减计数器提供脉冲信号，使其输出实现倒计时功能，并通过译码显示电路显示计数状态，此外由门电路组成控制电路实现倒计时结束报警、重新开始倒计时等功能。

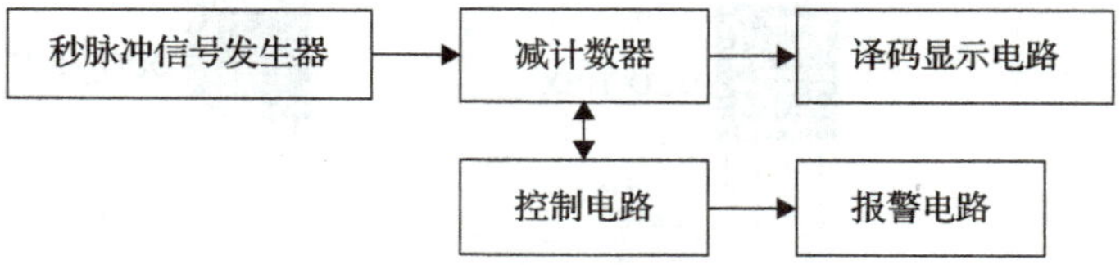

实验图 36-1　倒计时定时器原理结构

3. 需用的元件及仪器

面包板 1 块、可逆计数器 74LS190 芯片 2 片、四 2 输入与非门 74LS00 芯片 1 片、四 2 输入或非门 74LS02 芯片 1 片、四 2 输入与门 74LS08 芯片 1 片、四 2 输入或门 74LS32 芯片 1 片、LED 数码管 2 片、七段显示译码器 CD4511 芯片 2 片、信号发生器 1 台、万用表 1 块、直流稳压电源 1 台、连线若干。

4. 实验流程

(1)写出实验图 36-2 中七段数码管的状态转换图，并说明电路的功能，想一想如何改变电路的计数范围？

(2)实验图 36-3 仿真电路中倒计时定时器的范围是多少？在实际应用中两位倒计时定时器的预置数范围是多少？

(3)写出实验图 36-3 仿真电路中 74LS190 置数输入端 $\overline{LOAD}$ 与 2 片 74LS190 的 8 个输出端的逻辑表达式并化简。

(4)应用 Multisim 12 软件设计一个 35 s 持续倒计时定时器，在该电路中，74LS190 时钟输入端的脉冲信号频率应为多少？置数状态下 74LS190 并行数据输入端分别应设置为多少？

(5)要求对上述 35 s 持续倒计时定时器设置启动和停止开关，并且每次倒计时结束时，蜂鸣器发声，应如何设计？应用 Multisim 12 软件对所设计的电路进行仿真。

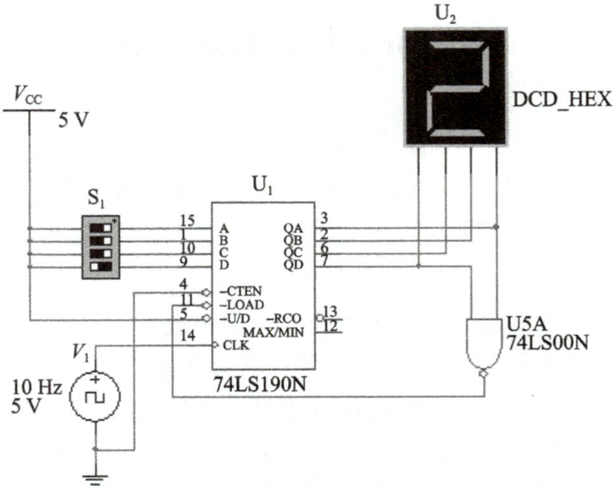

实验图 36-2　74LS190 构成的减计数器电路

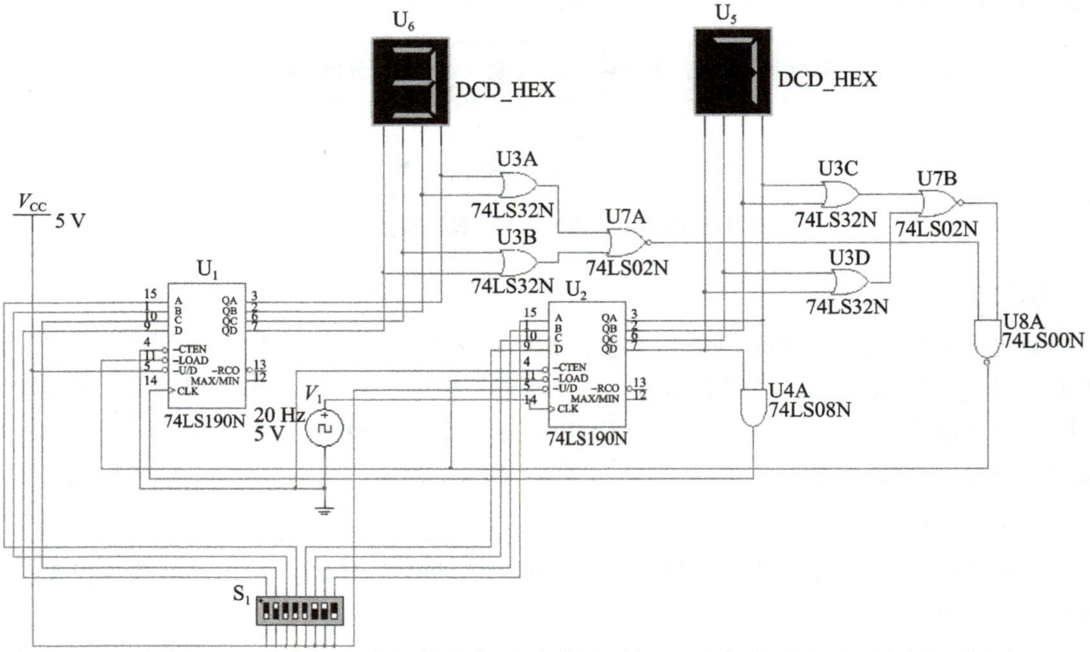

实验图 36-3　倒计时定时器仿真电路

5. 电路搭建与测试

(1)根据设计方案选择所需芯片，测试器件正常后依据仿真电路图搭建倒计时定时器电路。

(2)根据电路并行输入端数据，观察电路输出状态，说明电路测试结果。

实验 37　交通信号灯指示电路

1. 实验目的

(1)加深理解时序逻辑电路的工作原理。

(2)掌握时序逻辑电路设计的方法。

(3)学会应用触发器、门电路实现交通信号灯指示电路的方法。

2. 实验内容和原理

交通信号灯指示电路设计要求交通信号灯按绿、黄、红顺序依次循环点亮指示灯。

交通信号灯指示电路的输出状态与电路原来的状态有关,因此需设计能实现信号灯交替循环点亮的时序逻辑电路。时序逻辑电路的设计是分析的逆过程,即根据给定的逻辑功能要求,选择适当的逻辑器件,设计出能实现给定逻辑功能的电路,设计的一般步骤如实验图 37-1 所示。

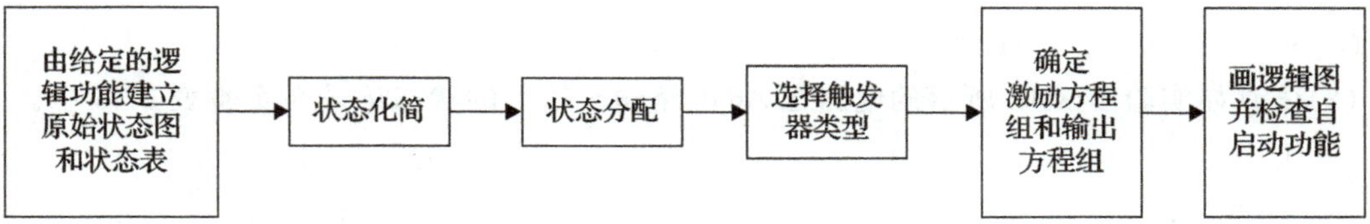

实验图 37-1　时序逻辑电路设计的一般步骤

3. 需用的元件及仪器

面包板 1 块、可逆计数器 74LS190 芯片 2 片、四 2 输入与门 74LS08 芯片 1 片、触发器 74LS73 芯片 1 片、信号发生器 1 台、万用表 1 块、直流稳压电源 1 台、发光二极管和连线若干。

4. 实验流程

(1)根据交通信号灯指示电路逻辑功能,设电路输出状态为 Q_1Q_0,G、Y、R 分别表示绿色、黄色、红色交通灯的状态,“1”表示灯亮、“0”表示灯灭;E 表示东西向,N 表示南北向。若选取 00、01、11、10 四种状态,则交通信号灯转换控制器的状态转换如实验表 37-1 所示。

实验表 37-1　交通信号灯电路状态转换表

控制器状态 Q_1Q_0	交通信号灯状态					
	E 东西向			N 南北向		
	G_E	Y_E	R_E	G_N	Y_N	R_N
00	1	0	0	0	0	1
01	0	1	0	0	0	1
11	0	0	1	1	0	0
10	0	0	1	0	1	0

若选用 JK 触发器,依据交通信号灯转换控制器的状态转换表列出状态转换真值表及激

励信号，根据实验表 37-2 写出控制器的输出方程和激励方程。

实验表 37-2　状态转换真值表及激励信号

现态	次态	输出						激励信号			
$Q_1^nQ_0^n$	$Q_1^{n+1}Q_0^{n+1}$	G_E	Y_E	R_E	G_N	Y_N	R_N	J_1	K_1	J_0	K_0
00	01	1	0	0	0	0	1	0	×	1	×
01	11	0	1	0	0	0	1	1	×	×	0
11	10	0	0	1	1	0	0	×	0	×	1
10	00	0	0	1	0	1	0	×	1	0	×

激励方程组：

$J_1=$　　　　　　$K_1=$

$J_0=$　　　　　　$K_0=$

输出方程组：

$G_E=$　　　　　　$Y_E=$　　　　　　$R_E=$

$G_N=$　　　　　　$Y_N=$　　　　　　$R_N=$

(2)仿真如实验图 37-2 所示的电路图，将电路输出信号的状态记录在实验表 37-3 中。

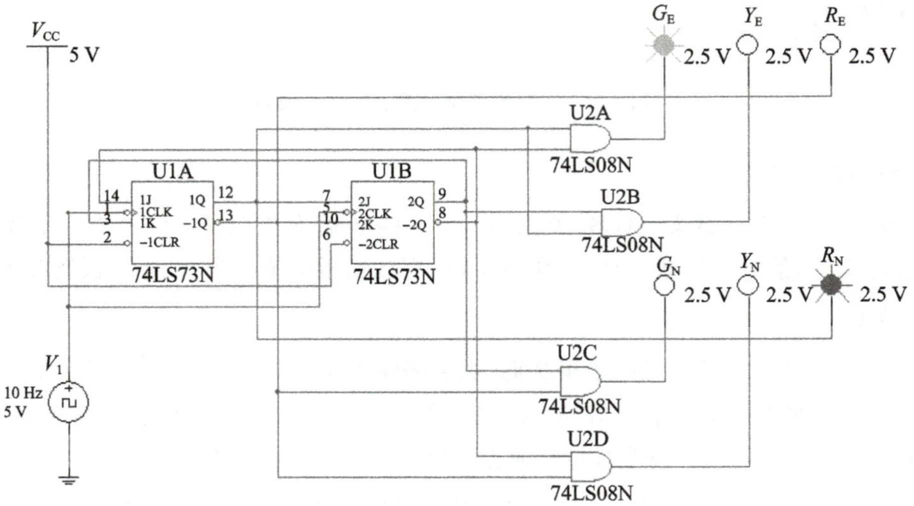

实验图 37-2　交通信号灯指示仿真电路

实验表 37-3　输出信号状态表

输入	输出					
CP	G_E	Y_E	R_E	G_N	Y_N	R_N
1						
2						
3						
4						
5						
6						

5. 电路搭建与测试

(1)根据设计方案选择所需芯片，测试器件功能正常后依据仿真电路图搭建交通信号灯指示电路。

(2)对电路进行测试，将电路指示灯的状态记录在实验表 37-4 中。

实验表 37-4　电路输出信号状态表

G_E	Y_E	R_E	G_N	Y_N	R_N

实验 38　交通信号灯控制器

1. 实验目的

(1)掌握秒脉冲信号发生器、倒计时定时器、译码显示电路等的综合应用。

(2)掌握门电路、组合电路和时序电路的综合设计。

2. 实验内容和原理

设计一个十字路口的交通信号灯控制器，要求交通灯按绿、黄、红顺序循环点亮；东西方向绿(红)灯点亮时，则南北方向红(绿)灯亮，且每一时间每组绿、黄、红交通灯中只有一个被点亮；绿、红灯每次点亮时间均为 35 s，且设置时间可调整；黄灯闪亮 5 s(闪亮频率为 1 Hz)后，绿灯转为红灯。

交通信号灯控制系统由秒脉冲信号发生器、倒计时定时器、信号灯转换控制器和译码驱动器组成，其原理如实验图 38-1 所示。其中秒脉冲信号发生器是控制器的标准时钟信号源，倒计时定时器为黄灯闪烁和红绿灯转换的控制信号，译码驱动器用以驱动点亮东西、南北两个方向车道的交通信号灯。

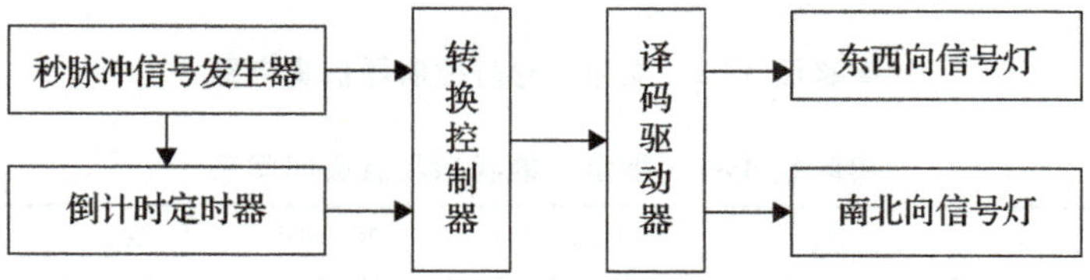

实验图 38-1　交通信号灯控制器原理框图

3. 需用的元件及仪器

面包板 1 块、可逆计数器 74LS190 芯片 2 片、四 2 输入或非门 74LS02 芯片 1 片、四 2 输入与门 74LS08 芯片 3 片、四 2 输入或门 74LS32 芯片 2 片、LED 数码管芯片 2 片、七段显示译码器 CD4511 芯片 2 片、触发器 74LS73 芯片 1 片、信号发生器 1 台、万用表 1 块、直流稳压电源 1 台、发光二极管和连线若干。

4.实验流程

(1)仿真如实验图 38-2 所示的电路,记录电路输出指示灯的状态及点亮时间,填入实验表 38-1。

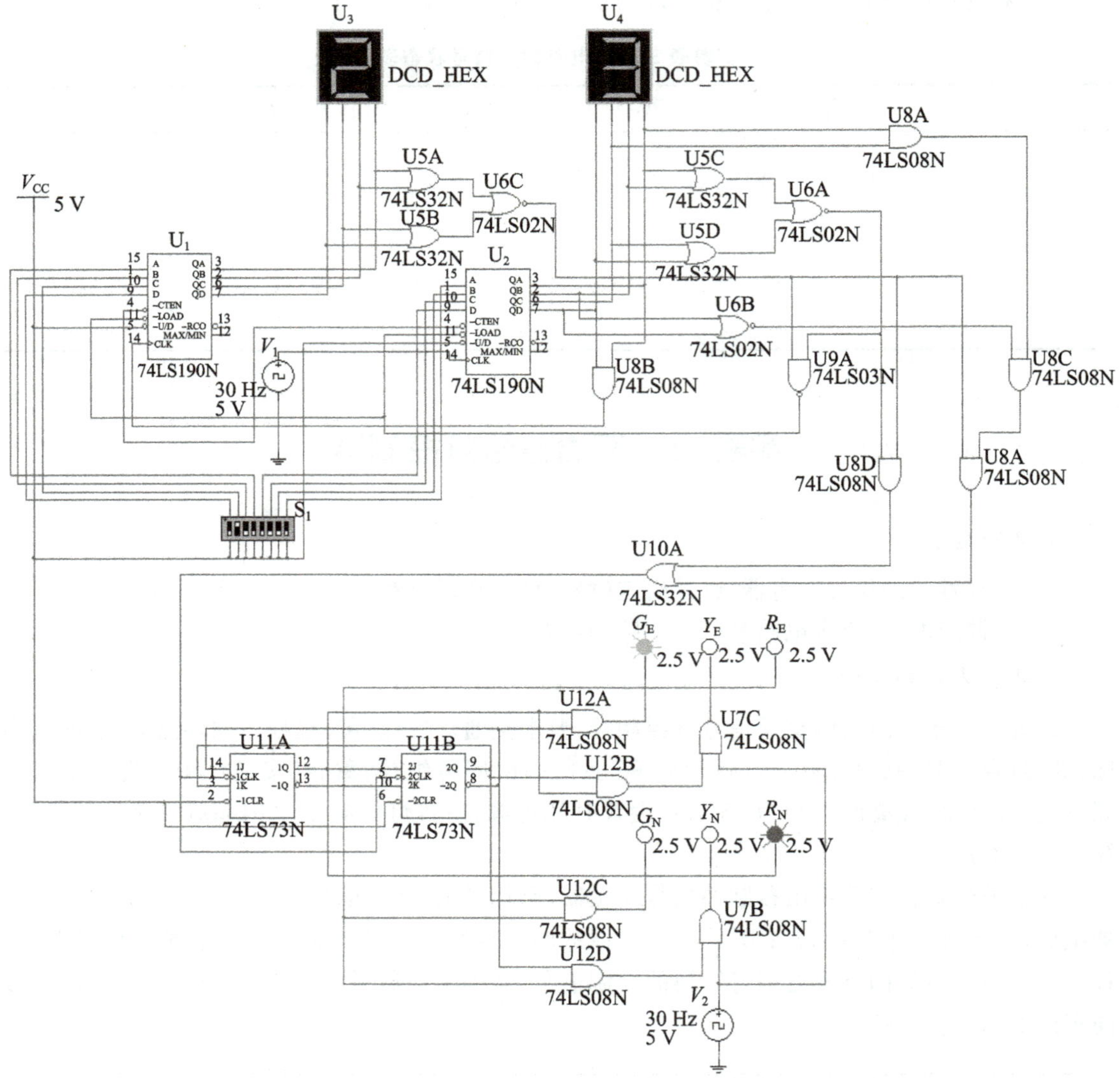

实验图 38-2 交通信号灯控制器仿真电路

实验表 38-1 指示灯的状态及点亮时间表

G_E	Y_E	R_E	G_N	Y_N	R_N	时长

(2)依据实验要求,结合秒脉冲信号发生器、倒计时定时器和交通信号灯指示电路完成交通信号灯控制器的设计与仿真。

5. 电路搭建与测试

(1)根据设计方案选择所需芯片,测试器件功能正常后依据仿真电路图搭建实验电路。

(2)测试电路,观察交通信号灯及计时显示器的状态,检测电路是否实现所要求功能。

实验 39 数字时钟

1. 实验目的

(1)掌握数字时钟的组成及设计方法。

(2)掌握不同进制计数器、译码器、显示器等集成电路的综合应用。

2. 实验内容和原理

(1)设计一个数字时钟。要求:①具有时、分、秒十进制数字显示功能;②整点报时功能,即当时间在 59 分 50 秒到 59 分 59 秒期间时,报时电路发出报时控制信号;③能实现十二时和二十四时的切换。

(2)数字时钟由秒脉冲信号发生器、计数器、译码显示及报时等电路组成,其工作原理如实验图 39-1 所示。秒脉冲信号发生器可由实验 35 实现,秒、分、时计数器和译码显示器组成计时系统。标准秒脉冲信号进入 60 进制的秒计数器,每累计 60 s 发出一个脉冲信号作为分计数器的时钟脉冲;同理,分计数器也采用 60 进制计数器,每累计 60 min 发出一个脉冲信号作为时计数器的时钟脉冲;时计数器采用 12 或 24 进制计数器,可实现一天 12 h 或 24 h 的累计。译码显示电路将时、分、秒计数器的输出状态通过 6 位七段译码显示器显示,并进行整点报时。

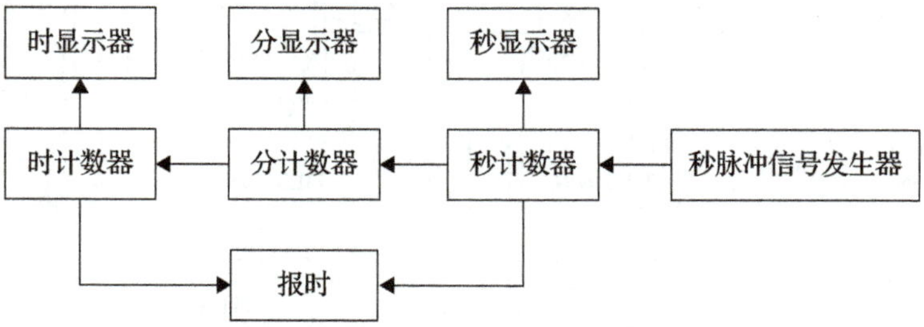

实验图 39-1 数字时钟原理框图

3. 需用的元件及仪器

面包板 1 块、十进制计数器 74LS160 芯片 6 片、四 2 输入与非门 74LS00 芯片 1 片、四 2 输入与门 74LS08 芯片 2 片、蜂鸣器 1 片、8421BCD 码显示芯片 6 片、信号发生器 1 台、万用表 1 块、直流稳压电源 1 台、发光二极管和连线若干。

4. 实验流程

(1)仿真如实验图 39-2 所示的电路,分析拨码开关 S_1 上拨、下拨时,电路分别是多少进制的计数器?

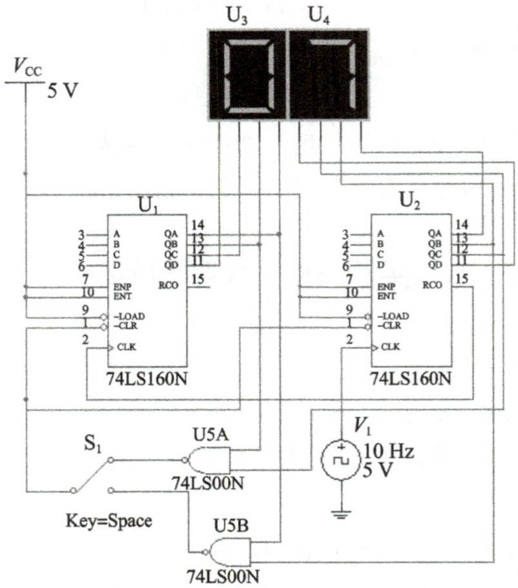

实验图 39-2　十二时与二十四时切换仿真电路

(2)仿真如实验图 39-3 所示的电路,分析蜂鸣器发声时电路的输出状态是多少?

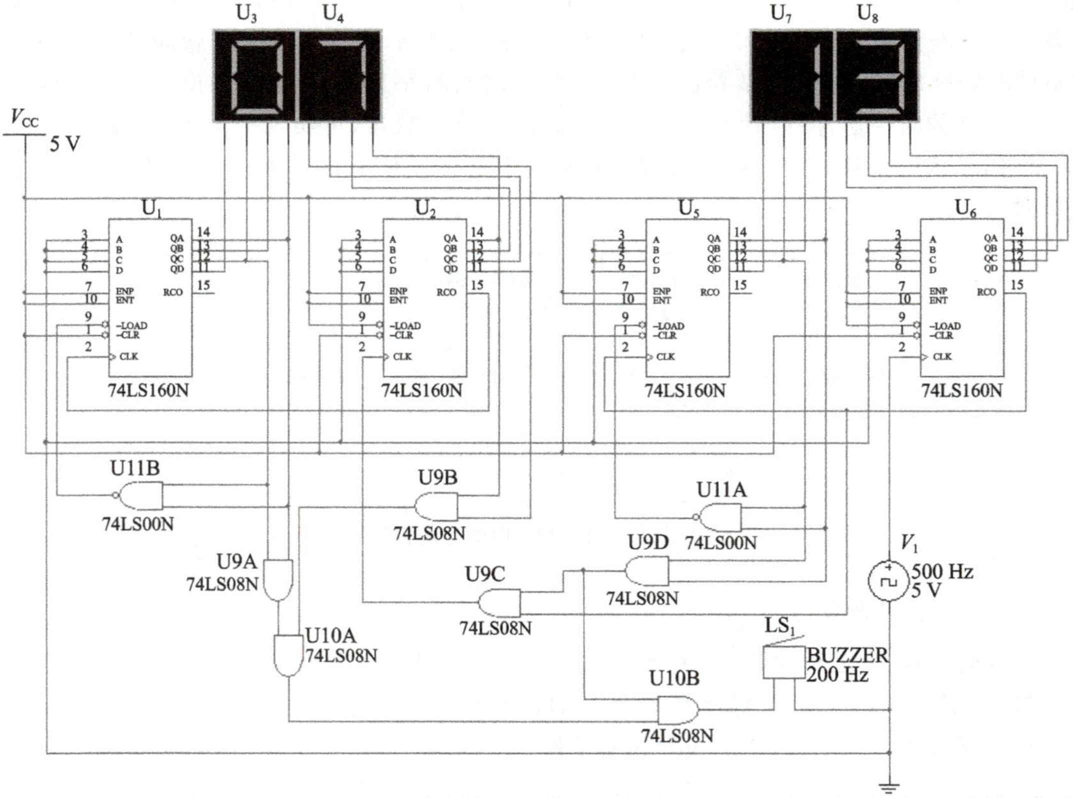

实验图 39-3　报时仿真电路

(3)结合秒脉冲信号发生器和上述仿真电路完成数字时钟的设计并仿真。

5. 电路搭建与测试

(1)根据设计方案选择所需芯片，测试器件功能正常后依据仿真电路图搭建数字时钟电路。

(2)测试电路，观察电路显示器的状态，检测电路是否实现所要求功能。

实验 40　拔河游戏

1. 实验目的

将所掌握的可逆计数器、译码器、显示器等理论知识与实际应用相结合，提高学生的动手设计和创新能力，更好地培养学生的学习兴趣。

2. 实验内容和原理

设计一个模拟拔河游戏的逻辑电路。要求电路使用 15 个发光二极管排成一排，初始状态只有中间一个发光二极管亮，以此作为拔河的中心点。比赛双方各持一个按键，按键每按下一次产生一个脉冲信号，发光二极管亮灯向按键按下一方移动，每按下一次，亮灯移动一次。当亮灯移到任何一方终端时，这一方获胜一局，对应七段数码管显示取胜次数加 1，此时双方按键均无效，只有当按动复位键后，亮灯恢复到中心点，才可以开始新的一局比赛。

拔河游戏模拟逻辑电路原理如实验图 40-1 所示，主要是通过 2 个按键开关模拟拔河双方，用发光二极管组模拟拔河进度，用 2 个七段数码管显示比赛结果，控制电路用以控制 LED 显示、电路复位、计数器清零，并使发光二极管组中间一个发光。

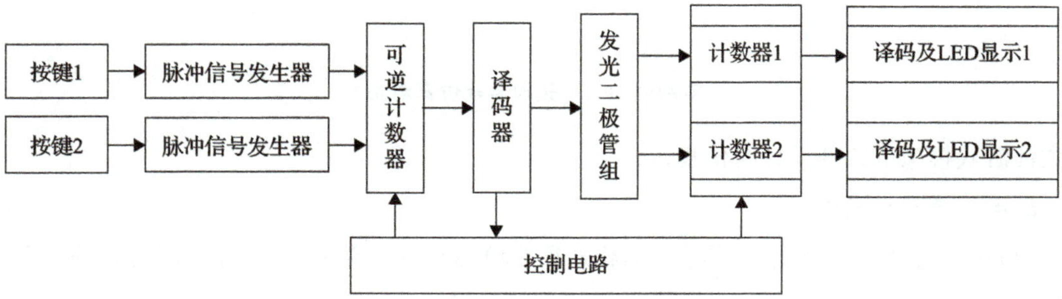

实验图 40-1　拔河游戏电路原理框图

3. 需用的元件及仪器

面包板 1 块，十进制同步加/减计数器 74LS193 芯片 1 片，十进制加计数器 74LS160 芯片 2 片，3 线-8 线译码器 74LS138 芯片 1 片，反相器 74LS04 芯片 1 片，四 2 输入或门 74LS32 芯片 1 片，信号发生器 1 台，万用表 1 块，直流稳压电源 1 台，发光二极管、连线、按键若干。

4. 实验流程

(1)仿真如实验图 40-2 所示的电路，拨动按键 A、B(任意时刻只有一个按键按下)，观察按键每按下一次发光二极管的状态，并说明七段显示器及按键 S_1、S_2 的作用。

(2)依据实验要求，应用 15 个发光二极管模拟拔河进度，2 个七段数码管显示比赛结果完

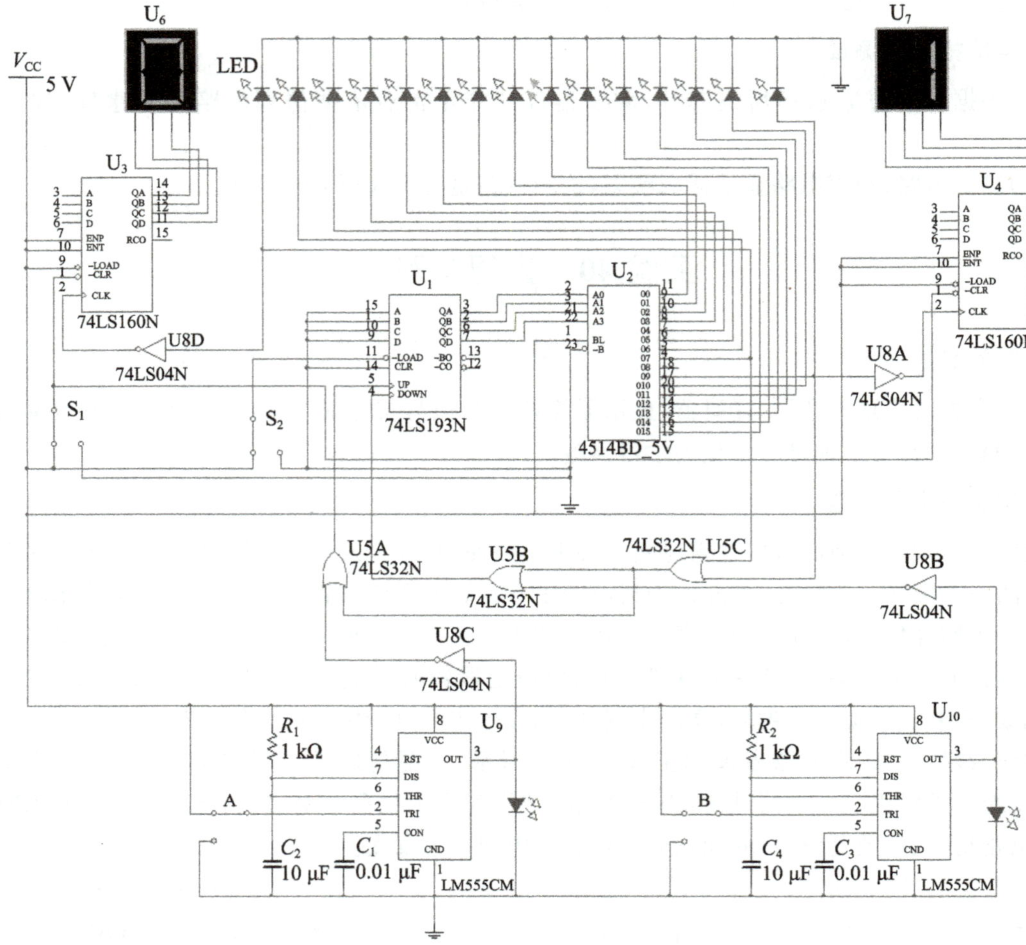

实验图 40-2　拔河游戏仿真电路

成拔河游戏模拟电路的设计与仿真。

5. 电路搭建与测试

(1)根据设计方案选择所需芯片，测试器件功能正常后依据仿真电路图搭建拔河游戏电路。

(2)测试电路，观察电路的 15 个发光二极管及七段显示器的状态，检测电路是否实现所要求功能。

第6篇　电子技术应用提高

实验41　扩音器

1. 设计目的

(1)掌握声音传感器信号产生电路。

(2)掌握小信号的提取与放大方法。

(3)会应用功率放大电路驱动扬声器。

(4)会用 Multisim 或 Proteus 软件对电路功能进行仿真。

(5)学会系统电路的调试及故障诊断方法。

2. 设计任务

扩音器是日常生活中常见的一种电子设备,它将声音信号转换为电信号,然后对电信号进行放大,最终再将电信号转换为声音信号。它的电路构成一般由驻极体电极电路、信号调理电路(信号提取、放大、滤波)及功率放大电路组成,最后通过扬声器将放大后的声音信号传递出去。本设计的主要任务如下:

(1)完成声音电信号的产生及调理,使声音不失真的放大出去。

(2)音量大小可调。

(3)具有上电指示功能。

设计任务框图如实验图 41-1 所示:

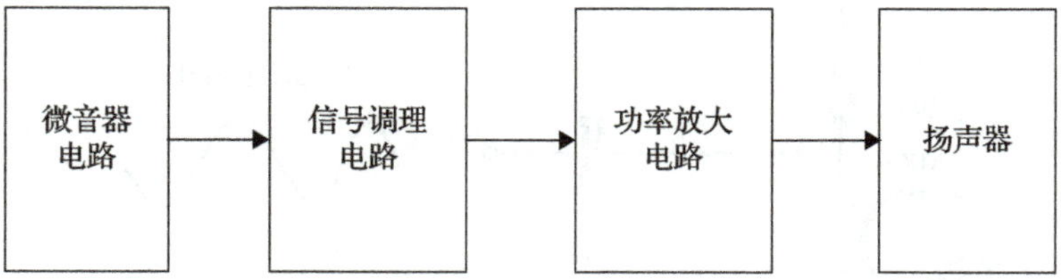

实验图 41-1　设计任务框图

3. 实验要求

实验前提交预习报告,包括设计方案及方案论证,仿真结果截图,仿真过程中出现的问题及解决方法。

实验后提交实验报告，实验报告包括内容：电路原理图、原理分析、实验过程中出现的问题及解决方法、实验收获等。

4. 核心电路参考

根据设计任务框图，确定设计方案，可以采用分立元件，也可以采用集成元件进行设计，下面介绍一下利用分立元件进行电路设计。针对用到的元器件和电路，对核心参考电路进行设计与分析如下：

1）微音器电路

驻极体话筒具有体积小，频率范围宽，高保真和成本低的特点，已在通信设备、家用电器等电子产品中广泛应用。走廊声控延时灯、耳麦、声控玩具等都广泛使用驻极体话筒检测声音。驻极体电极实物、内部电气原理和典型的连接电路如实验图 41-2 所示。

话筒的基本结构由一片单面涂有金属的驻极体薄膜与一个上面有若干小孔的金属电极（被称为背电极）构成。驻极体面与背电极相对，中间有一个极小的空气隙，形成一个以空气隙和驻极体作绝缘介质，以背电极和驻极体上的金属层作为两个电极构成一个平板电容器，如实验图 41-2(b)的极头。由于驻极体薄膜上分布有自由电荷，当声波引起驻极体薄膜振动而产生位移时，改变了电容两极板之间的距离，从而引起电容的容量发生变化。由于驻极体上的电荷 Q 始终保持恒定，由 $Q=CU$ 可得，当 C 变化时必然引起电容器两端电压 U 的变化，输出电信号，从而实现声-电的变换。

（a）驻极体电极

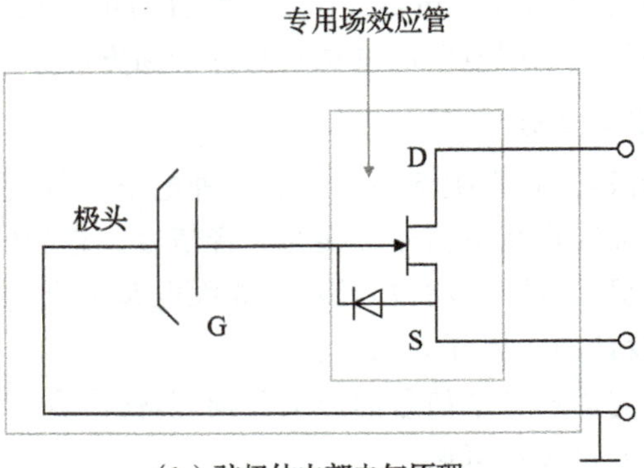

（b）驻极体内部电气原理

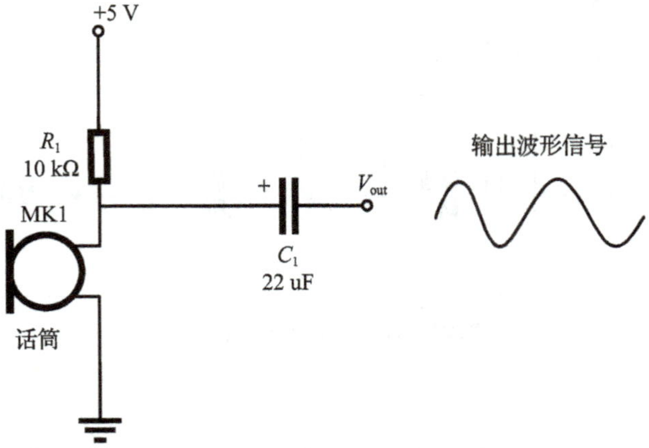

（c）驻极体传感器连接电路

实验图 41-2　驻极体电极及应用电路

2)信号调理电路

由于驻极体电极内阻比较大,因此需要电压跟随器将微音器的信号取出,阻抗转换后传递给输入电阻比较小的电压放大电路。信号调理电路如实验图 41-3 所示。三极管 Q_1、Q_2、Q_3 组成一个三级放大电路,其中 Q_1 为共集电极放大电路,又称为射极跟随器电路,它的电压放大倍数小于且约等于 1,输入电阻比较大,输出电阻很小,适用于多级放大电路第一级,非常适合提取内阻比较大的传感器电压信号。

Q_2 和 Q_3 组成两级共射极电压放大电路,作用是进行信号电压放大,为稳定电路电压放大倍数,采用电压串联负反馈电路,负反馈部分由 C_8 和 R_{12} 组成。引入负反馈之后电路放大倍数会变低,但可以让电路稳定性变得更好,展宽通频带,降低电路输出阻抗。

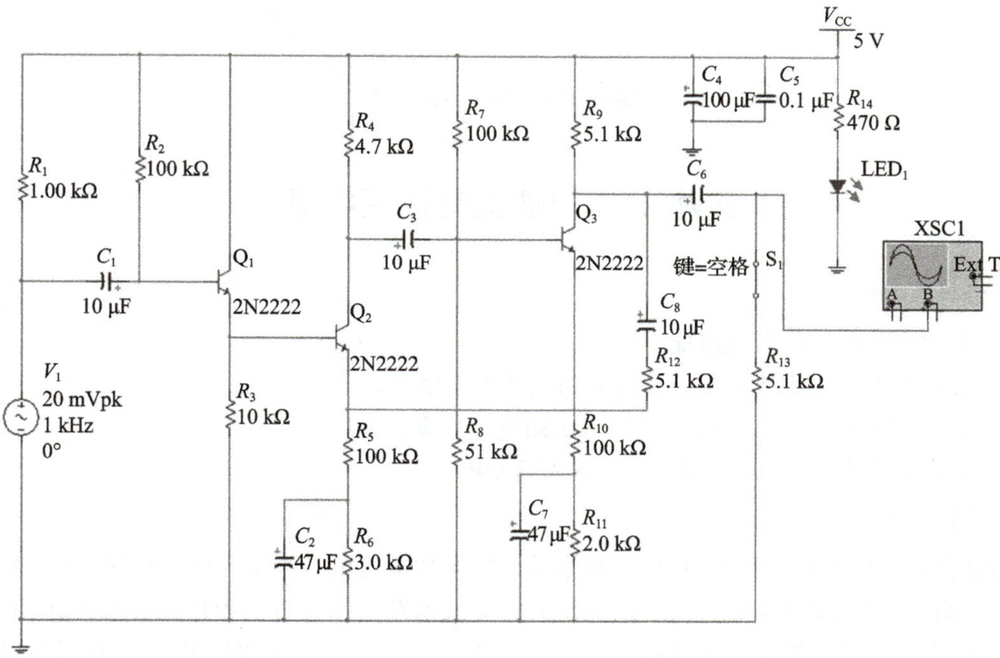

实验图 41-3　扩音器信号调理电路

3)功率放大电路

扬声器是将电信号转换成声信号的装置,主要由固定的永磁体线圈与纸盆组成。当信号交变变化时,线圈左右移动,产生声音。由于扬声器内阻很小,电压放大电路无法将放大后的电压输出给扬声器,需要功率放大电路,参考电路如实验图 41-4 所示。

该电路采用了达林顿管,它相当于两个三极管级联。达林顿管的优点:具有更大驱动电流的能力,该电路属于甲类功率放大电路,静态损耗电流比较大。所以同学们也可以考虑采用甲乙类推挽功率放大电路,单电源供电 OTL 功率放大电路;也可以采用集成功率芯片。

注意:在仿真过程中,供电电源与所选用扬声器的工作电压要匹配。

想一想:采用集成运算放大器完成信号的调理会简单很多,为什么?自己也可以采用集成芯片来完成该设计。

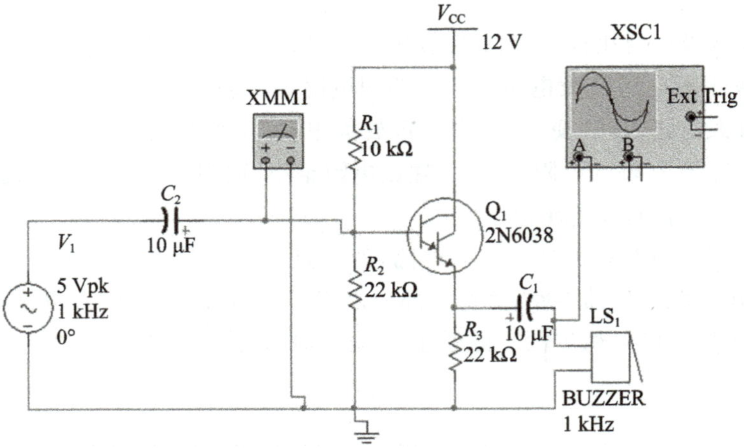

实验图 41-4　功率放大电路

实验 42　可调直流稳压电源

1. 设计目的

(1)理解直流稳压电源的组成。

(2)会用三端集成稳压元件设计可调的线性直流电源。

(3)会用 Multisim 或 Proteus 软件对电路进行仿真。

(4)了解整个系统的调试过程,会进行故障分析。

2. 设计任务

尽管目前有很多的微型电源,但多数是采用把有效电压值 220 V、频率 50 Hz(市电)交流电转变为幅值稳定、输出电流为几十毫安以下的直流电源。线性直流稳压电源因为体积大而显得笨重,但是线性电源因其精度高,仍广泛地应用于高精度仪器电源供电上。本次设计所做的内容:

(1)输出稳定的直流电压。

(2)可调直流电压输出范围为 1.25~12 V。

设计任务框图如实验图 42-1 所示:

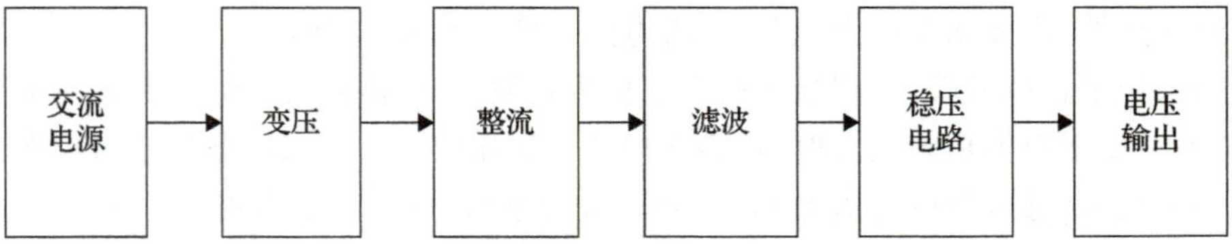

实验图 42-1　设计任务框图

3. 实验要求

实验前提交预习报告,包括设计方案及方案论证,仿真结果截图,软件仿真过程中遇到的问题及解决方法。

实验后提交实验报告，包括电路原理图、原理分析、实验过程中出现的问题及解决方法、实验收获等。

4. 核心参考电路

整流电路通常采用整流二极管完成，采用全波整流方式，滤波电路采用 C 型滤波，稳压电路可采用集成芯片完成，常用的基准电压源三端稳压器通常有 LM117 和 LM317。本设计参考电路采用基准电压源三端稳压器 LM317，参考电路如实验图 42-2 所示。

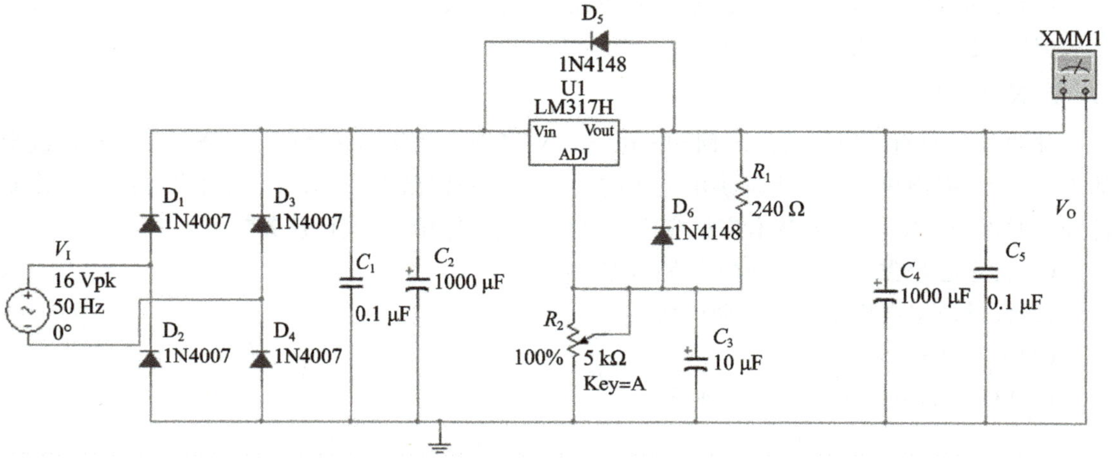

实验图 42-2　可调电源参考电路

元器件的作用：全波整流电路由 D_1、D_2、D_3、D_4 四个二极管组成，采用 1N4007。将变压后的交流电压波形转换为脉动的直流电压。

电容 C_1、C_2、C_4、C_5 起到滤波作用，其中 C_1、C_5 电容容量比较小，用于滤去输入、输出电压中的高频干扰信号；C_2、C_4 电容容量比较大，当输入电压变化时，因为电容两端电压不能突变，所以电压变化缓慢，从而达到滤波效果，属于 C 型滤波电路。电容 C_3 的作用用于减小输出的纹波电压。但是当输出短路时，电容 C_3 会向 LM317 的公共端放电，此时二极管 D_6 提供了放电回路，防止稳压器的损坏。

LM317 提供基本的稳压基准电源，参考电压 V_{REF} 为 1.25 V。由于芯片 ADJ 端电流非常小，所以输出电压大小为：

$$V_O = \left(1 + \frac{R_2}{R_1}\right) \times 1.25\ \text{V} \tag{42-1}$$

其中二极管 D_5、D_6 起到保护稳压器的作用。当输入电压短路时，保证输出电压也为 0，同时，使 C_3 不通过稳压器放电。

注意：在使用过程中，LM317 芯片的输出电压 V_O 与输入电压 V_I 的压差：$3\ \text{V} \leqslant V_I - V_O \leqslant 40\ \text{V}$。

节电注意事项：长时间不使用家用电器时，电器会进入待机状态，虽然电器的电子电路处于低功耗状态，但是供电电源的变压、整流、滤波与稳压电路仍然在正常工作，所以它们仍处于耗电状态，电量就这样“偷偷”耗走了，节能降耗，从我做起，长时间不用的电器设备，大家要养成随时关断电源的好习惯。

实验43 PWM风扇调速控制器设计

1.设计目的

(1)掌握PWM的作用及产生电路组成。

(2)掌握电机驱动电路的设计。

(3)会用Multisim或Proteus软件对电路进行仿真。

(4)会进行系统调试及故障分析。

2.设计任务

脉冲宽度调制(Pulse Width Modulation,PWM)是一种模拟控制方式,通过改变输出波形的占空比,来控制执行器件平均供电电压的大小。这种控制方式能使电源输出电压在工作条件变化时保持恒定,PWM技术广泛应用于电机调速电路中,本设计任务如下:

(1)自选芯片类型设计PWM控制电路。

(2)设计风扇电机工作的驱动电路。

(3)系统联机调试。

设计任务框图如实验图43-1所示。

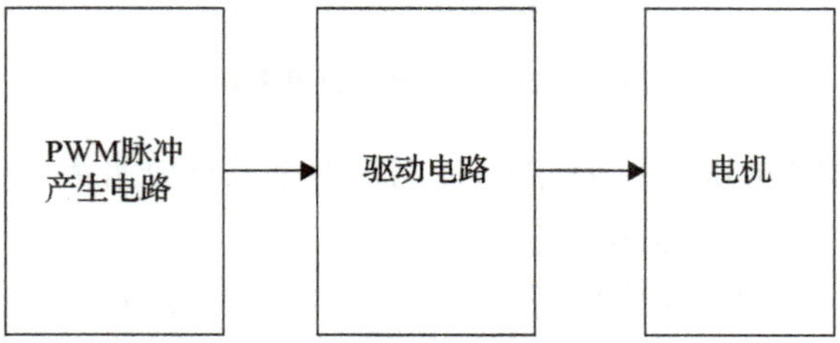

实验图43-1 设计任务框图

3.实验要求

实验前提交预习报告,包括设计方案及电路原理,仿真结果截图,软件仿真过程中遇到的问题及解决方法。

实验后提交实验报告,包括电路原理图、原理分析、实验过程中出现的问题及解决方法、实验收获等。

4.核心参考电路

本设计PWM驱动电路主要由555多谐振荡电路和场效应管驱动电路组成。555多谐振荡电路用于产生PWM波形,通过调整波形的占空比控制IRF1010 MOS场效应管电路的工作时间,使驱动电路平均工作电压大小变化,从而控制电机的转动速度。

$$占空比=\frac{电源在一个周期工作的时间}{周期时间}\times 100\% \tag{43-1}$$

占空比与平均电压的关系如实验图43-2所示,PWM控制调速参考电路如实验图43-3所示。

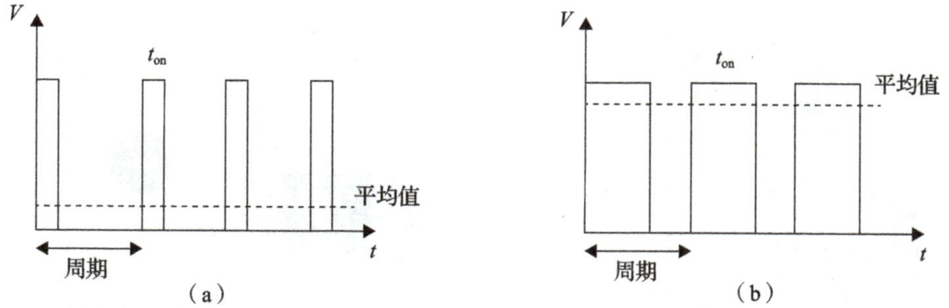

实验图 43-2 占空比与平均电压的关系

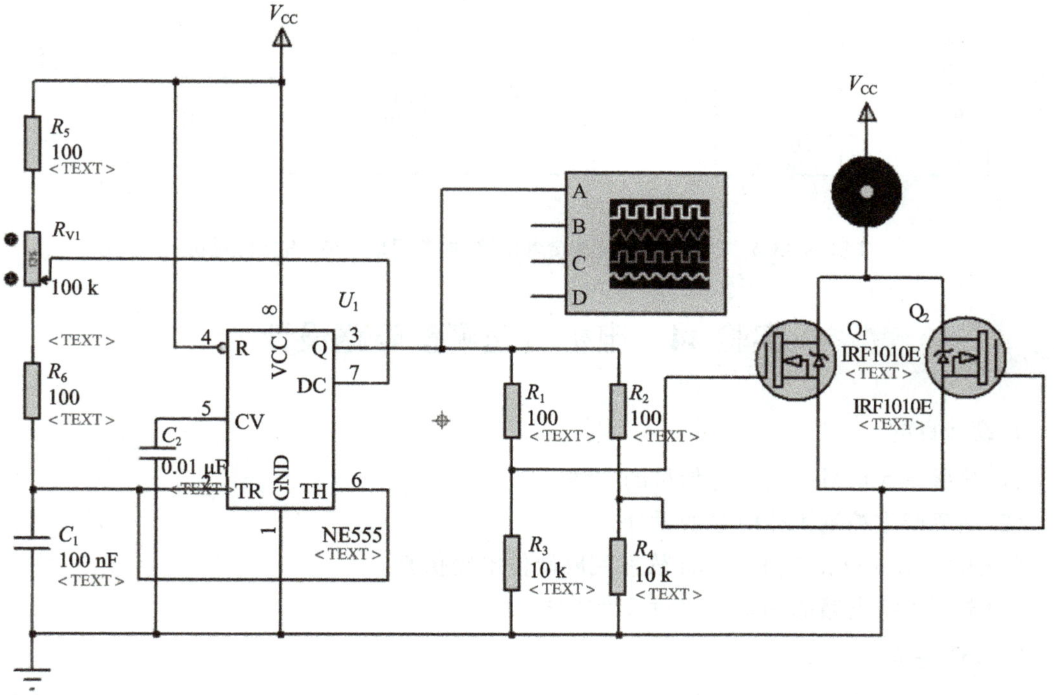

实验图 43-3 PWM 控制调速参考电路

多谐振荡电路中的充放电电路，由 555 定时器及 R_5、R_6、R_{V1} 和 C_1 构成，C_1 为充放电电容，调节 R_{V1} 阻值来改变充放电时间，从而调节输出矩形波的占空比。

为了增大电机控制电路的驱动能力，电机驱动回路由两个场效应管并联构成，形成电源 V_{CC}-电机-场效应管-地的工作回路。栅极与电阻桥相连，用栅源电压 V_{GS} 的大小来控制场效应管的导通时间，从而控制电源对电机的供电时间。电阻桥为场效应管的电路提供稳定的偏置电压。场效应管一般要反向并联一个二极管，起到续流作用，保护场效应管不被感应电压击穿。

提示：仿真过程中，如果不小心将示波器关掉，可以在工程运行时右击示波器图标，然后在右键菜单选择“Digital Oscilloscope”，示波器就可以显示仿真波形了。

想一想：也可以通过二极管的单向导电性，将振荡电路的充电、放电回路分开，整个电路的振荡周期不变，只调节占空比，参考电路如实验图 43-4 所示。

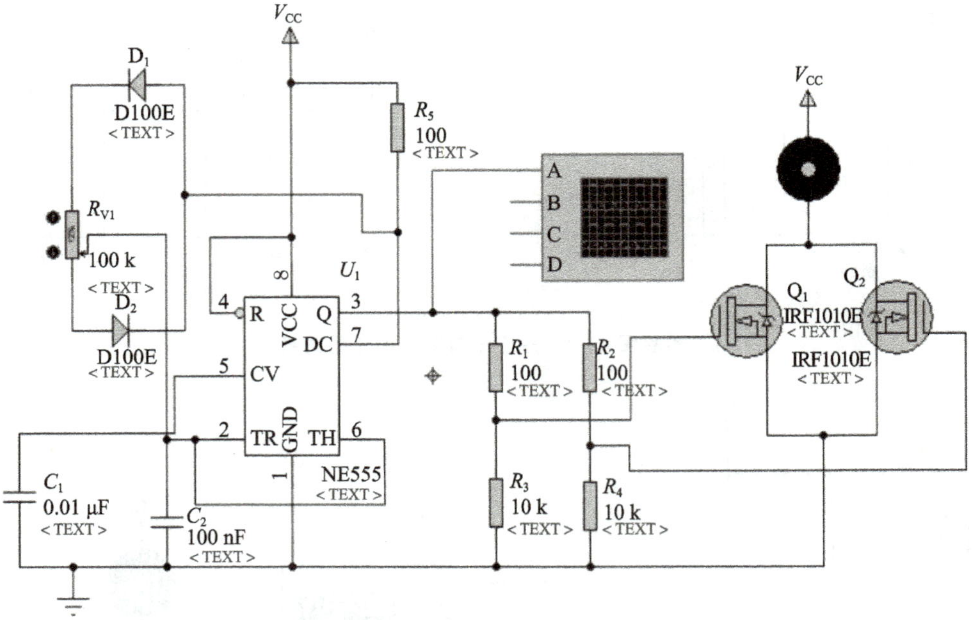

实验图 43-4　PWM 控制调速参考电路(振荡周期不变,占空比可调)

实验 44　电机转速测量电路设计

1. 设计目的

(1)掌握速度信号变换为电信号的方法。

(2)理解产生控制工作时序的设计方法。

(3)采用 Multisim 或 Proteus 软件完成硬件电路仿真。

(4)学会系统电路的调试及故障诊断方法。

2. 设计任务

当前对电机转速进行测量较为常用的一种方法是采用光电传感器转换法。本设计主要任务是测量电机转动的速度,要把电机转动速度的非电信号转换为电信号进行分析与实现。

主要完成如下设计任务:

(1)设计电机变速电路。

(2)通过传感器将转速信号转换为连续计数脉冲信号。

(3)设定计数控制单位时间。

(4)设计计数控制电路。

(5)实现计数值七段数码显示。

设计任务框图如实验图 44-1 所示。

3. 实验要求

实验前提交预习报告,包括设计方案及电路原理,仿真结果截图,仿真过程中出现的问题及解决办法,画出各控制引脚的时序逻辑图。

实验后提交实验报告,包括电路原理图、原理分析、实验过程中出现的问题及解决方法、实验收获等。

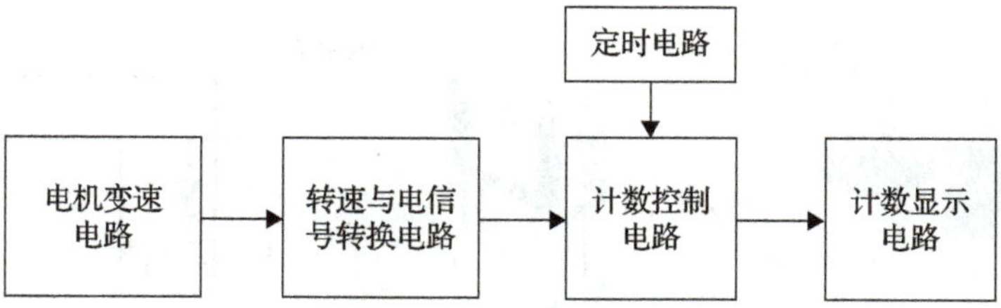

实验图 44-1　设计任务框图

4. 核心参考电路

电动机转速测量电路采用 CD40110 和 CD40106 集成芯片来实现电动机转速表的功能，其中 CD40110 是加减计数、译码、驱动、锁存专用芯片，可以实现 10 进制加 1 计数、10 进制减 1 计数，然后将计数值译成 10 进制七段 LED 显示码，并驱动数码管实现显示功能。它内部的计数器和显示驱动是分开的，其中计数器还具有独立的加减输入端和进(借)位输出端，在电机测速模块中连接七段数码管来显示转速。在测速电路中只需要用到加计数，因此减输入端对地短路，减借位输出端留空。CD40106 是低功耗宽电压供电的 CMOS 芯片，它具有带迟滞功能的 6 个反相器，电机转速测试参考电路如实验图 44-2 所示。

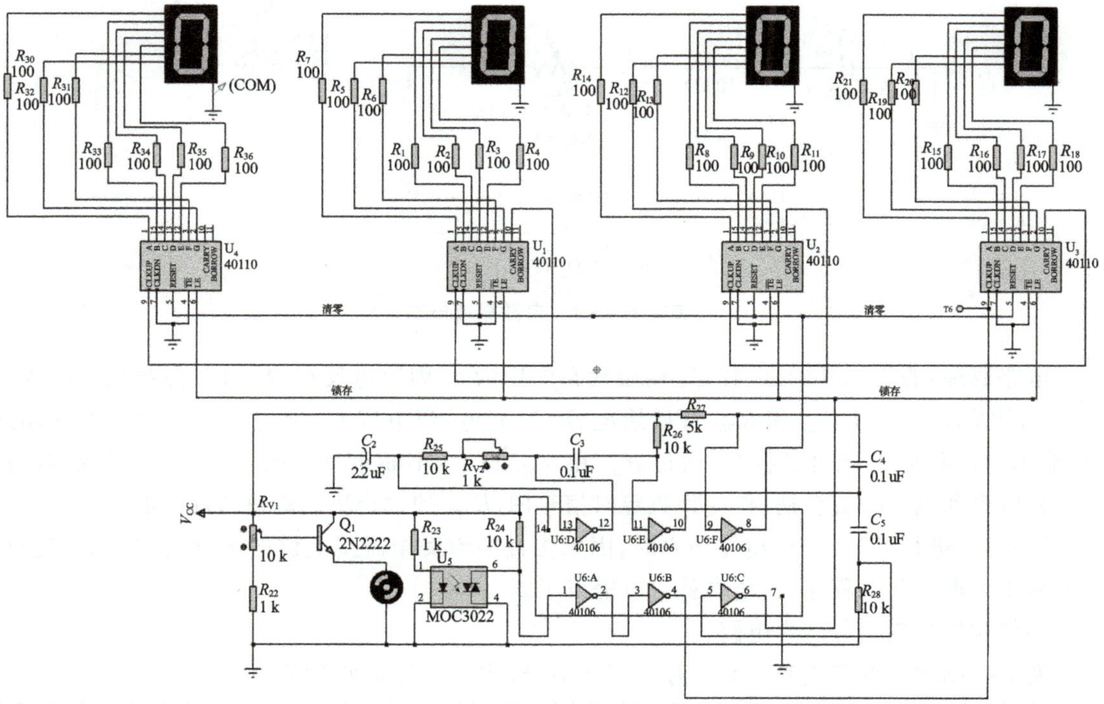

实验图 44-2　电机转速测试参考电路原理图

电机转速转换由槽型光电耦合开关进行检测。主要原理是发光二极管处于发光状态，接受光线的光电三极管在电机带动轮子转动一圈的过程中，透光时光电三极管饱和导通，不透光时三极管截止，从而形成计数脉冲波形，详细过程参考模拟电子技术综合应用实验 20 转速信号产生电路。产生的转速信号波形通过 2 个反相器对波形整形，就得到了稳定的计数脉冲信号，槽型光电耦合开关的实物及原理图如实验图 44-3 所示。

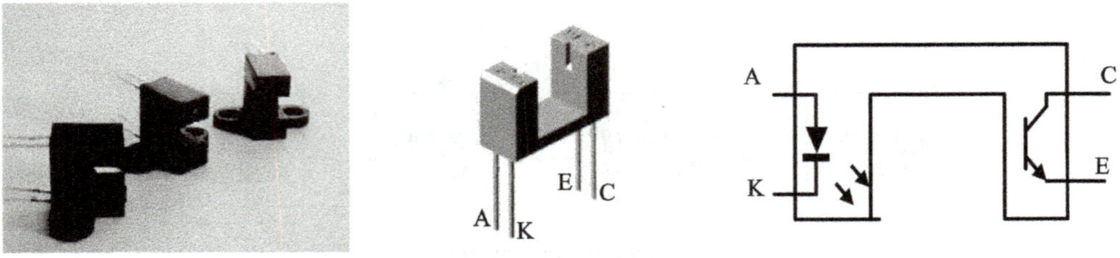

（a）实物图　　（a）引脚图　　（a）原理图

实验图 44-3　槽型光电耦合开关实物及原理图

计数电路部分已在数字电子部分练习过，本测试系统中对连续脉冲进行计数的定时信号和使能信号的产生是关键。

1)定时电路

定时电路由反相器、电阻和极性电容组成自激振荡电路。其 Multisim 仿真电路如实验图 44-4 所示。

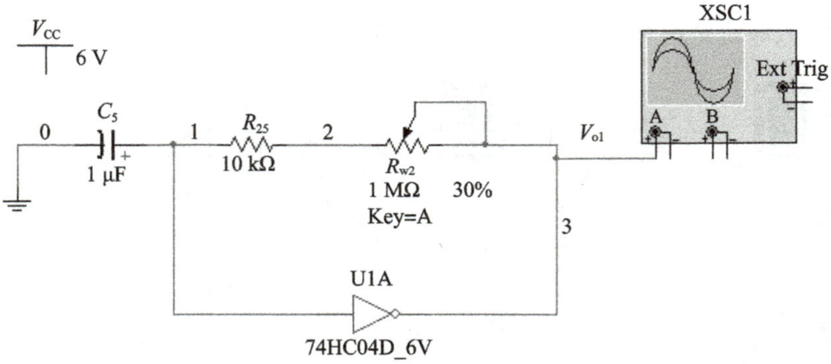

实验图 44-4　自激振荡电路

电路原理：假设刚开始，电容 C_5 初始状态电压为 0，则通过反相器 U1A 使输出 V_{O1} 为高电平 1，然后 V_{O1} 通过 R_{25} 和 R_{W2} 开始给电容 C_5 充电，当电容 C_5 充电电压达到高电平输入时，输出为低电平 0，此时电容 C_5 通过 R_{25} 和 R_{W2} 放电，不断重复充放电的过程，形成方波信号。将电容和电阻设置合适，作为计数定时信号用，R_{W2} 的大小决定着信号周期的大小。

注意：在进行 TTL 非门电路仿真时，因无法直接给反相器接上供电电源，仿真无法进行，只要将供电电源放入程序中，仿真就可以完成了。

2)使能端控制信号产生电路

使能控制端主要产生复位和锁存功能的信号，仿真电路如实验图 44-5 所示。

自激振荡电路产生方波通过电容 C_1 在正、负半周分别产生上、下 2 个尖脉冲，因为 V_{CC} 和 R_1 的作用，下部尖脉冲电平抬高，经过 U1A 整形后，形成一个高电平狭窄的矩形波。从 U1A 输出的矩形波，在仿真电路中，通过 V_1 来替代，信号通过 C_2、C_3 电容时，由于 C_2 电容接的上拉电阻 R_3 和电源 V_{CC}，C_3 电容接的电阻 R_2 接地，在一个周期形成电位不同的上、下 2 个尖脉冲，通过 U1B、U1C 整形后，形成了复位-计数-锁存-复位的时序脉冲，从而实现了在一定时间内转速数据大小的显示。

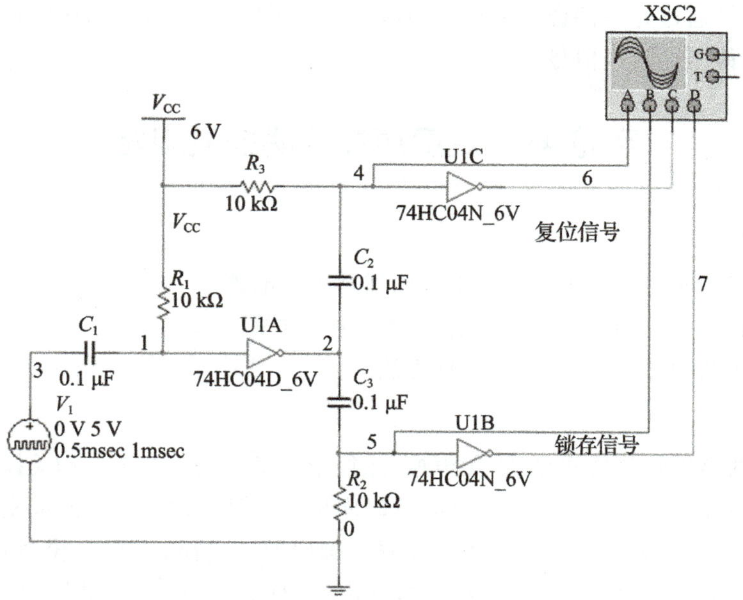

实验图 44-5　使能端控制信号产生电路

注意：该电路的分析难点在于电容两端的电压差不能突变，经过上拉电阻接 V_{CC} 和经过电阻接地这 2 种情况下，输入脉冲后两电容电压变化之间的区别。整个电路功能采用 Proteus 软件进行仿真，其仿真电路如实验图 44-6 所示。

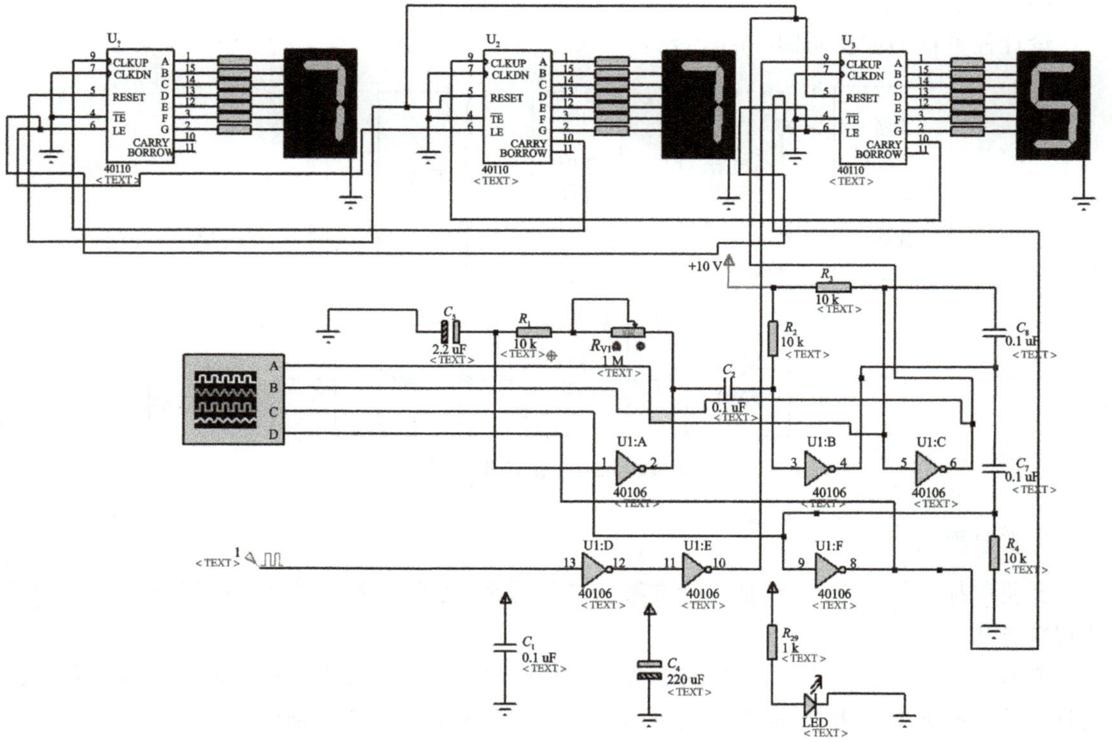

实验图 44-6　电动机转速测量仿真电路

由于转速信号通过光电耦合开关和反相器转换为矩形波信号，所以在仿真电路中，采用时钟脉冲信号作为待测试转速信号。

实验 45　走廊声控照明控制电路

1. 设计目的

(1)了解声音和光照强度传感器的工作原理及工作电路。

(2)采用 Multisim 或 Proteus 软件完成硬件电路仿真。

(3)学习系统的调试与故障诊断、处理方法。

2. 设计任务

楼道、走廊的声控灯非常常见，它集声控、光控于一身。能在白天自动关掉照明电路，在光线变暗时，闻声自亮，且照明持续一段时间后(时间可调)，又自动关灯。既能实现照明自动化，又节能实用。本设计中要求设计一个声音控制走廊照明灯电路，光线比较亮时，即使有声音，照明灯也不亮；当光线亮度低于设定亮度时，有声音，灯亮，七段数码管显示十秒钟后，灯灭。主要完成如下任务：

(1)光线检测电路。

(2)声音检测电路。

(3)触发定时电路。

(4)照明控制电路。

(5)计数显示电路。

设计任务框图如实验图 45-1 所示：

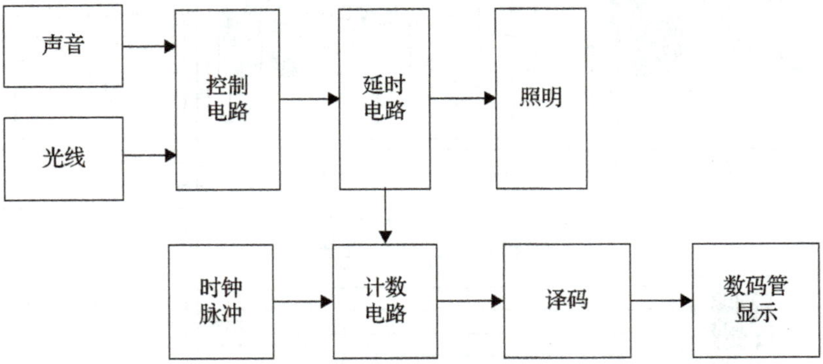

实验图 45-1　设计任务框图

3. 实验要求

实验前提交预习报告，包括设计方案及电路原理，仿真结果截图，仿真过程中出现的问题及解决方法。

实验后提交实验报告，包括电路原理图、原理分析、实验过程中出现的问题及解决方法、实验收获等。除光敏电阻外，同学们还可以思考采用其他元件对光线强度进行检测。

4. 核心参考电路

该电路需要检测两个外界参数，即光照强度和声音，要求同时达到阈值才可触发，又因为声音信号放大需要一个运放做信号放大器，声、光比较电路需要 2 个比较器，由于一片 LM324 芯片内部具有四个独立的运算放大器，因此选用 LM324，使其工作在开环状态下作为比较器使用。为了将声音和光信号同时满足条件时产生一个低电平触发信号，后一级用三极管设计一个 2 输入与非电路，为 555 构成定时的单稳态触发器提供触发脉冲。实验图 45-2 为一个声、光同时可控制的延时照明电路，仿真采用 VUMETER 麦克风元件，这一部分在实际电路中采用微音器和一个同相比例电路来实现，放大后的声音幅值要大于设定的比较器的阈值。

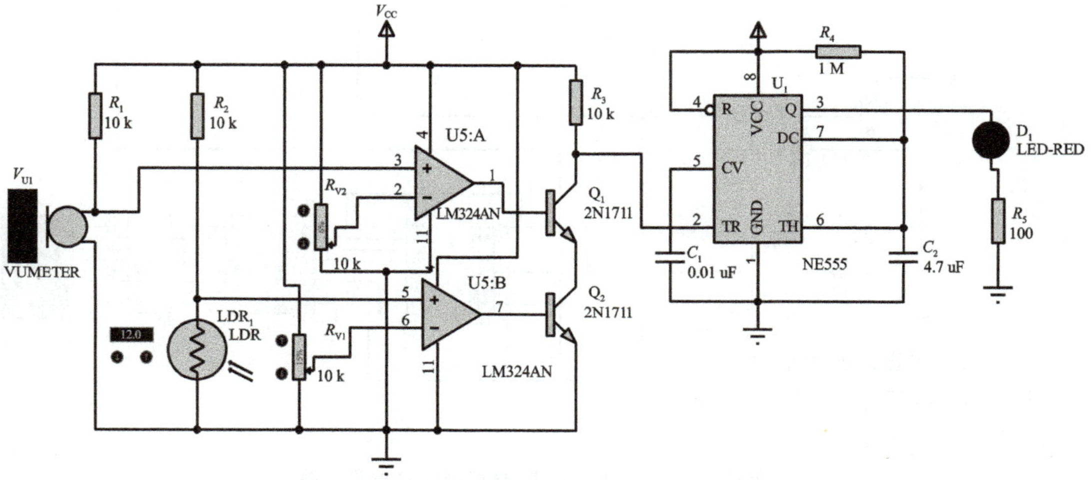

实验图 45-2　声、光控制延时照明参考电路

电路工作原理：当光线比较亮时，由于光敏电阻阻值比较小，其分压电路输出到比较器同相端电压较低，比较器 U5B 输出低电平，对于两个三极管 Q_1、Q_2 串联形成的与非门电路，有一个输入低电平，输出就为高电平，因此，无论有还是没有声音，与非门输出的都是高电平，后级 555 构成的单稳态触发器不触发。当光线比较暗时，由于光敏电阻阻值比较大，其分压电路输出到比较器同相端电压较高，比较器 U5B 输出高电平，三极管 Q_2 可以导通，此时，若没有声音，则与非门依然输出高电平，单稳态触发器还没有被触发；当有声音信号时，比较器 U5A 输出高电平，此时 Q_1、Q_2 同时饱和导通，输出低电平，声音结束，又回到高电平，给后级单稳态触发电路提供了一个触发脉冲，因此，555 的 Q 端输出定时的高电平，定时的时间有 R_4 和 C_2 的大小决定，通过改变 R_4 或 C_2 的大小改变其触发时间 T。

$$T \approx 1.1R_4C_2 \tag{45-1}$$

如果电路加上计数时间，让路人更直观感受其延时时间，需要加入计数器显示电路，计数显示电路包括计数脉冲产生电路、计数电路、译码及显示电路，其计数显示的时间由单稳态触发器触发时间控制。计数器时钟信号采用 555 芯片构建多谐振荡电路作为计数时钟脉冲，其频率值可以通过公式计算得出。因此，该电路分为检测部分、延时部分、脉冲信号、计数显示部分，其参考仿真电路如实验图 45-3 所示。

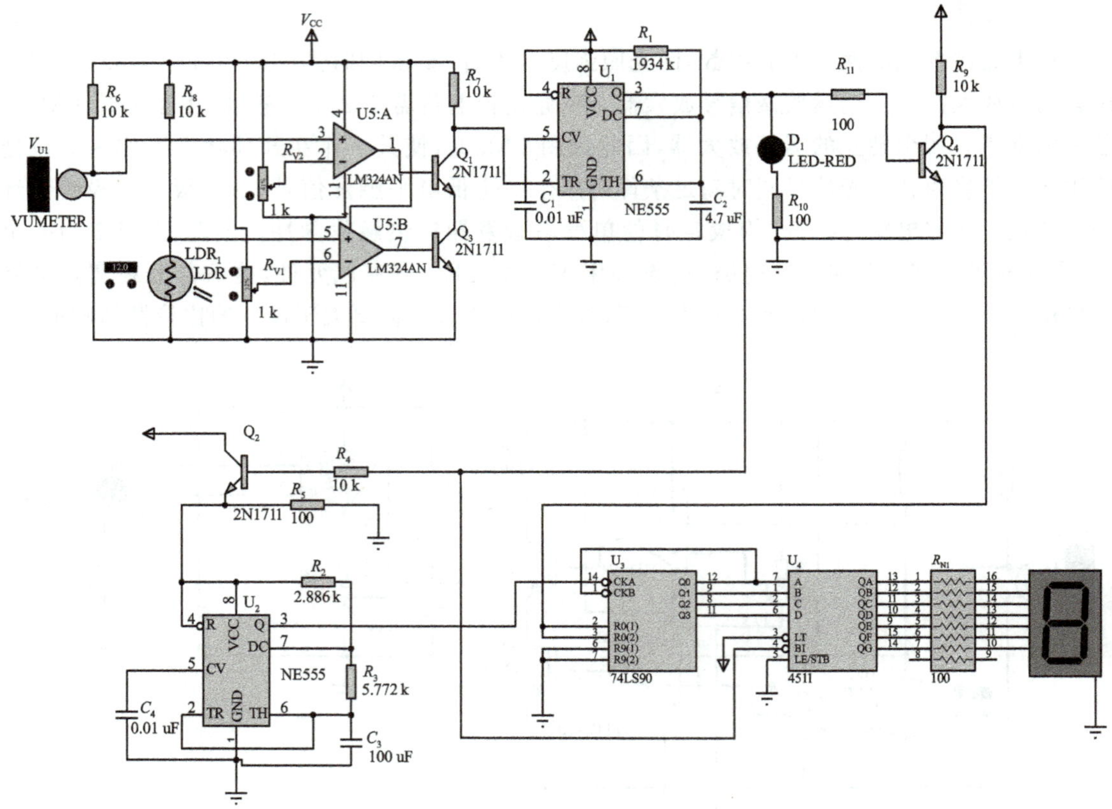

实验图 45-3　带计数的声、光控延时灯仿真电路

图中单稳态触发时间作为定时电路与多谐振荡电路产生计数时钟相配合，完成计数 10 s 并清零的工作，由大家来设计完成。

实验 46　八路抢答器

1. 设计目的

(1)掌握数字编码电路的设计。

(2)会应用七段码译码芯片及七段码显示电路。

(3)会设计锁存电路及抢答提醒电路。

(4)会用 Multisim 或 Proteus 软件对电路进行仿真。

(5)掌握系统调试与故障诊断、处理方法。

2. 设计任务

抢答器是一种能准确判断出速度最快抢答者号码的仪器。在知识竞赛、文体娱乐活动、抢答赛活动中，能准确、公正、直观地判断出抢答成功者的号码。它能更好地促进各个团体的竞争意识，让选手们体验到战场般的压力感。抢答器使比赛大大增加了娱乐性的同时，也使比赛更加公平、公正。本设计八路抢答器主要完成按键编码和译码显示功能，任务如下：

(1)八输入编码电路设计。

(2)锁存电路设计。

(3)译码、显示电路设计。

(4)声音提醒电路设计。

设计任务框图如实验图 46-1 所示：

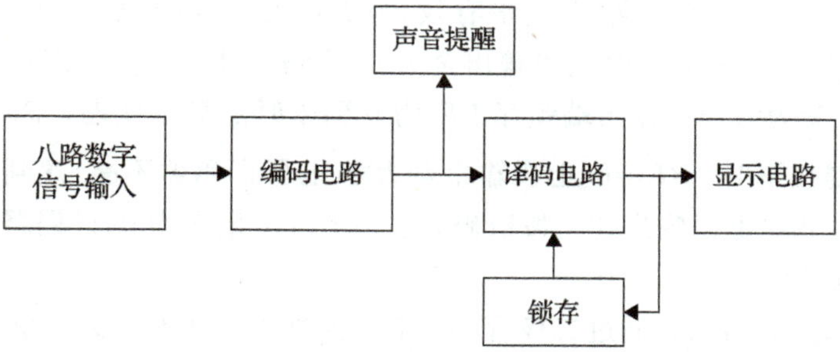

实验图 46-1 设计任务框图

3. 实验要求

实验前提交预习报告，包括设计方案及电路原理，仿真结果截图，仿真过程中出现的问题及解决方法。

实验后提交实验报告，包括电路原理图、原理分析、实验过程中出现的问题及解决方法、实验收获等。

4. 核心参考电路

本电路包括抢答按键输入、编码、锁存、声音指示、译码显示及复位电路，可同时进行八路抢答，按键按下后，蜂鸣器发声，同时数码管显示优先抢答者的号数，抢答成功后，锁存显示，其他人再按按键，显示号码不会改变，除非按复位键复位后，显示清零，才可继续抢答。

CD4511 是一块含 BCD-7 锁存/译码/驱动电路为一体的集成电路，其中 1、2、6、7 为 BCD 码输入端，9～15 脚为显示输出端。根据电路任务，它的输入、输出端及输出端对使能端控制状态表如实验表 46-1 所示。

实验表 46-1 CD4511 输入、输出端及输出端对使能端控制状态表

输入端				输出端							使能端		
A	B	C	D	a	b	c	d	e	f	g	$\overline{LT}$	$\overline{BI}$	LE
0	0	0	0	1	1	1	1	1	1	0	1	1	0
0	0	0	1	0	1	1	0	0	0	0	1	1	1
0	0	1	0	1	1	0	1	1	0	1	1	1	1
0	0	1	1	1	1	1	1	0	0	1	1	1	1
0	1	0	0	0	1	1	0	0	1	1	1	1	1
0	1	0	1	1	0	1	1	0	1	1	1	1	1
0	1	1	0	1	0	1	1	1	1	1	1	1	1
0	1	1	1	1	1	1	0	0	0	0	1	1	1
1	0	0	0	1	1	1	1	1	1	1	1	1	1

根据设计任务及实验表 46-1 功能分析可知，b、g 的状态在 1～8 显示中至少有 1 个为 1，可以控制锁存信号，显示 0 时，$b=1$，$g=0$，通过控制电路设置这个状态使锁存引脚 $LE=0$，等待抢答。

八路抢答器参考电路原理图如实验图 46-2 所示，S_1～S_8 为抢答键，S_9 为复位键。译码器 CD4511 的 3 脚（$\overline{LT}$）为灯测试端，低电平有效，当 $\overline{LT}$ 为 0 时，七段输出全为 1，数码管显示 8；4 脚（$\overline{BI}$）为消隐端，$\overline{BI}$ 为 0 时七段输出全为 0，数码管处于不亮状态；5 脚（LE）为锁存使能端，当 LE 由“0”变为“1”时，输出端锁存 LE 为 0 到 1 时的显示状态。S_9 按键一端接地，另一端接 $\overline{BI}$，当按键按下时，$\overline{BI}=0$，七段输出全为 0，七段译码器不亮，达到了复位的效果；当按键松开，$\overline{BI}=1$，此时七段输出使七段数码管显示 0，LE 电平为 0，译码器没有被锁存，可继续输出新一轮的抢答号码。

七段显示的 b、g 输出状态通过二极管 D_{18}、D_{19} 控制 LE 状态。d 输出通过控制 Q_1 的状态控制 D_{19} 的通断，从而控制 LE 的状态。

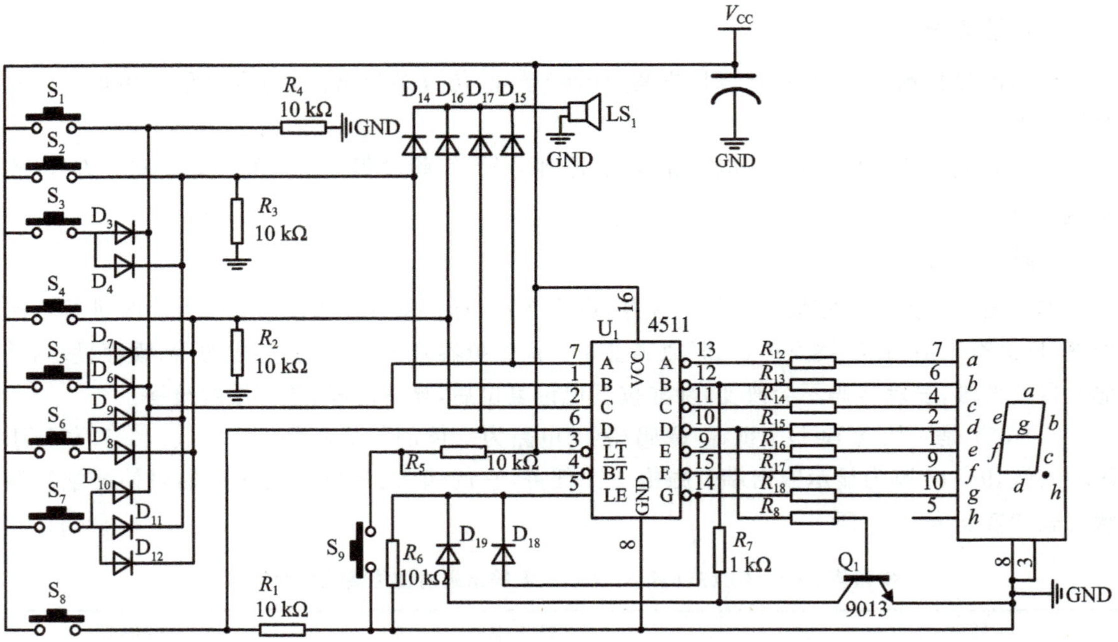

实验图 46-2　八路抢答器参考电路原理图

按下复位键后，当抢答按键未按下时，A、B、C、D 输入为 0000，$abcdefg$ 输出为 1111110，七段数码管显示“0”，b、d 同时为高电平，因三极管 Q_1 饱和导通，此时二极管 D_{18}、D_{19} 均截止，LE 为 0，CD4511 未被锁存，抢答开始。抢答过程中，任何一个按键先按下，如 7 号抢答 S_7 键按下，编码电路向译码器 CD4511 的输入端“$DCBA$”输入“0111”，译码器 CD4511 输出端 $abcdefg$ 输出为 1110000，b 输出高电平，d 为低电平，Q_1 截止，二极管 D_{19} 导通使 LE 锁存，其他人再按按键无法显示，达到锁存效果。八路抢答器在 Proteus 软件中的仿真电路及仿真结果如实验图 46-3 所示。

剩余的状态同学们可以自行分析，想一想第一位选手抢答成功后，根据输出状态如何将译码器锁存？

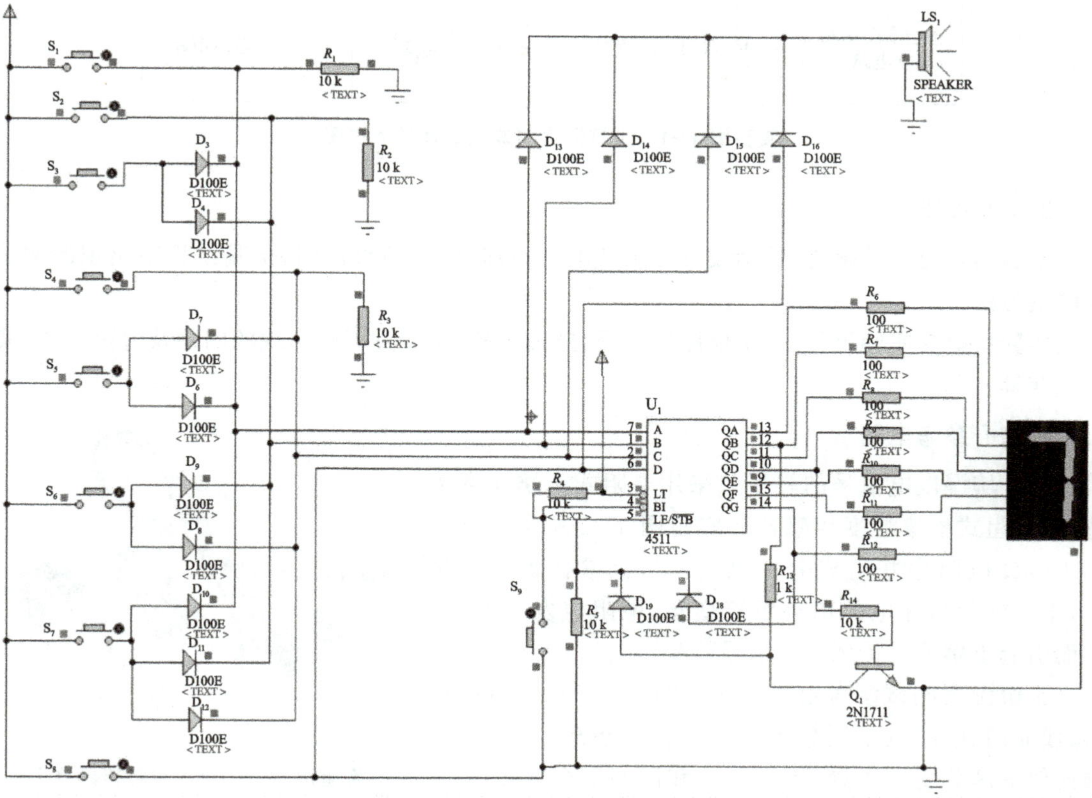

实验图 46-3　八路抢答器仿真电路

实验 47　土壤湿度测试仪

1. 设计目的

(1)掌握土壤湿度传感器电路的设计。

(2)会应用单门限比较器进行比较电路设计。

(3)会设计分档显示电路。

(4)会用 Multisim 或 Proteus 软件对电路进行仿真。

(5)掌握系统调试与故障诊断、处理方法。

2. 设计任务

植物生长需要空气、水、温度、光和养分五个基本因素，空气中的氧气是植物进行光合作用的条件，二氧化碳是植物进行光合作用的原料，水是构成植物体的主要成分，植物的根系与叶片均能参与植物的生理活动，给植物提供水源的主要途径是根系对水的吸收，因此土壤的湿度是植物生长的一个主要因素。设计一个土壤湿度检测电路，对土壤湿度检测结果分为干燥、不干不湿和湿润三个等级。根据设计任务，土壤湿度测试仪设计任务框图如实验图 47-1 所示：

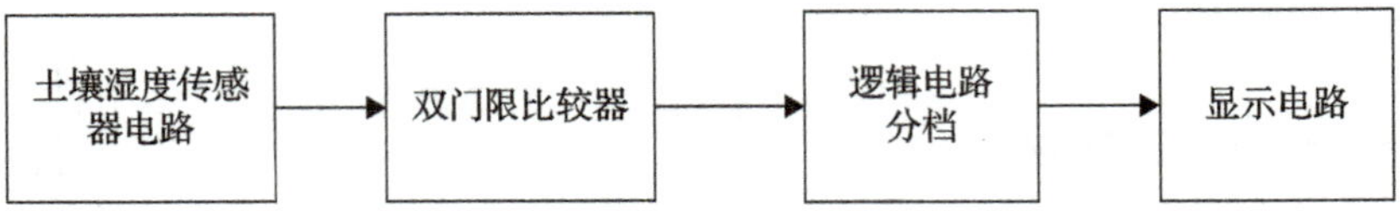

实验图 47-1　土壤湿度测试仪设计任务框图

3. 实验要求

实验前提交预习报告，包括设计方案及电路原理，仿真结果截图，仿真过程中出现的问题及解决方法。

实验后提交实验报告，包括电路原理图、原理分析、实验过程中出现的问题及解决方法、实验收获等。

4. 核心参考电路

对土壤湿度电信号的转换常采用电阻式土壤湿度传感器，电阻式土壤湿度传感器如实验图 47-2 所示。它常和 10 kΩ 电阻串联组成分压电路。当土壤含水量变化时，土壤中参与导电的离子跟着变化，电阻也发生改变，从而引起土壤湿度传感器电信号改变。

实验图 47-2　土壤湿度传感器

土壤湿度测试参考电路如实验图 47-3 所示，由比较器、或非门、电阻及不同颜色发光二极管组成，采用双门限比较器区分土壤干燥、不干不湿和湿润三个等级。V_{in} 为模拟土壤湿度传感器产生的电信号，该信号与上门限电压和下门限电压比较。用 10 kΩ 的可调电阻对 5 V 电压进行分压模拟土壤湿度上、下门限分档电压阈值。

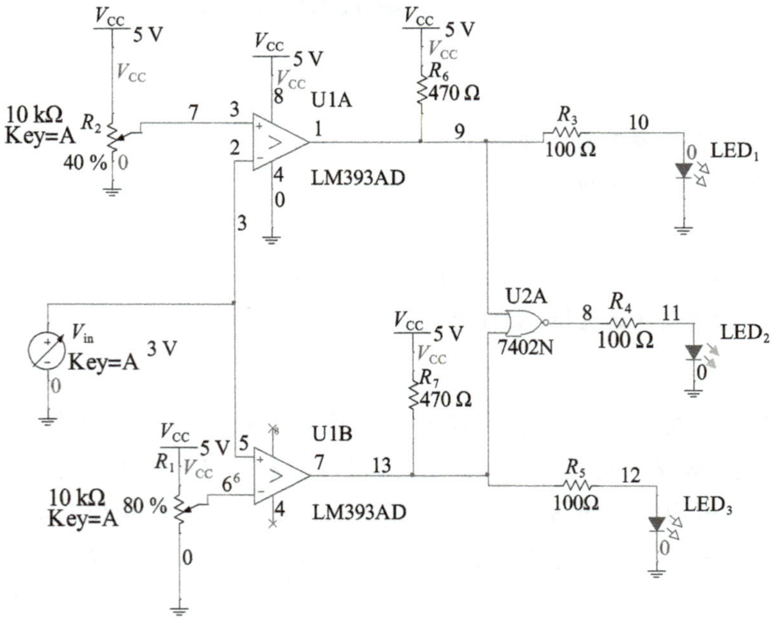

实验图 47-3　土壤湿度测试参考电路

R_2 分压电路与 U1A 完成对下门限电压值比较，R_1 分压电路与 U1B 完成对上门限电压值比较，比较结果分别通过发光二极管显示。当土壤湿度 V_{in} 的电压高于上门限电压时，U1A 输出低电平，LED_1 不亮，U1B 输出高电平，LED_3 亮；当 V_{in} 的电压低于下门限电压时，U1A 输出高电平，LED_1 亮，U1B 输出低电平，LED_3 不亮；以上两种情况下，或非门 U2A 的一个输入端处于高电平，输出低电平，LED_2 均不亮。当 V_{in} 的电压处于上门限电压和下门限电压之间时，U1A 和 U1B 均输出低电平，LED_1 和 LED_3 均不亮。输入均是低电平时，或非门 U2A 输出高电平，LED_2 亮，从而达到了区分土壤湿度的目的。

思考：参考电路图中上拉电阻 R_6、R_7 的作用是什么？

如今的农田气象站，可以测量风速、雨量、温度、土壤湿度等植物生长环境的重要参数，还有智能农业大棚参数的测量，这些测量电路都由传感器和电子电路完成。科技助力智慧农业发展的同时，也要认识到我国作为农业大国，虽然现在家家户户可以吃饱饭并且吃得安心，但是我们也要永远记得"谁知盘中餐，粒粒皆辛苦"。每个人都应该珍惜自己饭碗里的粮食，珍惜现在得来不易的美好生活，从我们做起，从现在做起，打造光盘行动。

实验 48　两位并行比较 A/D 转换器设计

1. 设计目的

(1)掌握 A/D 转换器的工作原理，学习如何将模拟信号转换为数字信号的表示方法。

(2)掌握 A/D 转换器的相关参数，如采样时钟频率、分辨率、输入电压范围、输出数字量位数等。

(3)会用 Multisim 或 Proteus 软件对电路进行仿真。

(4)掌握系统调试与故障诊断、处理方法。

2. 设计任务

A/D 转换器(Analog to Digital Converter)的用途是将时间、幅值连续的模拟信号转换为时间、幅值离散的数字信号，如日常用的热水器，当对热电偶或热敏传感器这些模拟传感器进行信号检测的时候，需要将模拟量转换成数字量，然后将数字量传送给控制器，再进行处理、控制与显示，因此将模拟量准确转换为数字量，是测量系统精准测试与控制的重要前提。

本设计要求实现两位并行输出的 A/D 转换器，其设计任务如下：A/D 转换器的输出为两位数字量，对 0～5 V 范围的输入信号进行数字编码。A/D 转换器设计任务框图如实验图 48-1 所示：

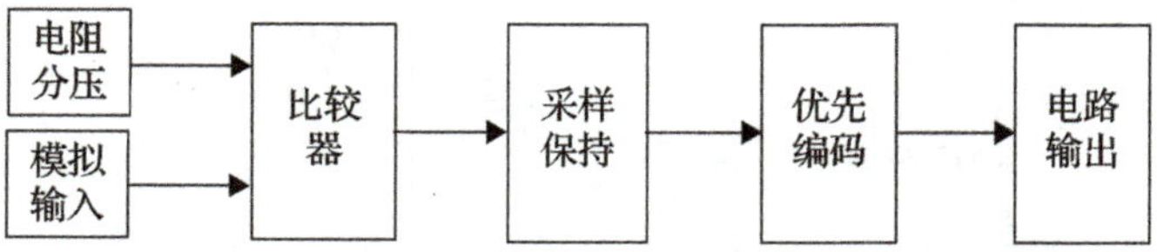

实验图 48-1　A/D 转换器设计任务框图

3. 实验要求

实验前提交预习报告，包括设计方案及电路原理，仿真结果截图，仿真过程中出现的问题及解决方法。

实验后提交实验报告，包括电路原理图、原理分析、实验过程中出现的问题及解决方法、实验收获等。

4. 核心参考电路

设计电路要求输出两位数字编码信号，两位数字编码信号可以代表输入信号的 4 个等级。因此，电阻分压可以将参考电压 V_{ref} 分成 4 个等级。它们分别是 $V_{ref}/7$、$3V_{ref}/7$、$5V_{ref}/7$，输入电压范围与参考电压大小相等，输入电压 V_I 的大小(可调电阻分压模拟)决定各比较器的输出状态。其参考电路及不同输入状态仿真结果如实验图 48-2，两位并行 A/D 转换器输入与输出关系对照表如实验表 48-1 所示。

实验表 48-1　两位并行 A/D 转换器输入与输出关系对照表

模拟输入	比较器的输出状态			数字输出状态	
	U1A	U1B	U/C	A_1	A_0
$0 \sim V_{ref}/7$	0	0	0	0	0
$V_{ref}/7 \sim 3V_{ref}/7$	0	0	1	0	1
$3V_{ref}/7 \sim 5V_{ref}/7$	0	1	1	1	0
$5V_{ref}/7 \sim V_{ref}$	1	1	1	1	1

将输入信号与参考电压比较后的结果通过 D 触发器锁存，然后通过优先编码器进行编码，因为 74148 输出低电平有效，因此，对低参考电平比较的输出结果，经触发器锁存后，连接编码输入的高输入端，数字输出状态通过发光二极管的发光状态显示。

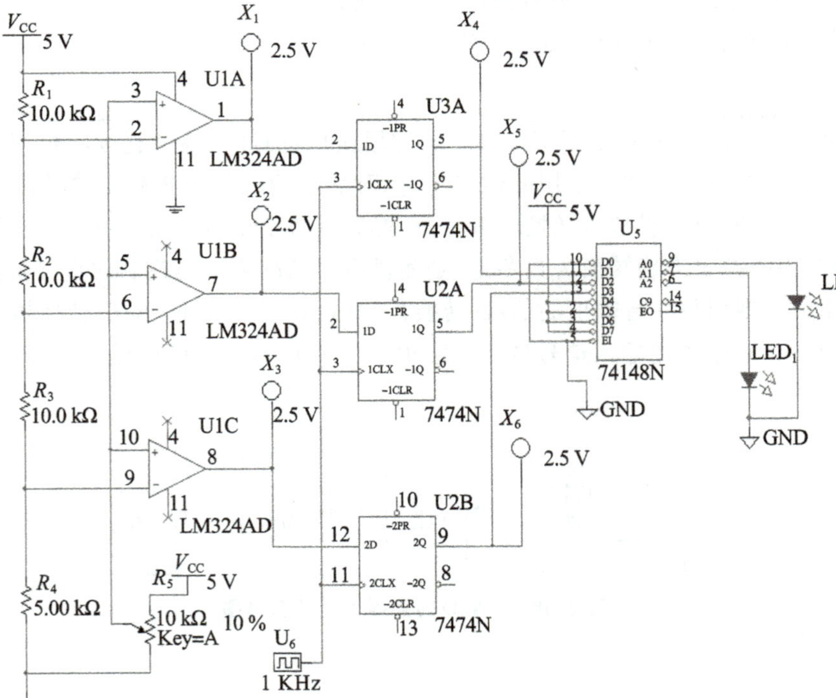

(a) $0<V_I<V_{ref}/7$

实验图 48-2　参考电路及仿真结果

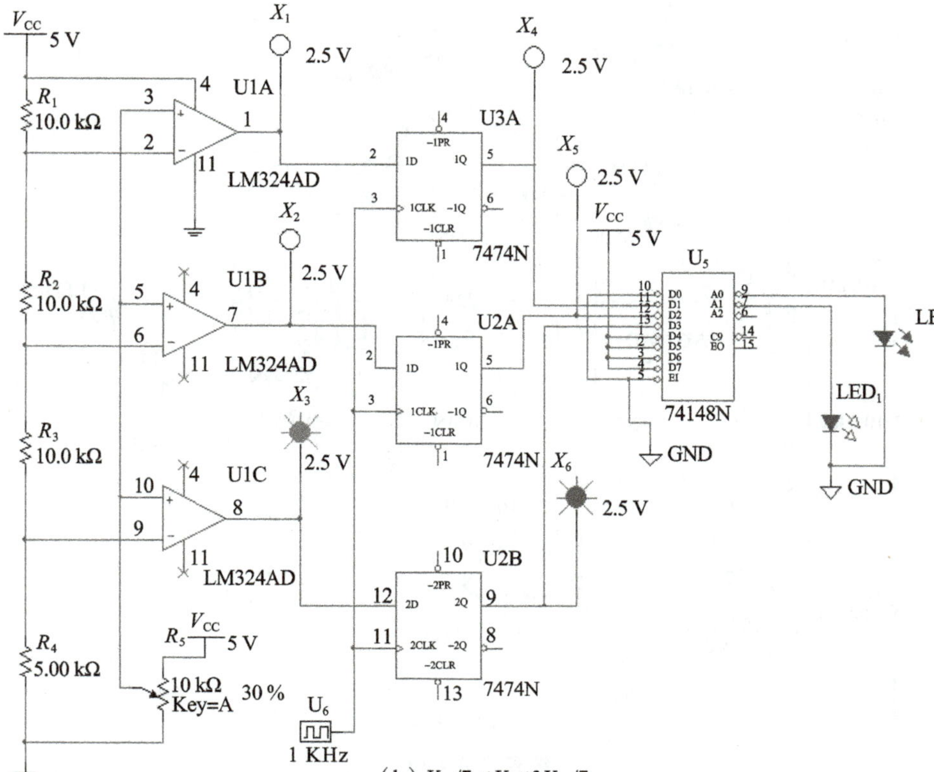

（b）$V_{ref}/7<V_I<3V_{ref}/7$

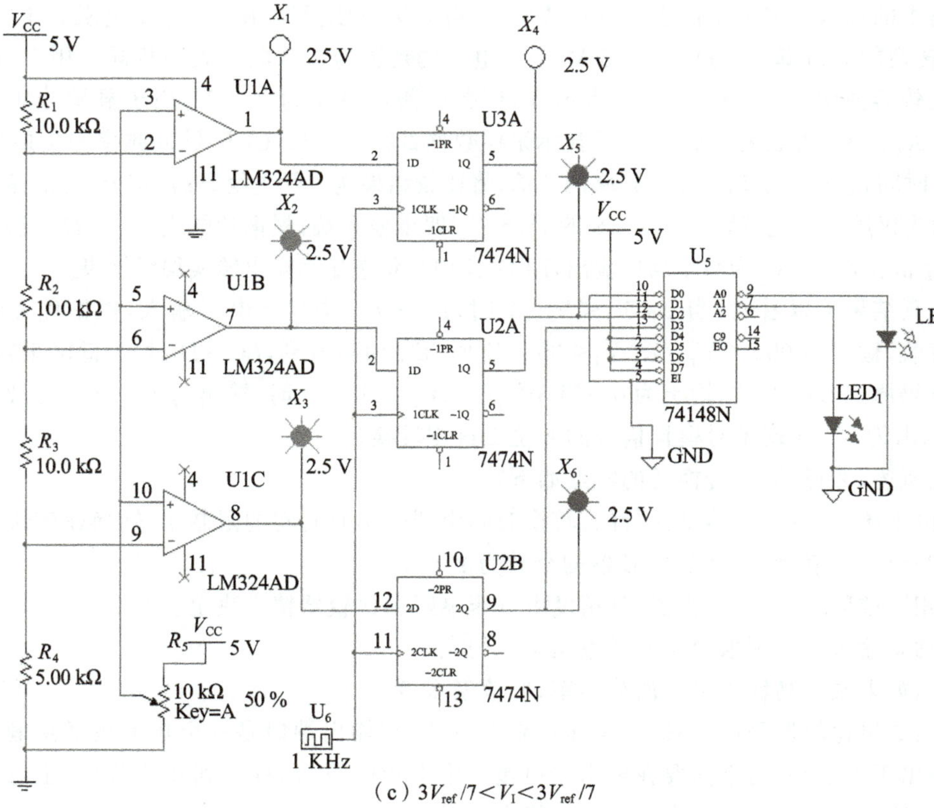

（c）$3V_{ref}/7<V_I<3V_{ref}/7$

续实验图 48-2

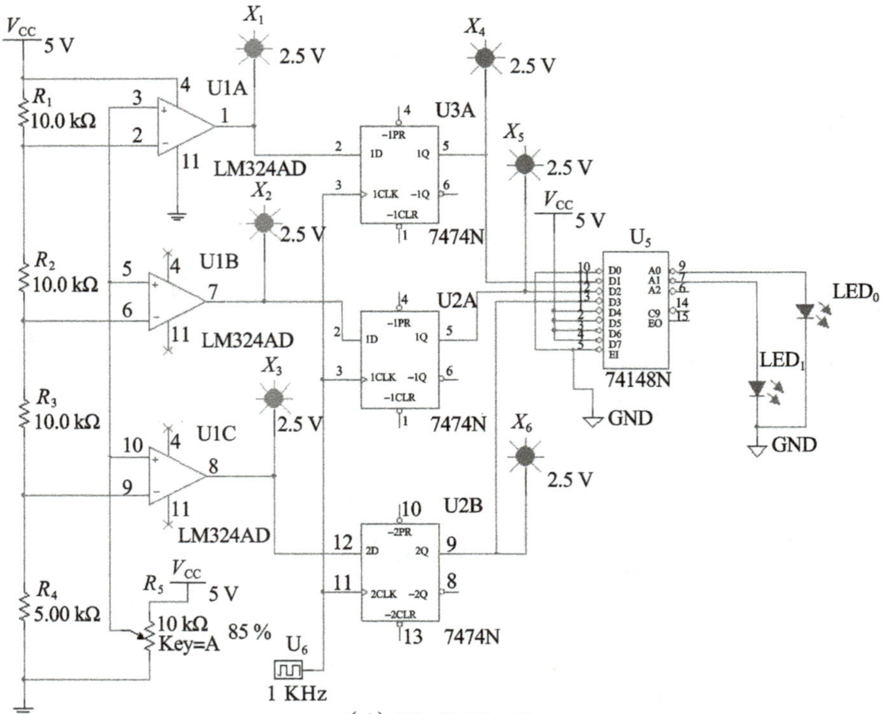

(d) $5V_{ref}/7<V_I<V_{ref}$

续实验图 48-2

电路中的输入信号 V_I，通过可调电阻 R_5 分得 5 V 电压模拟，$R_1 \sim R_4$ 是电阻分压电路，决定 A/D 转换的分辨率，参考电压为 5 V，输入电压的范围与参考电压大小相同。用 LM324 开环作为比较器使用，$X_1 \sim X_3$ 为蓝色指示灯，灯亮的阈值电压为 2.5 V，用于显示分压比较后的结果。$X_4 \sim X_6$ 为红色指示灯，用于显示采样数据寄存的结果，CLK 脉冲频率为 1 kHz，为采样保持的时间，它至少是动态输入频率的 2 倍，将比较结果送入优先编码器 74148，然后编码输出结果。因为仅用了优先编码器 74148N 的 $D_0 \sim D_3$ 四个输入端，根据功能表，$D_4 \sim D_7$ 接高电平，A_0 为数字低位输出，A_1 为数字高位输出，LED_0、LED_1 状态显示输出转换编码结果。

由仿真结果可以看出：当 $0<V_I<V_{ref}/7$ 时，$D_3 \sim D_0$ 均为低电平输入，根据优先编码原则，D_3 有效，输出为 00；当 $V_{ref}/7<V_I<3V_{ref}/7$ 时，D_3 为高电平，$D_2 \sim D_0$ 均为低电平输入，根据优先编码原则，D_2 有效，输出为 01；当 $3V_{ref}/7<V_I<5V_{ref}/7$ 时，输出为 10；当 $5V_{ref}/7<V_I<V_{ref}$ 时，输出为 11，实现了对模拟信号的 2 位二进制转换。

综上所述，并行 A/D 转换器的特点如下：

(1)由于该 A/D 转换器是并行的，转换时间由器件延时时间的限制小，转换速度快。

(2)一个 n 位转换器，所用比较器的个数为 2^n-1。

(3)相同位数的 A/D 转换器，其精度由分压电阻和比较器精度决定。

(4)动态输入的范围取决于参考电压 V_{ref} 的大小。

思考：如果想提高输入电压的分辨率，应该怎么做？

注意：如果比较器采用 LM393 电压比较器芯片，它输出端口是一个集电极开路输出。为了确保输出正确电平，通常需要在输出端口接一个上拉电阻(几百欧到几千欧)与正电压源连接，可增强输出电路的驱动能力和抗干扰能力。

附　录

附录 1　Multisim 仿真软件——土壤湿度测试仪

Multisim 是一个原理图仿真软件，其元件库提供了电工学、模拟电子技术、数字电子技术中常见的元器件，可以满足电工电子电路大多数情况下的仿真要求。对于初学电子设计的同学，采用 Multisim 进行电路仿真，操作简单、易于上手，在实验室进行实验，先寻找电路相关元件搭建电路原理图，然后添加供电电源和激励信号，电路就可以工作。对电路参数及波形显示，可通过测试仪器、仪表来实现，此外，Multisim 软件也可以用于 PCB 设计。接下来，我们通过一个仿真实验——简易土壤湿度测试电路，来一起学习一下 Multisim 软件的使用，完成从原理图设计到仿真电路的全部流程，仿真流程图如附图 1-1 所示。

1. 建立一个新设计“Design”

完成以下步骤来创建设计文件：

(1)运行 Multisim，在工作区会自动打开一个默认名为“design1”的空白文件。

(2)选择“文件”——“另存为”，将弹出一个标准的保存对话框。

(3)切换到希望保存文件的位置，输入想要命名的文件名“土壤湿度测试仪”，点击“保存”按钮。Multisim 仿真软件的主界面如附图 1-2 所示。

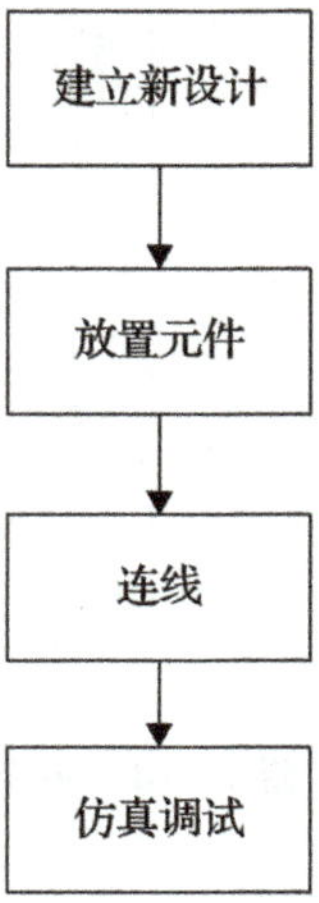

附图 1-1　Multisim 电路设计仿真流程图

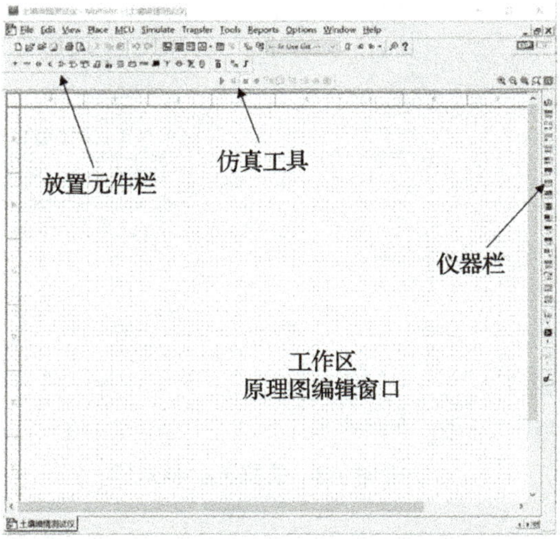

附图 1-2　Multisim 仿真软件的主界面

元件栏  对元件进行了分组，可以通过快捷方式进入选择所需类别的元器件。

2. 创建原理图

分为两个步骤，第一步：放置所有元件；第二步：连线。根据电路设计原理，土壤湿度测试仪需要的元器件有：运算放大器 LM324、固定电阻、可调电阻、不同颜色的发光二极管、两输入或非门等。

1）放置元件

完成以下步骤来放置元件：选择“放置”——“元件”，弹出“选择元件”对话框。

在“Group”里选择“Analog”，在“Family”里选择“OPAMP”。在“Component”里选择“LM324”，然后点击“OK”，选择元器件的过程如附图 1-3 所示。

也可以直接从元件栏里面，点击“Place Analog”来选取元件。元件在光标上处于悬浮状态，移动光标到工作区的右下方，单击放置元件。注意，此元件编号为 U1A。由于 LM324 芯片有 4 个独立运放，因此，再放置一个运放元件编号为 U1B，是同一个芯片中的第二个运放单元模块，如附图 1-4 所示。

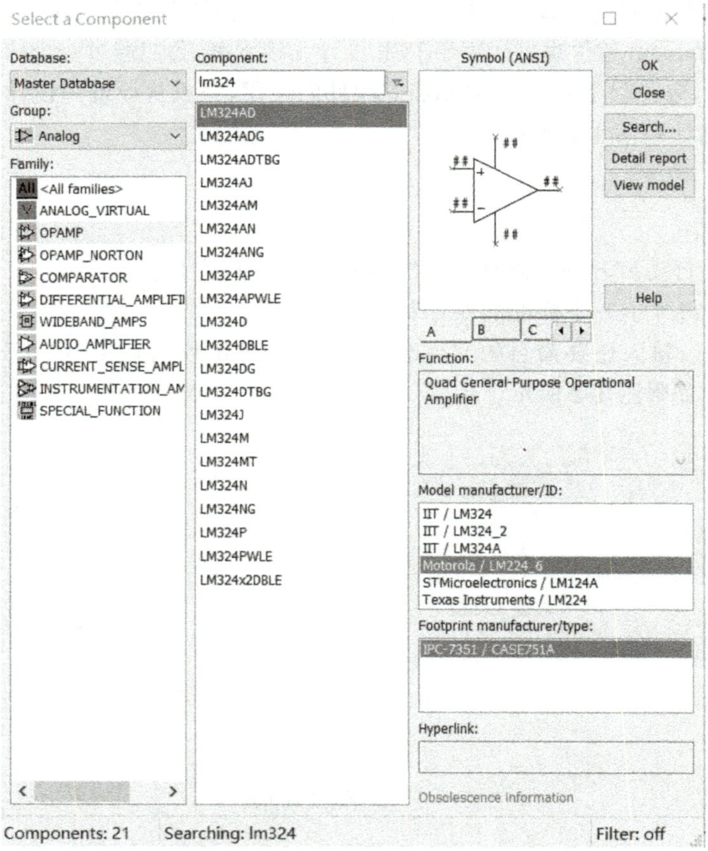

附图 1-3　选择元器件过程

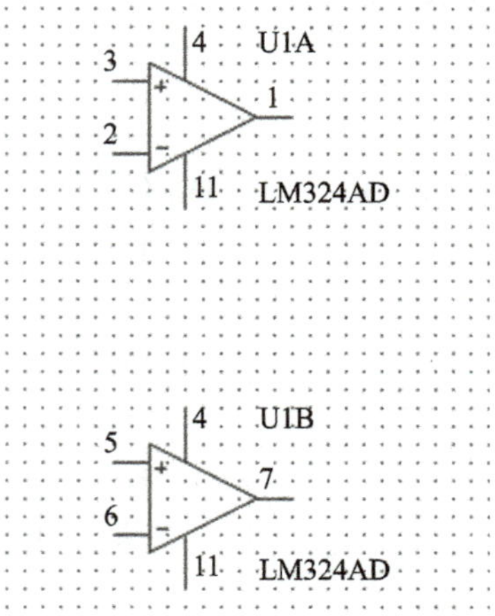

附图 1-4　多个 LM324 放置

依次放置剩余所需元器件，所需元件表名称如附表 1-1 所示。

附表 1-1　土壤湿度测试仪所需元件表

器件类型	名称	参数描述
固定电阻	Fixed resistor	470 Ω、100 Ω、1 kΩ
可调电阻	Potentiometer	10 kΩ
发光二极管	LED	红、黄、绿
或非门	7402	四个 2 输入或非门
可调直流电源	DC_INTERACTIVE_VOLTAGE	0～5 V 可调
供电电源	V_{CC}	5 V
接地	GND	0 V

供电电源选择如附图 1-5 所示，在“Group”里选择“Sources”，在“Family”里选择“POWER_SOURCES”。再在“Component”里选择“VCC”，然后点击“OK”，双击图标，然后根据自己需要，在“Value”中设定供电电压大小，各元器件放置如附图 1-6 所示。

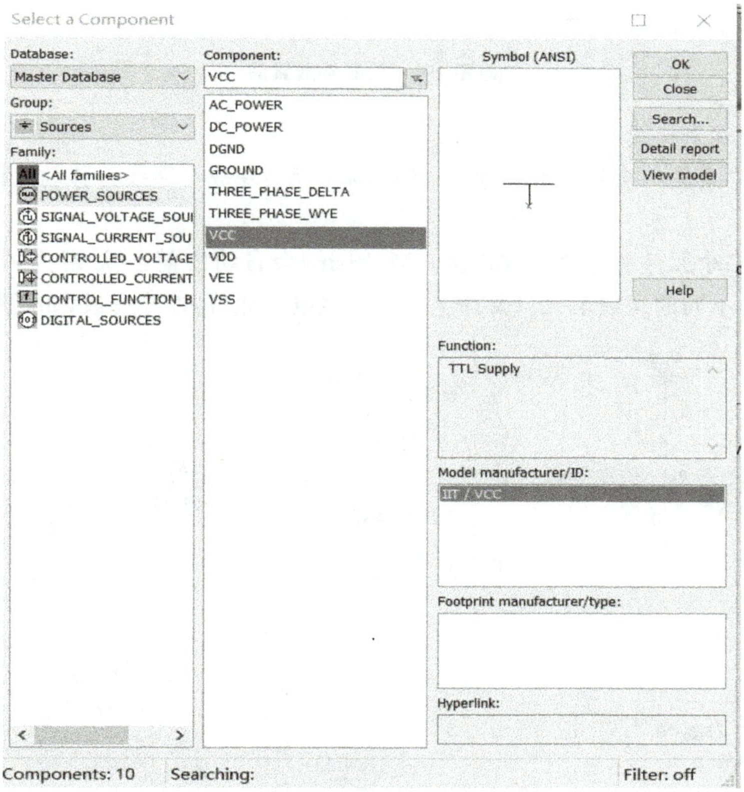

附图 1-5　供电电源选择

2）连线

所有元件都有管脚，可以用导线把它们与其他的元件或仪器连接起来。当光标覆盖上管脚的时候，光标变成十字线，就可以开始连线了。

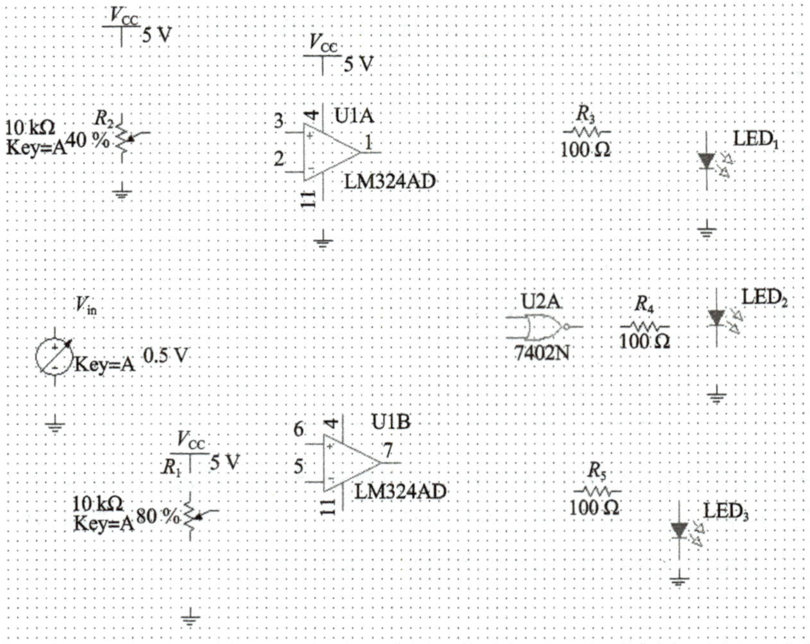

附图 1-6　元器件放置图

完成下列步骤来连线：

(1)点击元件上的一个管脚开始连线(鼠标的光标会变成十字线)，移动鼠标，连线会出现，跟着光标。

(2)点击第二个元件的管脚完成连接。Multisim 会自动放置连线，对齐到合适的位置上。对于同一个芯片不同的运放单元只要加上一个供电电源即可，连线完成，如附图 1-7 所示。

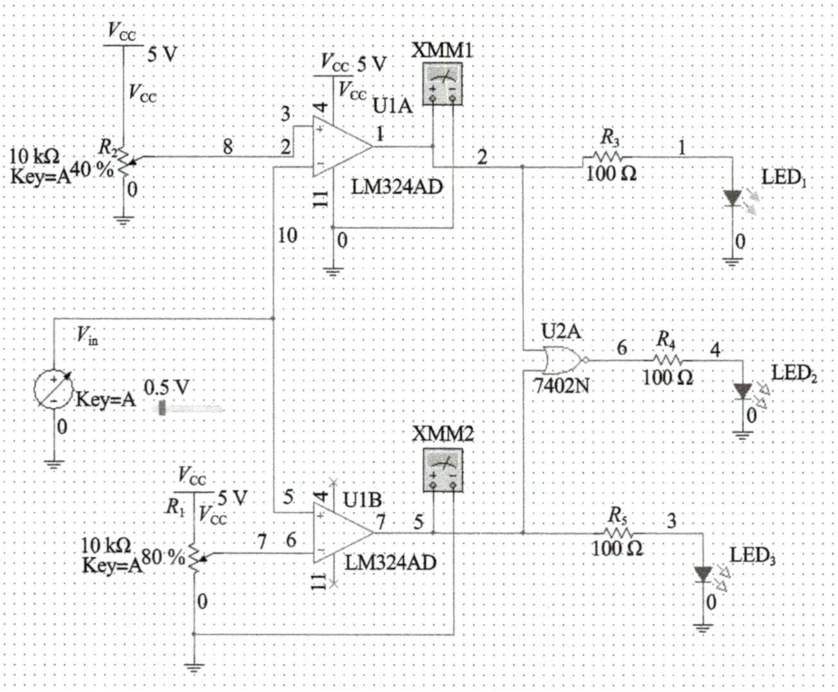

附图 1-7　土壤湿度测试电路连线图

3. 仿真测试

用 Multisim 仿真的设计可以在设计流程的早期发现错误，节省设计者的时间和金钱。对于功能的好坏，可以通过指示器件和虚拟仪器来观测。

本实验土壤湿度测试仪通过可调直流电压输入 V_{in} 来模拟土壤湿度传感器电压状态。V_{in} 越大，表明土壤越干燥，越小表明土壤越湿润；输出分三个等级：湿润、不干不湿、干燥。设定比较器的上门限电压为 4 V，下门限电压为 2 V。因此输入 0.5 V、2.5 V 和 4.5 V 来测试。选择 Simulate>>Run ▷ 开始进行仿真。

附图 1-8 为土壤湿度测试电路在土壤湿度传感器输入为 0.5 V 时的仿真结果，电路原理正确性的验证可以通过 LED 指示灯和万用表来测试。通过电路原理可知，此时应该 LED_1 亮。依次变换输入电压值为 2.5 V 和 4.5 V，可以看到 LED_2 和 LED_3 也被依次点亮，可以看出万用表测量的比较器电压输出值也正确。

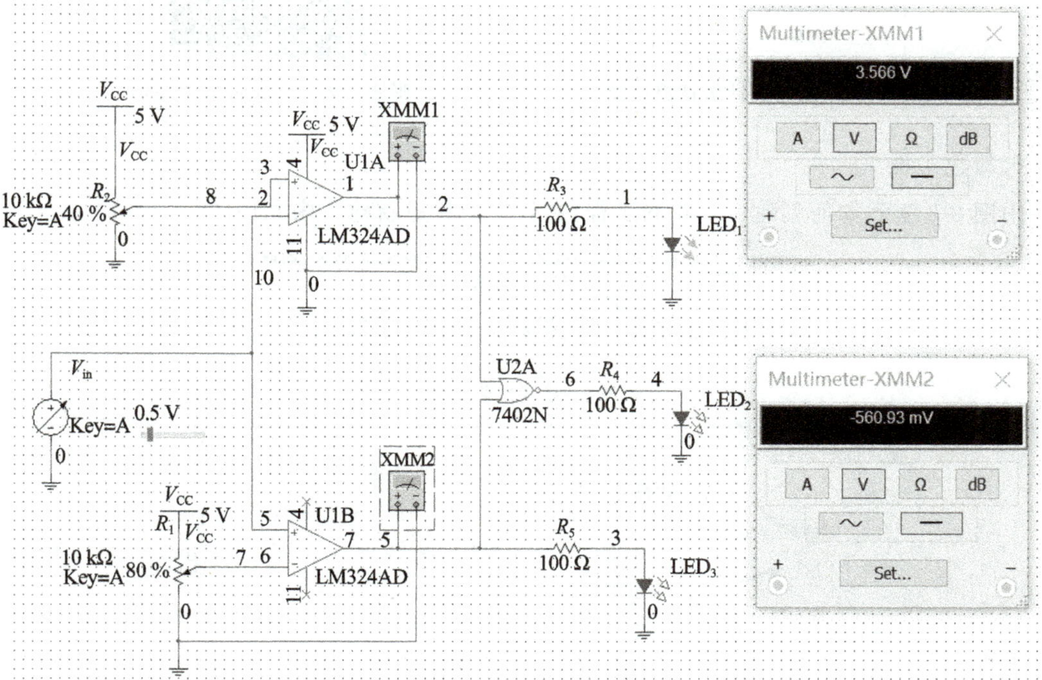

附图 1-8 土壤湿度测试电路仿真结果

注意：对电路元器件及参数的修改需要停止仿真后才能进行，在仿真期间不可修改。当同时打开多个原理图界面时，在某一时间段，只能对一个原理图进行仿真，不能同时进行多个原理图仿真。

Multisim 仿真软件中测量仪器还有示波器、逻辑分析仪、扫频仪等，应用起来非常方便。

附录 2 Proteus 仿真软件——八路抢答器

Proteus 软件是英国 Lab Center Electronics 公司开发的一种 EDA 工具软件。它不仅具有其他 EDA 工具软件的仿真功能，还能仿真单片机及外围器件，它能将编程语言配合外围电路进行工作，因此深受电子爱好者、单片机爱好者青睐。其处理器模型支持 8051、8086、ARDUINO、ARM7 等并持续增加其他系列处理器模型。在编译方面，它支持 IAR、Keil 和 MATLAB 等多种编译器。

下面，我们通过一个八路抢答器电路来演示如何使用 Proteus 软件进行仿真（使用 PROTEUS DESIGN SUITE 8.7 作演示）。进行电路仿真流程如附图 2-1 所示。

附图 2-2 双击桌面上的图标，打开 Proteus 软件。

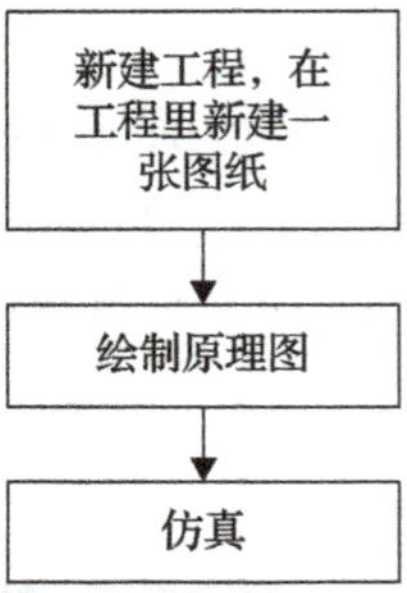

附图 2-1　Proteus 电路设计仿真流程图

附图 2-2　Proteus 软件图标

1. 新建工程

附图 2-3 演示如何创建一个新的工程，并且在工程里新建一张原理图。

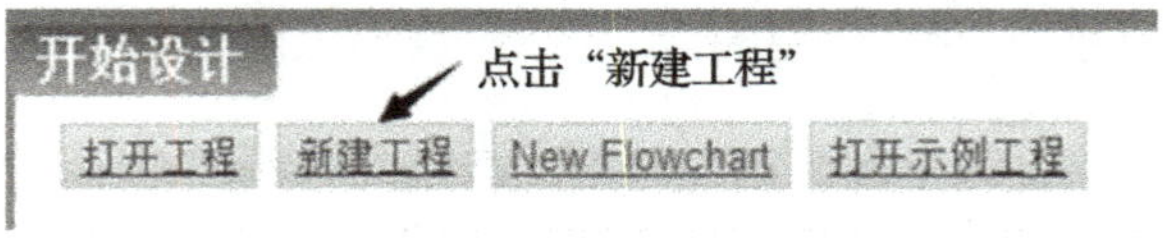

(a) 第一步

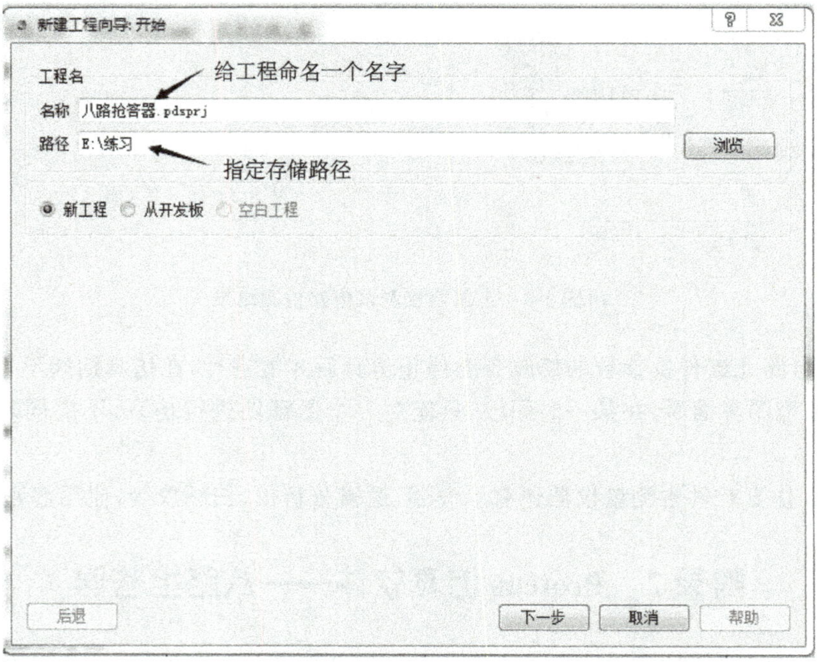

(b) 第二步

附图 2-3　新建工程

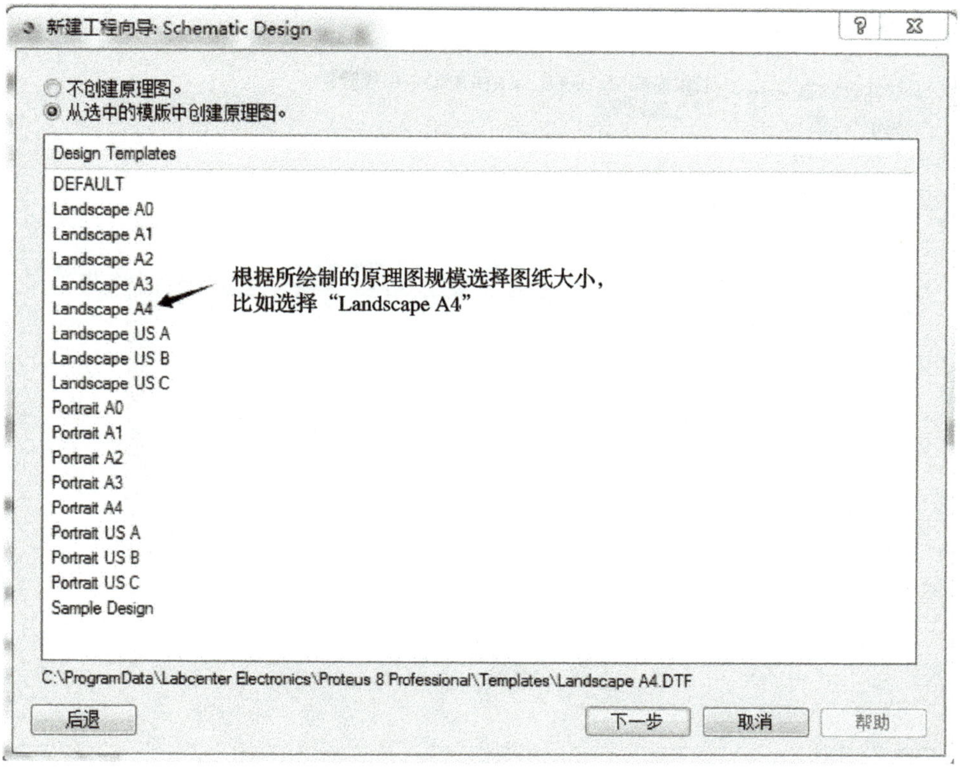

（c）第三步

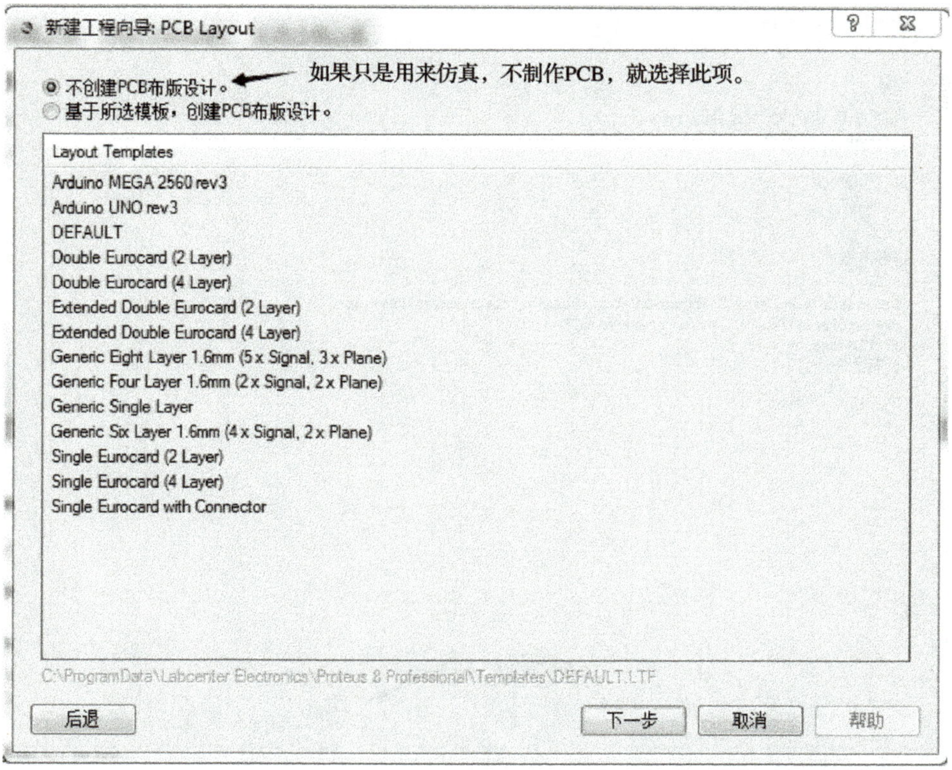

（d）第四步

续附图 2-3

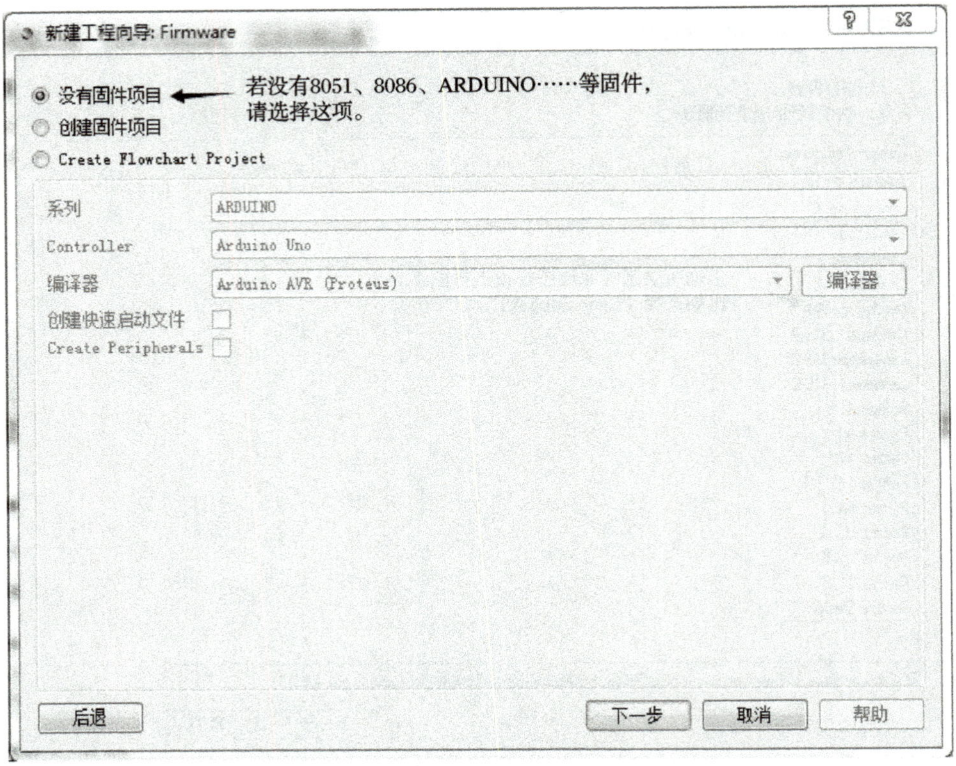

(e) 第五步

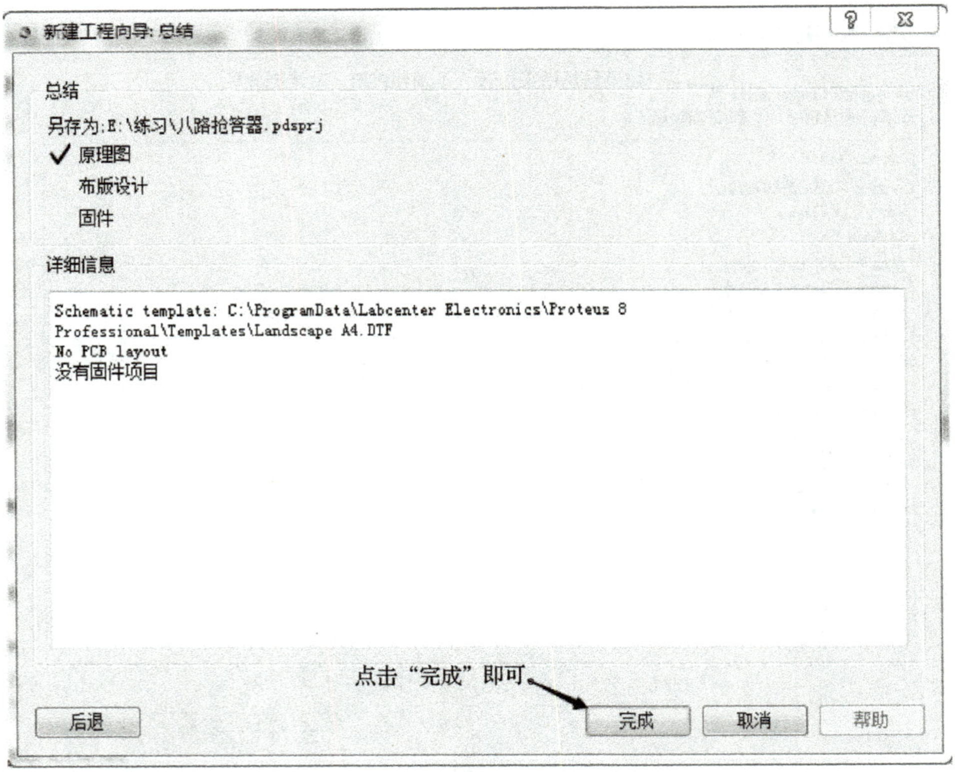

(f) 第六步

续附图 2-3

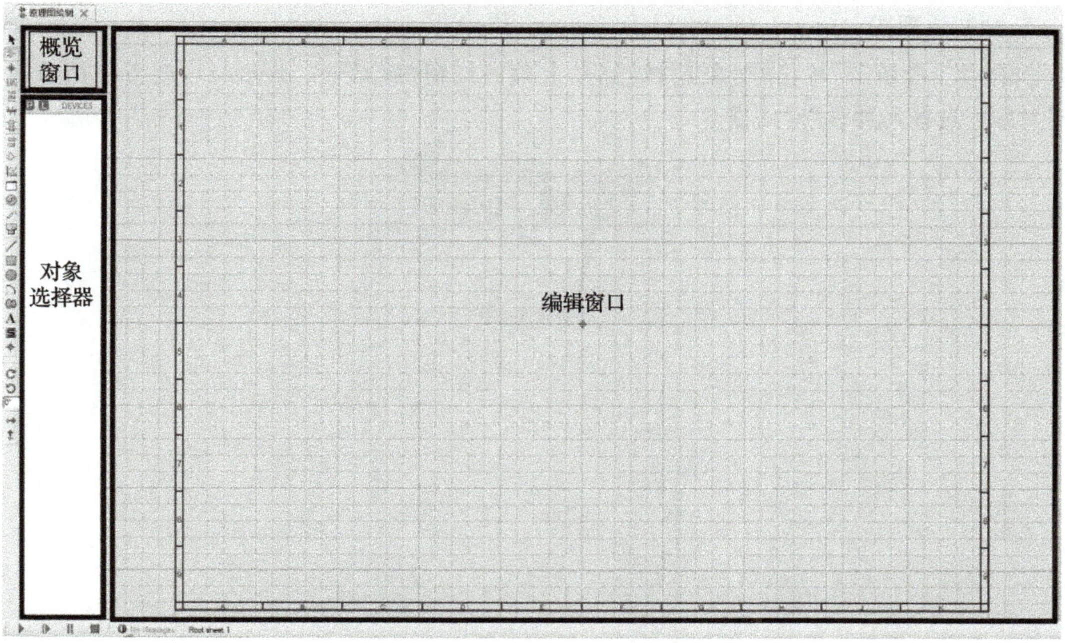

(g) 第七步

续附图 2-3

在原理图界面下附图 2-4,我们将看到如下工具栏：

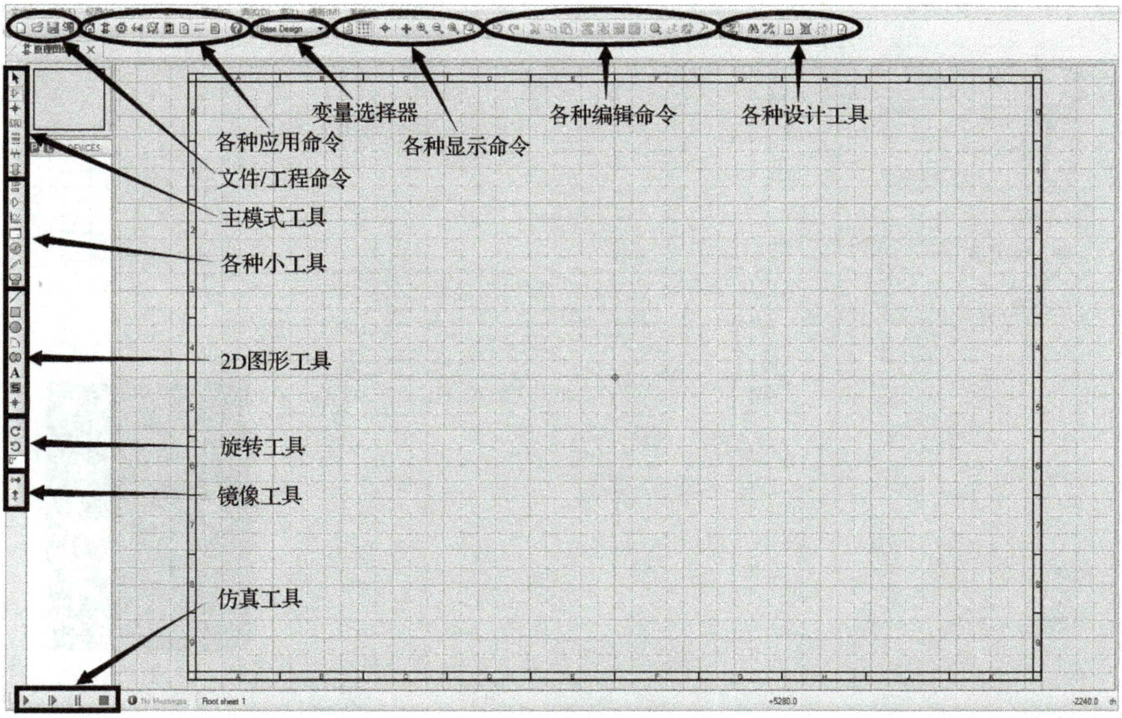

附图 2-4 原理图界面下的各个工具栏

2.绘制原理图

如附图 2-5 所示，单击“对象选择器”左上角的按钮“P”(Pick devices)，或者使用快捷键“P”，打开“选择元器件”对话框。

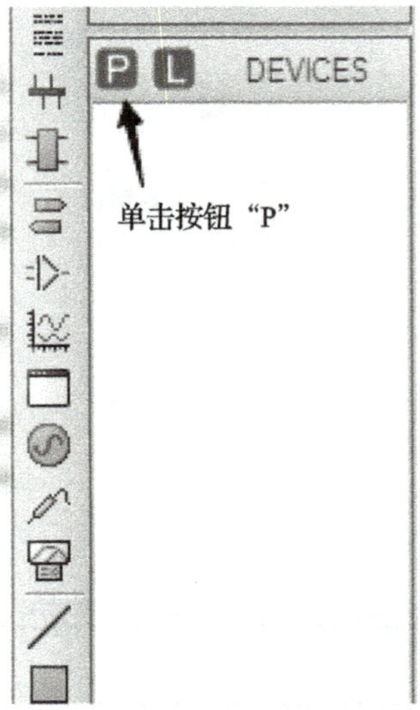

附图 2-5 点击按钮“P”，打开“选择元器件”对话框

然后输入元器件名称(附图 2-6)，点击界面右下角“确定”后，需要的元器件会出现在“对象选择器”里(附图 2-7)。

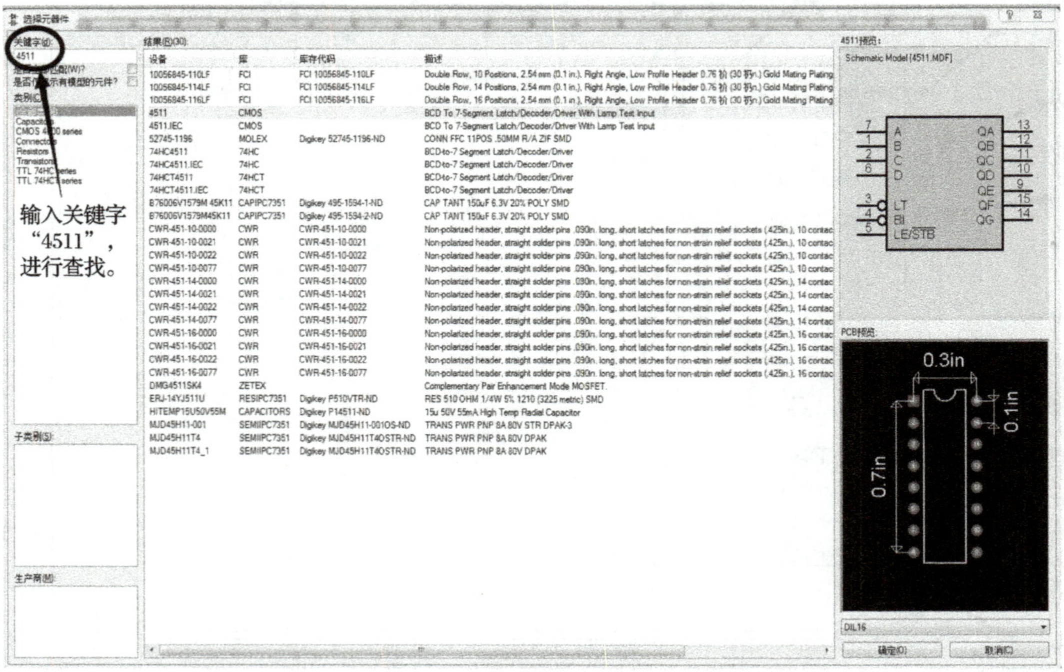

附图 2-6 在“选择元器件”对话框里查找所需元器件

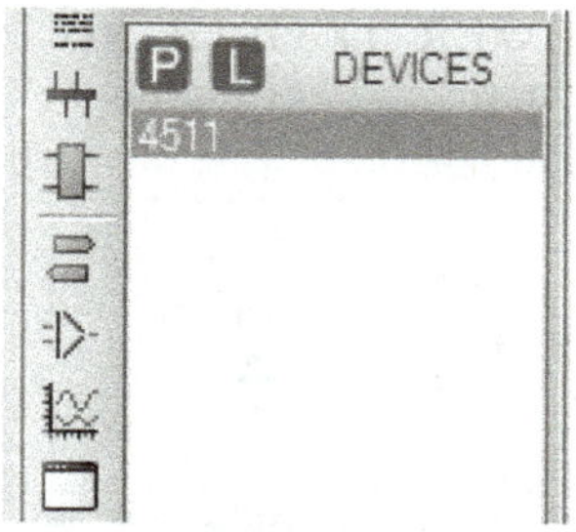

附图 2-7　找到的元器件会出现在“对象选择器”里

本设计共需要 7 种元器件,分别是 2N1711(二极管)、7SEG-COM-CAT-BLUE(7 段共阴极蓝色显示数码管)、4511(7 段显示译码器)、BUTTON(按键)、DIODE(二极管)、RES(电阻)和 SPEAKER(扬声器)(附图 2-8)。

附图 2-8　本设计需要找到 7 种元器件

将这些元器件放入图纸中,并放入“电源”与“地”(附图 2-9)。注意:位号为“字母+数字”,不能重复。

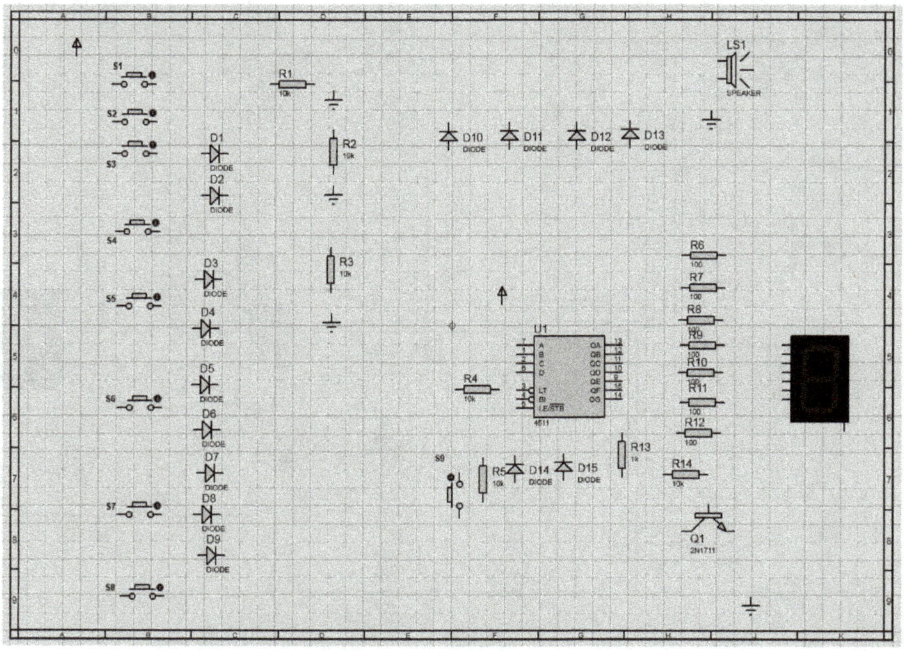

附图 2-9　将元件及电源、接地符号放入图纸中

点击按钮“终端模式”，找到“POWER”和“GROUND”放入图纸中(附图 2-10)。

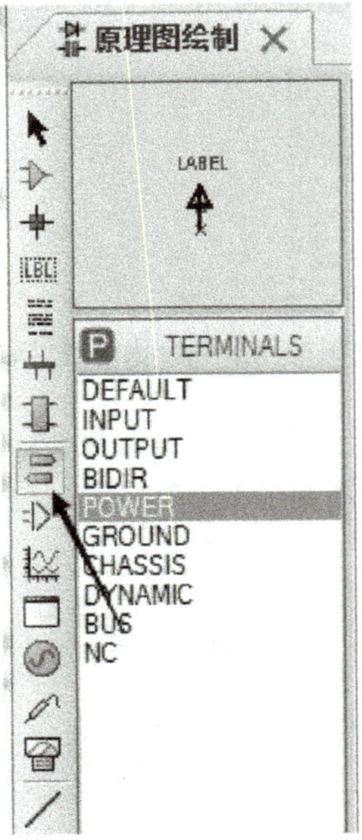

附图 2-10　点击按钮“终端模式”，即可找到电源和接地符号

鼠标放到元器件的引出端时，有一个的形状可以连接导线，然后用导线把元件的管脚、电源、接地等按电路图连接好(附图 2-11)，可以通过双击元器件来改变器件的名称及大小。

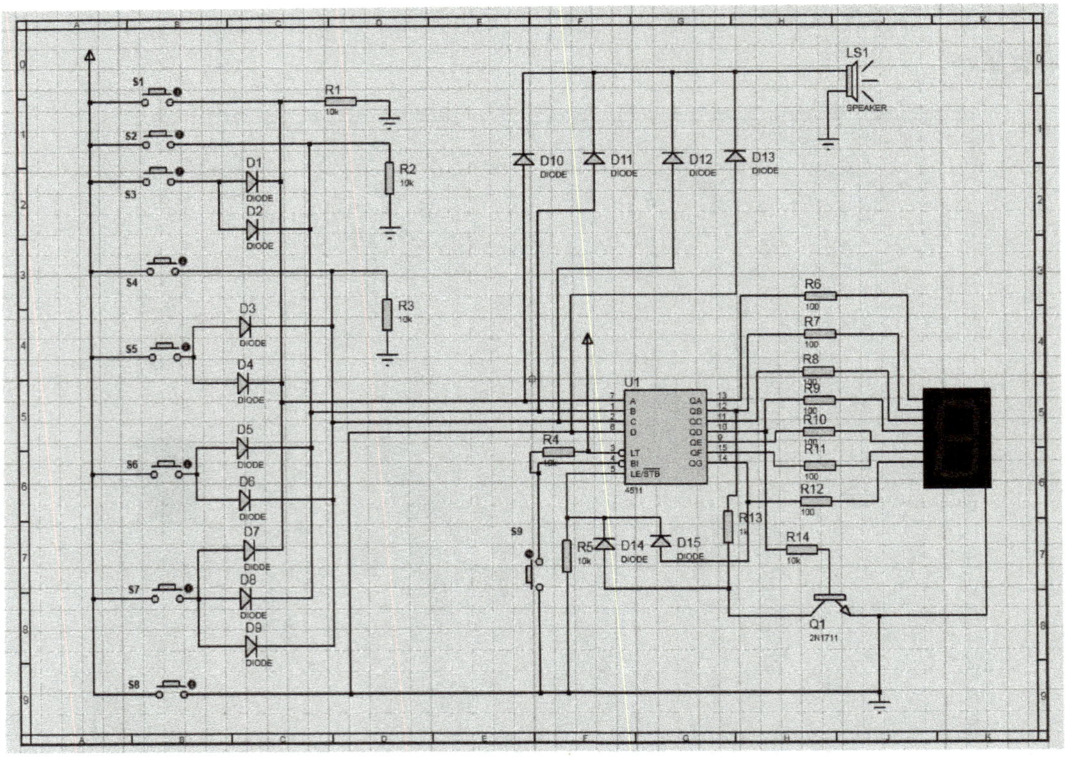

附图 2-11　用导线连接上

八路抢答器电路所需元件及数量如附表 2-1 所示。

附表 2-1　八路抢答器电路所需元件表

数量	位号	值
6	$R_1 \sim R_5, R_{14}$	10 kΩ
7	$R_6 \sim R_{12}$	100 Ω
1	R_{13}	1 kΩ
1	U_1	4511
1	Q_1	2N1711
15	$D_1 \sim D_{15}$	DIODE
1	LS_1	SPEAKER
9	$S_1 \sim S_9$	BUTTON

3. 仿真

，它们分别是开始、分步、暂停、结束按钮，点击“开始”按钮，即可开始仿真。在仿真的过程中，按下 $S_1 \sim S_8$ 的某个按键，即可看到对应的显示数字。当一个按键按下后，再按其他按键，显示的数字不会改变。按下“复位”键，将显示数字清“0”，这时，再按下其他按键，将再次显示对应的数字，如附图 2-12 所示。

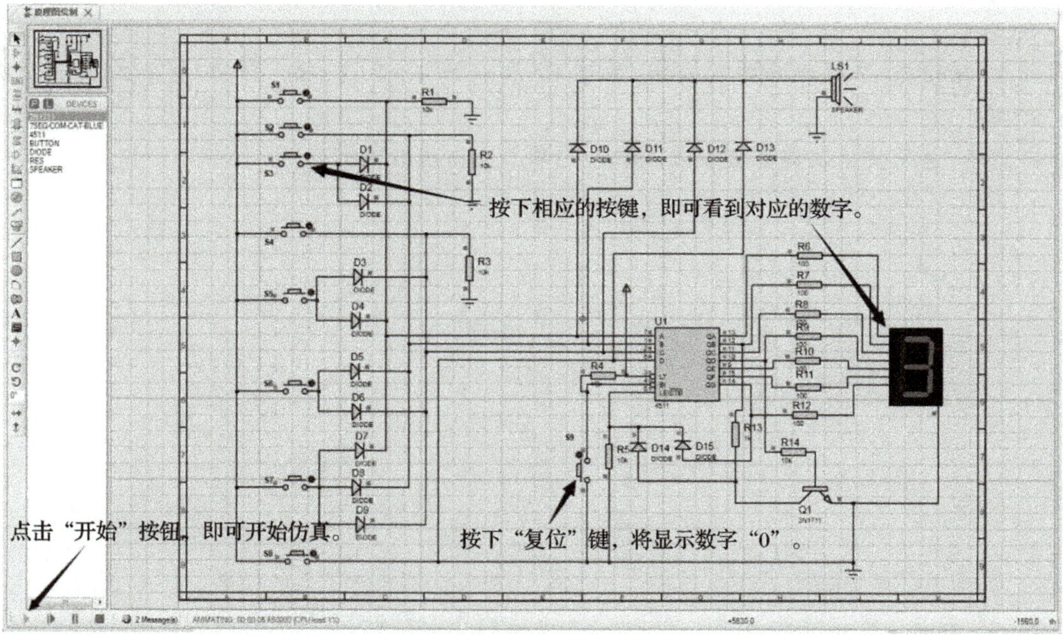

附图 2-12　运行仿真

另外，Proteus 里有示波器、逻辑分析仪、时间计数器等多种显示与分析的仪器仪表，有正弦、脉冲、指数等多种信号源，尤其适合电子电路及单片机电路的仿真。

参考文献

[1] 康华光,张林. 电子技术基础:模拟部分. 7 版. 北京:高等教育出版社,2021.

[2] 康华光,张林. 电子技术基础:数字部分. 7 版. 北京:高等教育出版社,2021.

[3] 杨欣,胡文锦,张延强. 实例解读模拟电子技术完全学习与应用:配教学视频. 北京:电子工业出版社,2013.

[4] 秦曾煌. 电工学:下册　电子技术. 7 版. 北京:高等教育出版社,2009.

[5] Robert L. Boylestad, Louis Nashelsky. 模拟电子技术. 9 版. 李立华,李永华,徐晓东,等译. 北京:电子工业出版社,2008.

[6] 杨欣,张延强,张铠麟. 实例解读 51 单片机完全学习与应用. 北京:电子工业出版社,2011.

[7] 王连英,姜三勇,詹华群,等. Multisim 12 电子线路设计与实验. 北京:高等教育出版社,2015.

[8] 林立,张俊亮. 单片机原理及应用:基于 Proteus 和 Keil C. 3 版. 北京:电子工业出版社,2014.

[9] 孙绍华. 电子技术创新实验教程. 北京:化学工业出版社,2021.